21世纪高职高专规划教材

电子信息工学结合模式系列教材

工厂供配电技术

○杨 兴 编著

清华大学出版社

北京

内容简介

本书讲述了供配电系统的基本理论、基本计算及其相关技能的训练。

全书共分6章,包括工厂供配电技术概论,工厂配电线路,工厂配电线路的施工,工厂变配电所,工厂变配电所安装调试、运行维护、检修试验,供配电系统的安全技术。

本书注重理论联系实际,特别注重实践技能的训练。实践内容以整章的形式出现,有较强的可操作性。

本书可作为高等职业院校电气工程、电气自动化技术等专业的职业技术课程教材,也可作为相关行业技术人员的参考用书。

本书封面贴有清华大学出版社防伪标签,无标签者不得销售。
版权所有,侵权必究。举报:010-62782989,beiqinquan@tup.tsinghua.edu.cn。

图书在版编目(CIP)数据

工厂供配电技术/杨兴编著. —北京:清华大学出版社,2011.3(2022.1重印)
(21世纪高职高专规划教材. 电子信息工学结合模式系列教材)
ISBN 978-7-302-24329-8

Ⅰ. ①工… Ⅱ. ①杨… Ⅲ. ①供电—高等学校:技术学校—教材 ②配电系统—高等学校:技术学校—教材 Ⅳ. ①TM72

中国版本图书馆 CIP 数据核字(2010)第 255421 号

责任编辑:刘 青
责任校对:李 梅
责任印制:沈 露

出版发行:清华大学出版社
网　　址:http://www.tup.com.cn,http://www.wqbook.com
地　　址:北京清华大学学研大厦 A 座　　　　邮　编:100084
社 总 机:010-62770175　　　　邮　购:010-62786544
投稿与读者服务:010-62776969,c-service@tup.tsinghua.edu.cn
质量反馈:010-62772015,zhiliang@tup.tsinghua.edu.cn
课件下载:http://www.tup.com.cn,010-62795764

印 装 者:涿州市京南印刷厂
经　　销:全国新华书店
开　　本:185mm×260mm　　印　张:17.5　　字　数:399 千字
版　　次:2011 年 3 月第 1 版　　印　次:2022 年 1 月第 9 次印刷
定　　价:49.00 元

产品编号:031999-02

PREFACE 前言

本书按照"课程与岗位群对应"的原则编写。针对高等职业院校学生就业的特点,编写了相关实训、实习内容。第 1 章为工厂供配电技术概论;在"第 2 章工厂配电线路"的基础上,编入"第 3 章工厂配电线路的施工";在"第 4 章工厂变配电所"之后,编排了"第 5 章工厂变配电所安装调试、运行维护、检修试验";在第 6 章讲述防雷、接地理论知识的同时,编入小型接地装置的施工等实训内容。这些实训、实习,岗位针对性很强。通过训练,可以有效地提升学生的岗位适应能力。

本书突破传统《工厂供配电技术》教材的结构,按照就业岗位将"工厂供配电技术"整合为主要的两大模块,即工厂配电线路和工厂变配电所,使学习者更加明确了"工厂供配电技术"所对应的工作岗位。

本书尽最大可能贴近实践,不具备条件的学校,至少应以参观实习或模拟实习替代,以保证学习的效果。

本书可作为高等职业院校电气工程、电气自动化技术、机电一体化等相关专业的教材,也可作为相关专业技术人员的参考用书。

全书由张家口职业技术学院杨兴编著。在编写过程中,察右中旗电力有限责任公司尚永忠、晋城巴公化肥厂李富林高级工程师提出了许多宝贵意见和建议,在此表示衷心的感谢。另外,编写时查阅了不少资料,在此向原作(编)者表示谢意。

限于编者的水平,书中难免有不足之处,衷心希望广大读者给予批评指正。

编　者
2010 年 10 月

Contents 目录

第1章 工厂供配电技术概论 ... 1

1.1 电力系统概述 ... 1
1.1.1 电力系统各组成部分简介 ... 1
1.1.2 电力系统的电压和频率 ... 6
1.1.3 电力系统的中性点运行方式 ... 8

1.2 工厂供配电概述 ... 9
1.2.1 工厂供配电的意义和要求 ... 9
1.2.2 工厂供配电系统的组成及类型 ... 9
1.2.3 工厂供配电技术课程内容及要求 ... 12

习题 ... 13

第2章 工厂配电线路 ... 14

2.1 工厂配电线路概述 ... 14
2.1.1 工厂配电线路的类型 ... 14
2.1.2 工厂配电线路的接线方式 ... 14
2.1.3 工厂配电线路的特点 ... 18

2.2 室外配电线路 ... 19
2.2.1 室外普通导线的架空线路 ... 19
2.2.2 室外架空电力电缆线路 ... 29
2.2.3 室外地下电力电缆线路 ... 32

2.3 室内配电线路 ... 34
2.3.1 室内普通导线的明敷线路 ... 34
2.3.2 室内导线的暗敷线路 ... 38
2.3.3 室内地下沟道式电力电缆线路 ... 42
2.3.4 室内桥架式电力电缆线路 ... 44

2.4 导体的选择 ... 46
2.4.1 负荷计算 ... 46
2.4.2 短路电流计算 ... 50
2.4.3 导体选择的条件 ... 55

  2.4.4 常见导体选择与校验满足的条件及其步骤 …………………………… 56
  2.4.5 导体选择举例 ………………………………………………………… 57
 2.5 车间配电线路电气安装图 …………………………………………………… 59
  2.5.1 电气安装图上设备和线路的标注与文字符号 ………………………… 59
  2.5.2 电气安装图的绘制 …………………………………………………… 61
  2.5.3 车间配电系统电气安装图示例 ………………………………………… 61
 习题 …………………………………………………………………………………… 63

第3章 工厂配电线路的施工 ……………………………………………………… 65
 3.1 导线的连接与绑扎 …………………………………………………………… 65
 3.2 电缆头的制作 ………………………………………………………………… 74
 3.3 室外架空线路的登高作业 …………………………………………………… 85
 3.4 金属管、线槽线路的施工 …………………………………………………… 88
 3.5 室内桥架电缆线路的施工 …………………………………………………… 105
 3.6 室内封闭插接母线线路的施工 ……………………………………………… 109
 习题 …………………………………………………………………………………… 115

第4章 工厂变配电所 ……………………………………………………………… 116
 4.1 工厂变配电所概述 …………………………………………………………… 116
  4.1.1 工厂变配电所的任务、类型及组成 …………………………………… 116
  4.1.2 工厂变配电所的所址、总体布置和结构 ……………………………… 118
 4.2 工厂变配电所常用电气设备 ………………………………………………… 124
  4.2.1 电力变压器 …………………………………………………………… 124
  4.2.2 高压开关柜 …………………………………………………………… 128
  4.2.3 低压配电屏 …………………………………………………………… 129
  4.2.4 动力和照明配电箱 …………………………………………………… 131
  4.2.5 互感器 ………………………………………………………………… 132
  4.2.6 高压熔断器以及高压开关设备 ………………………………………… 138
  4.2.7 低压熔断器以及低压开关设备 ………………………………………… 145
 4.3 工厂变配电所的主接线 ……………………………………………………… 155
  4.3.1 高压主接线方案 ……………………………………………………… 155
  4.3.2 6～10kV配电所主接线示例 ………………………………………… 162
  4.3.3 车间变电所低压主接线方案 ………………………………………… 164
  4.3.4 低压主接线示例 ……………………………………………………… 165
 4.4 工厂变配电所的二次接线 …………………………………………………… 166
  4.4.1 工厂变配电所的操作电源 …………………………………………… 166
  4.4.2 工厂供配电系统的继电保护 ………………………………………… 169
  4.4.3 高压断路器的控制和信号回路 ………………………………………… 190

4.4.4　信号系统 …………………………………………………… 194
　　　4.4.5　测量回路 …………………………………………………… 196
　　　4.4.6　工厂变配电所的自动装置 ………………………………… 197
　习题 ……………………………………………………………………… 200

第5章　工厂变配电所安装调试、运行维护、检修试验 …………… 202
　5.1　常用高低压电器以及工厂变配电所认识 ………………………… 202
　5.2　工厂变配电所的运行维护 ………………………………………… 211
　5.3　微机保护装置的整定 ……………………………………………… 216
　5.4　工厂变配电所主要设备检修试验 ………………………………… 225
　习题 ……………………………………………………………………… 236

第6章　供配电系统的安全技术 ……………………………………… 237
　6.1　电气安全的一般知识 ……………………………………………… 237
　　　6.1.1　电气工作人员的职责及从业条件 …………………………… 237
　　　6.1.2　电气安全的一般措施 ………………………………………… 238
　　　6.1.3　触电及其急救 ………………………………………………… 239
　6.2　电气设备的接地 …………………………………………………… 242
　　　6.2.1　接地的有关概念 ……………………………………………… 242
　　　6.2.2　接地的类型 …………………………………………………… 242
　　　6.2.3　对接地体接地电阻的要求 …………………………………… 243
　　　6.2.4　保护接地的三种形式 ………………………………………… 243
　　　6.2.5　接地装置的装设 ……………………………………………… 245
　　　6.2.6　小型接地装置的施工 ………………………………………… 248
　6.3　雷电及雷电过电压防护 …………………………………………… 257
　　　6.3.1　雷电的有关概念 ……………………………………………… 257
　　　6.3.2　防雷装置 ……………………………………………………… 257
　　　6.3.3　工厂供配电系统的防雷措施 ………………………………… 259
　习题 ……………………………………………………………………… 260

附录　常用电气设备的技术参数 ……………………………………… 261

部分习题参考答案 ……………………………………………………… 270

参考文献 ………………………………………………………………… 271

第 1 章

工厂供配电技术概论

【学习目标】
了解电力系统各组成部分的作用及工作原理；
熟悉电力系统的电压和频率；
掌握 10~35kV 和 0.38kV 电力系统的中性点运行方式；
掌握工厂供配电的要求、组成及其类型。

1.1 电力系统概述

通过各级电压的电力线路将发电厂、变配电所和电力用户连接起来的一个发电、输电、变电、配电和用电的整体，称为电力系统。

电力系统中的各级电压线路及其联系的变配电所，称为电力网，简称电网。电网通常按电压等级来区分，例如 35kV 电网、10kV 电网等。

1.1.1 电力系统各组成部分简介

发电厂、输配电线路、变配电所和电力用户作为一个有机的整体，组成了电力系统。下面对电力系统各组成部分作一简单介绍。

1. 发电厂

发电厂是将各种一次能源，如煤、石油、水能、核能、风能、太阳能等转变成电能的一种特殊工厂。根据利用的一次能源的不同，发电厂可分为火力发电厂、水力发电厂、核能发电厂等。此外，还有风力发电、潮汐发电、地热发电、太阳能发电、垃圾发电、沼气发电等能源转换方式。下面对火力发电厂、水力发电厂和核能发电厂作一简单介绍。

（1）火力发电厂

火力发电厂是利用煤、石油、天然气等作为燃料来生产电能的工厂。我国主要是以煤作为燃料来发电的。既发电又供热的火力发电厂称做热电厂。

按照轮机工作原理的不同，火力发电厂分为凝汽式火电厂（蒸汽轮机火电厂）和燃气轮机火电厂。

凝汽式火电厂的工作流程示意图如图 1-1 所示。将一定大卡热量的煤磨成煤粉后，喷入专用锅炉内燃烧，使锅炉壁管内的软化水加热成过热蒸汽，经饱和蒸汽管道送入汽轮机,推动汽轮机带动联轴的发电机恒速旋转发电。做过功的蒸汽排入凝汽器(又叫冷却塔)内的管道后,被管外的冷水冷却,经水泵打压重新送回锅炉加热循环利用。如果将做过功的蒸汽经热交换器换热后的热水供给需热用户使用,即为热电厂流程。

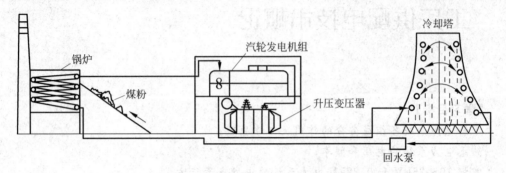

图 1-1　凝汽式火电厂工作流程示意图

燃气轮机发电厂中的燃气轮机与凝汽式火电厂的汽轮机工作原理相似,所不同的是燃气轮机的工质是高温高压的气体而不是蒸汽。这些作为工质的气体可以是用清洁煤技术将煤炭转化成的清洁煤气,也可以是天然气等。图 1-2 所示是整体煤气化联合循环(Integrated Gasification Combined Cycle,IGCC)工作流程示意图。在这里作为工质的气体是由煤经过清洁煤技术转化成的清洁煤气。煤气化的生产过程如下:煤在加压煤气炉中与氧和水蒸汽反应生成 CO、H_2、CH_2(乙炔)等可以燃烧的气体,这个反应在高温下进行,因而需要一部分煤与 O_2 燃烧形成高温条件,以使煤气化能顺利进行。从加压煤气炉出来的煤气含有灰分等杂质,所以称为粗煤气,粗煤气进入煤气清洁系统经净化处理生成清洁煤气,清洁煤气进入燃气轮机的燃烧炉中燃烧做功。

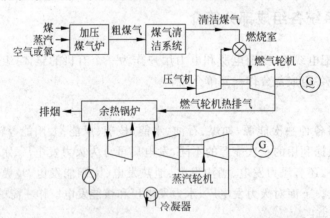

图 1-2　整体煤气化联合循环(IGCC)工作流程示意图

燃气轮机的工作过程是,空气被压气机连续地吸入和压缩,压力升高后流入燃烧室与清洁煤气混合成高温燃气,燃烧产生的高温高压气体进入燃气轮机中膨胀做功,燃气轮机再带动发电机发电。为提高效率,采用燃气-蒸汽联合循环系统,即燃气轮机的热排气进入余热锅炉,加热锅炉中的水产生高温高压蒸汽,送到蒸汽轮机中去做功,从而带动发电机再次发电。联合循环系统的热效率可达 56%～85%。

上述生产过程中,煤的气化过程需要空气和蒸汽,在联合循环中空气可以从燃气轮机的压气机中抽气供给,蒸汽可以从汽轮机或锅炉中抽气供给,这样就把煤的气化与联合循环的主要部件组成一个有机整体,故称为整体煤气化联合循环。这对提高发电厂的效率和环境保护,无疑意义是巨大的。

(2) 水力发电厂

水电厂是将水的位能和动能转换成电能的工厂,也称水电站。根据水利枢纽布置的不同,水电站的类型可以分为堤坝式、引水式、混合式等。

由于水的位能和动能是与水流量及水的落差(也称为水头)成正比的,它直接影响到水电站的总装机容量。在水流量一定的情况下,要提高水电站的总装机容量必须提高水头。但是许多河流水位的落差沿河流是分散的,为提高落差就需要在河流的上游修建拦河坝,将水积蓄,提高水头,进行发电。这种水电站就叫做堤坝式水电站,通常这类水电站又细分为坝后式和河床式两种。图 1-3 所示为坝后式水电站示意图。

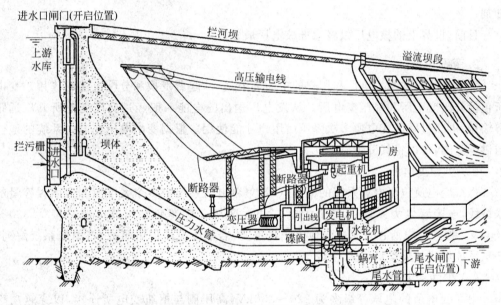

图 1-3 坝后式水电站示意图

(3) 核电厂

核电厂发电的原理与火电厂相似,都要有一个热源,将水加热成蒸汽,进而推动汽轮机旋转并带动发电机转动而发出电能。不同的是核电厂所用的热源不是煤或石油,它的热源是原子核的裂变能。

核反应堆中的核原料铀-235 的原子核,在低速中子的轰击下会产生裂变反应,即原子核发生分裂,并释放出可观的热能用于发电。而且由于铀-235 的原子核在裂变的同时还能放出中子,这些中子又使其他的铀-235 原子核发生裂变,这种能自发保持下去的链式裂变反应保证了核电厂的正常运转。由于一个原子核裂变过程中放出的中子多于两个,当反应堆维持在某一个功率水平运行时,裂变数也应该处于一个平衡值,此时每次裂变所产生的中子,只要有一个参与再裂变就可以,否则过多的中子将使反应堆里的能量释放太快,若不加控制会产生像核爆炸那样的危险后果。因此,多余的中子必须用反应堆中的控制棒加以吸收,即实现可控核裂变链式反应。

另外,核裂变中刚产生的中子还不能立即被利用。这是因为这种中子的速度太快,使之与原子核发生反应的概率太低,为此必须将刚产生的快速中子的速度减慢。能够使中子有效减速的材料叫慢化剂,目前适合做慢化剂的材料有普通的纯净水、重水和石墨等介质。

根据所使用的慢化剂和冷却剂,核反应堆可以分为轻水堆、重水堆和石墨气冷堆及石墨沸水堆等几种。轻水堆是以普通的水(也叫做轻水)作为慢化剂和冷却剂。轻水堆又分为压水堆和沸水堆。它们分别以高压欠热轻水以及沸腾轻水作慢化剂和冷却剂。重水堆是以重水作慢化剂,重水或沸腾轻水作冷却剂。重水的分子式与普通水相同(H_2O),但是重水中的氢为重氢,其原子核中多含有一个中子,获得重水比较困难。石墨气冷堆及石墨沸水堆均以石墨作慢化剂,分别以二氧化碳(或氦气)及沸腾轻水作冷却剂。

目前,世界上的核电厂以轻水堆核电厂最多。

2. 变配电所

变配电所是联系发电厂和用户的中间环节之一,起着变换和分配电能的作用。变电所包括升压变电所和降压变电所。从发电厂送出的电能一般经过升压变电所升压远距离输送,再经过降压变电所多次降压后用户才能使用。根据变配电所在电力系统的地位与供电范围,可以将其分为以下几类。

(1) 枢纽变电所

枢纽变电所位于电力系统的枢纽点,汇集着电力系统中多个大电源和多回大容量的联络线,连接着电力系统的多个大电厂和大区域。这类变电所的电压一般为330～500kV。枢纽变电所在系统中的地位非常重要,若发生全所停电事故,将引起系统解列,甚至系统崩溃的灾难局面。

(2) 中间变电所

中间变电所的电压等级多为220～330kV,高压侧与枢纽变电所连接,以穿越功率为主,在系统中起交换功率的作用,或使高压长距离输电线路分段。它一般汇集2～3个电源,中压侧一般是110～220kV,供给所在的多个地区用电并接入一些中、小型电厂。这样的变电所主要起中间环节作用,当全所停电时,将引起区域电网解列,影响面也比较大。

(3) 地区变电所

地区变电所主要任务是给某一地区的用户供电,它是一个地区或城市的主要变电所,电压等级一般为110～220kV。全所停电只影响本地区或城市的用电。

(4) 终端变电所

终端变电所位于输电线路的末端,接近负荷点,高压侧电压多为110kV或者更低(如35kV),经过变压器降压为6～10kV后直接向用户送电,其全所停电的影响只是所供电的用户,影响面较小。

(5) 用户变配电所

用户变配电所是直接供给用户负载电能的变配电所。它位于高低压配电线路上,高压为 10kV(有的为 35kV),低压为 0.38kV 或 0.66kV。配电所只配不变。

3. 输配电线路

输配电线路是联系发电厂、变配电所和用户的中间环节,起着输送和分配电能的作用。按照作用的不同,分为输电线路和配电线路。

(1) 输电线路是输送电能的线路,它不进用户,电压一般为 35~1000kV。

(2) 配电线路主要担负分配电能的任务,它直接进入用户,电压一般为 0.38~10kV(或 35kV),按照电压等级又分为高压配电线路和低压配电线路。高压配电线路通常有 6kV 和 10kV;低压配电线路有 0.38kV 和 0.66kV 等。

输配电线路与其联系的变配电所一起组成电网。发电厂与电力用户之间是通过电网联系起来的。发电厂生产的电力先要送入电网,然后由电网送给电力用户。按供电范围、输送功率和电压等级的不同,电网可分为地方网、区域网和远距离网 3 类。电压为 110kV 及 110kV 以下的电网,其电压较低,输送功率小,线路距离短,主要供电给地方变电所,称为地方网;电压在 110kV 以上的电力网,其传输距离和传输功率比较大,一般供电给大型区域性变电所,称为区域网;供电距离在 300km 以上,电压在 330kV 及以上的电力网,称为远距离网。

4. 电力用户(电力负荷)

所有消耗电力电能的用户统称为电力用户或电力负荷。电力负荷根据其对供电可靠性的要求及中断供电在政治、经济上所造成损失或影响的程度,分为以下三级。

(1) 一级负荷

符合下列情况之一时,应为一级负荷:

① 中断供电将造成人身伤亡者。

② 中断供电将在政治、经济上造成重大损失者,例如重大设备损坏、大量产品报废、用重要原料生产的产品大量报废、国民经济中重点企业的连续生产过程被打乱需要长时间才能恢复等。

③ 中断供电将影响有重大政治、经济意义的用电单位的正常工作,例如重要交通枢纽、重要通信枢纽、重要宾馆、大型体育场馆、经常用于国际活动的大量人员集中的公共场所等用电单位中的重要电力负荷。

一级负荷属重要负荷,应由两个独立电源供电。一级负荷中特别重要的负荷,除由两个电源供电外,还应增设应急电源,并严禁将其他负荷接入应急供电系统。可作为应急电源的有:

① 独立于正常电源的发电机组。

② 供电网络中独立于正常电源的专用馈电线路。

③ 蓄电池等。

(2) 二级负荷

符合下列情况之一时,应为二级负荷:

① 中断供电将在政治、经济上造成较大损失者，例如主要设备损坏、大量产品报废、连续生产过程被打乱需较长时间才能恢复、重点企业大量减产等。

② 中断供电将影响重要用电单位的正常工作，例如交通枢纽、通信枢纽等用电单位中的重要电力负荷，以及中断供电将造成大型影剧院、大型商场等较多人员集中的重要的公共场所秩序混乱者。

二级负荷属比较重要的负荷，宜由同一电源的两个回线路供电。

(3) 三级负荷

所有不属于一级和二级负荷者，应为三级负荷。

三级负荷属不重要负荷，对供电电源无特殊要求。

工业和民用建筑部分重要电力负荷的级别，请参照 JBJ 6—1996《机械工厂电力设计规范》和 JGJ 16—2008《民用建筑电气设计规范》。

1.1.2 电力系统的电压和频率

电力系统中，标志电能质量合格的两个基本参数，一个是电压；另一个是频率。

1. 电力系统的电压

(1) 三相交流电网的额定电压

按照 GB/T 156—2007《标准电压》，我国规定了三相交流电网的额定电压（额定线电压），如表 1-1 所示。表中的高压是指 1kV 以上的电压；低压是指 1kV 及以下的电压。入户电网电压为配电电压；仅输送而不入户的电网电压为输电电压。

表 1-1 我国三相交流电网的额定电压

分	类	电网额定电压/kV
	低压配电电压	0.38
		0.66
高压	高压配电电压	3
		6
		10
	高压输电电压	35*
		66
		110
		220
		330
		500
		750
		1000

注：* 有时也作为高压配电电压使用。

(2) 用电设备的额定电压

用电设备接于电网，因此，用电设备的额定电压与所接电网的额定电压相同。例如，接于 220/380V(额定相电压/额定线电压)低压配电电网的电动机,其额定电压为 380V。

(3) 发电机的额定电压

由于电力线路一般允许的电压偏差为 ±5%,即线路首端电压高于额定电压 5%,尾端低于额定电压 5%,首尾端总电压降为 10%。由于发电机接于线路首端,因此,其额定电压应比电力线路额定电压高出 5%。例如,接于 220/380V 低压配电电网的自备发电机组,其额定低压为 400V(按照计算为 380V+380V×5%=399V,为计量方便,定为 400V)。

(4) 电力变压器的额定电压

电力变压器一次绕组的额定电压分两种情况确定:

① 变压器一次绕组与发电机直接相连,其一次绕组额定电压应与发电机额定电压相同。

② 变压器一次绕组与电网直接相连,变压器可看做电网的用电设备,其额定电压应与电网额定电压相同。

变压器二次绕组的额定电压也分两种情况确定:

① 变压器二次侧的出线较长,例如高压输电线路,其额定电压应高于二次侧电网额定电压 10%。

② 变压器二次侧的出线不长,例如二次侧为低压电网或者直接供电给高低压用电设备,则变压器二次绕组额定电压只需高于其二次侧电网额定电压 5%。

例如高压侧与 10kV 电网相连,低压侧与 0.38kV 电网相连的电力变压器,其一次侧额定电压为 10kV,二次侧额定电压为 400V。

2. 电力系统的频率

我国电力系统采用的额定频率为 50Hz,俗称"工频"。

3. 电力系统允许的电压和频率偏差

(1) 电压偏差

电压偏差 ΔU 是指实际电压 U 偏离额定电压 U_N 的幅度,一般用百分数表示,即

$$\Delta U = \frac{U - U_N}{U_N} \times 100\%$$

根据 GB/T 12325—2008《电能质量·供电电压允许偏差》,不同等级的电压允许电压偏差如表 1-2 所示。

根据 GB 50052—1995《供配电设计规范》,用电设备端子电压允许偏差如表 1-3 所示。

表 1-2 供电电压允许偏差

线路额定电压	允许电压偏差
35kV 及其以上线路	±5%
0.38~10kV 线路	±7%
220V 线路	+7%~-10%

表 1-3 用电设备允许电压偏差

设 备	允许电压偏差
电动机	±5%
一般工作场所照明	+5%~-2.5%
较高要求场所照明	±5%

(2) 频率偏差

频率的允许偏差是根据电网的装机容量来确定的。一般情况下,300万千瓦以上的系统,允许频率偏差为±0.2Hz;300万千瓦及以下的系统,允许频率偏差为±0.5Hz。

1.1.3 电力系统的中性点运行方式

所谓电力系统中性点运行方式,是指电力系统中星形联结的三相设备,其中性点与大地的连接关系。除用电器外,电力系统中星形联结的三相设备主要为发电机和电力变压器。对于工厂供配电系统来讲,主要指三相电力变压器星形联结一侧的中性点与大地的连接关系。处理好电力变压器中性点运行方式,对于电力系统的可靠运行有着重要的意义。

我国电力系统中发电机和电力变压器星形联结时,其中性点有3种运行方式:一种是中性点不接地(悬空);一种是中性点经阻抗(消弧线圈)接地;再有一种是中性点直接接地。前两种称为小电流接地系统,后一种称为大电流接地系统。

电力系统的故障类型有很多,常见的故障为短路故障,而单相接地故障在短路故障中所占的比例最高。因此,需要知道中性点运行方式下电力系统发生单相接地故障时的特点。

1. 中性点不接地系统发生单相接地故障时的特点

由"电工学"相关知识不难导出中性点不接地系统发生单相接地故障时有以下3个特点。

(1) 接地相对地电压(相电压)变为0,未接地相相电压升高为线电压。

(2) 三相之间的线电压仍然保持不变。

(3) 接地电流不大,为系统正常时每相对地电容电流的3倍。

由特点(1)可知,对于存在大量单相设备的220/380V系统,如果有一相发生接地故障,其余两相的相电压将升高为线电压,即由220V升高为380V。这就意味着一旦发生单相接地故障,将使大量单相设备因电压升高而被击穿损毁。所以,中性点不接地不适合220/380V系统。

由特点(2)可知,中性点不接地适合三相设备。对于10/0.4kV,Y,yn0联结组别的变压器,其一次侧适合中性点不接地。

由于线路越长,对地电容电流就越大,所以,由特点(3)可知,当线路较长时,接地电流较大,不利于灭弧。为此,在中性点与地之间接一电感线圈(消弧线圈),即可有效消除因线路对地电容而产生的电容电流。

2. 中性点直接接地系统发生单相接地故障时的特点

由"电工学"相关知识还可以导出中性点直接接地系统发生单相接地故障时有以下3个特点。

(1) 接地相对地电压(相电压)变为0,未接地相相电压不变。

(2) 接地相与未接地相之间的线电压变为相电压,未接地两相之间的线电压仍然保持不变。

(3) 接地电流很大,为系统单相短路电流。

由特点(1)可知,中性点直接接地适合 220/380V 系统的单相设备,且对于 110kV 及以上的超高压系统,其绝缘可按相电压设计,具有很强的经济性。

由特点(2)可知,中性点直接接地不适合三相设备。对于 10/0.4kV,Y,yn0 联结组别的变压器,其一次侧不适合中性点不接地。

综上所述,我国 3~66kV 的电力系统,大多数采取中性点不接地的运行方式。只有当系统单相接地电流大于一定数值时(3~10kV,大于 30A 时;20kV 及以上,大于 10A 时)才采取中性点经消弧线圈接地。0.38kV 和 110kV 及以上的电力系统,则一般均采取中性点直接接地的运行方式。因此,工厂供配电系统中 10/0.4kV,Y,yn0 联结组别的变压器,其一次侧采用中性点不接地运行方式,二次侧采用中性点直接接地运行方式;10/0.4kV,D,yn11 联结组别的变压器,其二次侧采用中性点直接接地运行方式。

1.2 工厂供配电概述

1.2.1 工厂供配电的意义和要求

工厂供配电就是指工厂所需电能的供应和分配。电能是现代工业生产的最主要能源和动力。工业生产应用电能和实现电气化以后,能大大增加产量,提高产品质量,提高劳动生产率,降低生产成本,减轻工人的劳动强度,改善工人的劳动条件,有利于实现生产过程自动化。搞好工厂供电工作对保证工业生产的正常进行和实现工业现代化,具有十分重大的意义。

为了更好地为工业生产服务,切实保证工厂生产和生活用电的需要,工厂供电必须达到下列基本要求。

(1) 安全。在电能的供应、分配和使用中,不应发生人身事故和设备事故。

(2) 可靠。应满足电能用户对供电可靠性即连续供电的要求。

(3) 优质。应满足电能用户对电压质量和频率质量等方面的要求。

(4) 经济。应使供电系统的投资少,运行费用低,并尽可能地节约电能和减少有色金属消耗量。

此外,应做好"三电"工作,即做好安全用电、计划用电、节约用电工作。

1.2.2 工厂供配电系统的组成及类型

1. 工厂供配电系统的组成

工厂供配电系统的产权和技术范围,包括从与供电部门接头的电力线路始端到工厂所有用电设备入端为止的全部电路。

在工厂供配电系统的全部电路中,主要由两部分组成,一部分是各级电压的电力线路;另一部分就是连接各级电压电力线路的变配电所。

2. 工厂供配电系统的类型

工厂供配电系统有很多种类型,按照供配电系统电源入厂电压的高低,常见的有:具有一级或两级总降压变电所的供配电系统;高压深入负荷中心的供配电系统;具有高压配电所的供配电系统;只有一级降压变电所的供配电系统;低压进线的供配电系统。

(1) 具有一级或两级总降压变电所的供配电系统

某些电力负荷较大的大、中型工厂,一般采用具有总降压变电所的两级或三级降压供配电系统,图1-4所示为具有两级总降压变电所的供配电系统。这类供配电系统一般采用35~110kV电源进线,先经过工厂总降压变电所,将35~110kV的电源电压经一级或两级降压降至6~10kV,然后经过高压配电线路将电能送到各车间变电所,再将6~10kV的电压降至220/380V,供低压用电设备使用;高压用电设备则直接由总降压变电所的6~10kV母线供电。

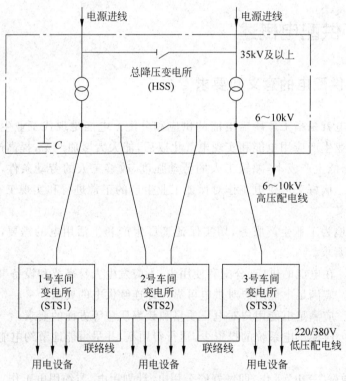

图1-4 具有两级总降压变电所的供配电系统

(2) 高压深入负荷中心的供配电系统

某些中、小型工厂,如果当地的电源电压为35kV,且工厂的各种条件允许时,可直接采用35kV作为配电电压,将35kV线路直接引入靠近负荷中心的工厂车间变电所,再由车间变电所一次变压为380/220V,供低压用电设备使用。图1-5所示为高压深入负荷中心的一次降压供配电系统。这种供电方式可节省一级中间变压,从而简化了供配电系统,节约有色金属,降低电能损耗和电压损耗,提高了供电质量,而且有利于工厂电力负荷的发展。

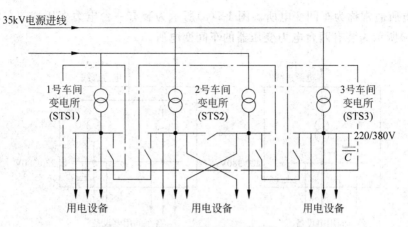

图 1-5 高压深入负荷中心的供配电系统

(3) 具有高压配电所的供配电系统

一般中、小型工厂多采用 6~10kV 电源进线,经高压配电所将电能分配给各个车间变电所,再由车间变电所将 6~10kV 电压降至 220/380V,供低压用电设备使用;同时,高压用电设备直接由高压配电所的 6~10kV 母线供电,图 1-6 所示为一个比较典型的具有高压配电所的供配电系统。

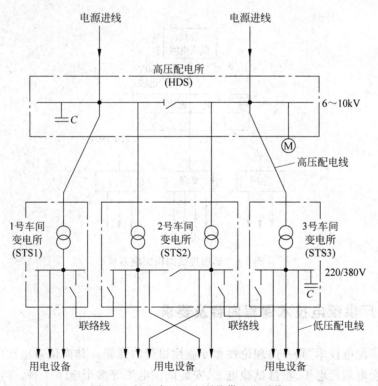

图 1-6 具有高压配电所的供配电系统

(4) 只有一级降压变电所的供配电系统

某些小型工厂或生活区通常只设一级 6~10kV 电压降为 220/380V 电压的变电所,

这种变电所通常称为车间变电所。图1-7(a)所示为装有一台电力变压器的车间变电所，图1-7(b)所示为装有两台电力变压器的车间变电所。

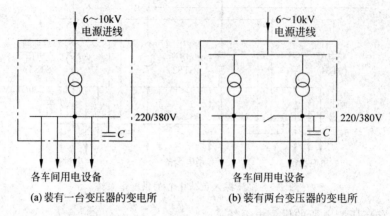

图 1-7 只有一级降压变电所的供配电系统

（5）低压进线的供配电系统

某些无高压用电设备且用电设备总容量较小的小型工厂，有时采用220/380V低压电源进线，只需设置一个低压配电室，将电能直接分配给各车间低压用电设备使用，如图1-8所示。

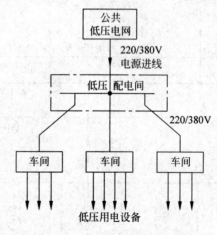

图 1-8 低压进线的供配电系统

1.2.3 工厂供配电技术课程内容及要求

"工厂供配电技术"是一门理论性和专业性很强的课程。其岗位对应性很强，涉及内外线电工、变电运行电工、检修试验电工、安装调试电工等多个电工工种。因此本书涵盖了工厂供配电技术的原理和实务两大部分。

根据工厂供配电系统的组成，本书的原理部分主要讲述两大部分内容：一是工厂供配电系统的电力线路；另一部分是工厂供配电系统的变配电所。其中电力线路又分室外电力线路和室内电力线路两部分讲述；变配电所分一次设备及其一次电路和二次设备及其二次电路讲述。此外，为了搞好工厂供配电工种有关知识的教学，本课程还安排了供配电系统的安全技术，即防雷、接地、电气安全等内容。

根据工厂供配电所对应的电工岗位，本课程实操部分安排了与工厂配电线路和工厂变配电所相关的实训内容。

本课程实践性较强，学习时应注重理论联系实际，在讲授理论知识时，尽量采用现场教学和参观等教学形式。为了培养学生的实践能力，要充分保证实训内容的落实。

习题

1-1 简述电力系统各组成部分的作用及工作原理。
1-2 标志电能质量合格的两个基本参数是什么？
1-3 常见的高低压配电电压分别是多少？
1-4 我国电力系统采用的额定频率为多少？
1-5 我国用电设备允许电压偏差一般为多少？
1-6 工厂供配电系统中 10/0.4kV，Y,yn0 联结组别的变压器采用怎样的中性点运行方式？
1-7 对工厂供配电的要求是什么？
1-8 工厂供配电系统主要由哪两部分组成？
1-9 工厂供配电系统有哪些常见的类型？

CHAPTER 2

第 2 章

工厂配电线路

【学习目标】

掌握工厂配电线路的类型、接线方式及其特点；

掌握室外各种高低压配电线路的结构组成；

掌握室内各种高低压配电线路的结构组成；

掌握负荷计算、短路计算以及导体选择的条件、方法及步骤；

学会识读车间电气系统图和平面布置图。

2.1 工厂配电线路概述

2.1.1 工厂配电线路的类型

按照电压的高低，工厂配电线路分为高压配电线路和低压配电线路。工厂高压配电线路主要以 6~10kV 为主；低压配电线路主要以 0.38kV（少数 0.66kV）为主。

按照敷设地点，工厂配电线路分为室外配电线路和室内配电线路。

按照导线的结构，工厂配电线路分为普通导线配电线路和电力电缆配电线路。

按照线路的敷设方式，工厂配电线路分为架空线路和地下线路。

按照导线的明暗，工厂配电线路分为导线明敷线路和导线暗敷线路。导线暗敷线路如导线穿管（钢管或塑料管）或槽板线路。

综合以上分类，室外配电线路主要包括：室外普通导线的架空线路；室外架空电力电缆线路；室外地下电力电缆线路。

室内配电线路主要包括：室内普通导线的明敷线路；室内普通导线的暗敷线路；室内地下电力电缆线路。

2.1.2 工厂配电线路的接线方式

工厂配电线路的接线方式应遵循简单、可靠、运行维护方便的原则。如果接线过于复杂、层次过多，不仅浪费投资、维护不便，而且由于电路中连接的元件过多，因操作失误或元件故障而发生事故的几率就会随之增多，给事故处理以及再次恢复供电制造了麻烦。

1. 高压配电线路的接线方式

高压配电线路有放射式、树干式和环形 3 种基本接线形式。

(1) 高压放射式接线

高压放射式接线(专供式接线)是指从变配电所高压母线上引出一回线路或两回线路直接向一个车间变电所或高压用电设备供电,沿线不接其他负荷。

图 2-1 所示为高压放射式接线比较典型的几种接线方式。图 2-1(a)所示为单回路放射式接线。这种接线方式的优点是接线简单,操作维护方便,各供电线路互不影响,供电可靠性较高,但投资较大。该接线方式主要用于特殊的三级负荷,如容量较大且较重要的专用设备。图 2-1(b)所示为采用公共备用干线的放射式接线。该接线方式的供电可靠性得到了提高,但开关设备的数量和导线材料的消耗量也有所增加。当备用干线采用与放射式接线相同电源时,可对不太重要的二级负荷供电;如果备用干线采用独立电源供电且分支较少,则可用于普通的一级负荷。图 2-1(c)所示为双回路放射式接线。当两个回路来自同一个电源时,适合供电给相对重要的二级负荷;如果两个回路来自不同的电源,则可供电给相对重要的一级负荷。该接线方式供电可靠性高,但投资相对较大。

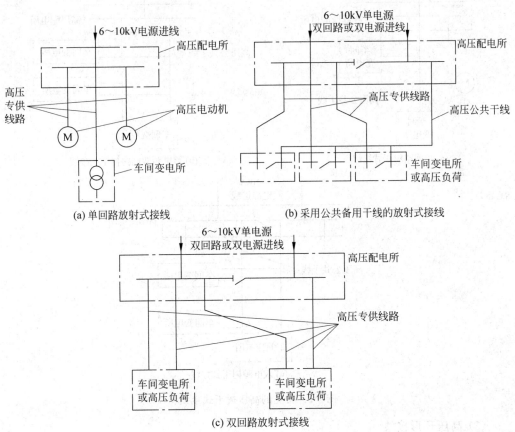

图 2-1 较典型的高压放射式接线

(2) 高压树干式接线

高压树干式接线(高压公共干线式接线)是指由变配电所高压母线上引出的高压配电干线上,沿线连接了数个车间变电所或高压用电设备的接线方式。

图 2-2 所示为常见的高压树干式接线。图 2-2(a)所示为单回路树干式接线。该接线方式较之单回路放射式接线,变配电所的出线数量大大减少,高压开关柜的数量也相应减少,同时可节约有色金属的消耗量。但因多个用户采用一条公共干线供电,各用户之间互相影响,故当某条干线发生故障或需要检修时,将引起干线上的全部用户停电,所以这种接线方式供电可靠性差,且不容易实现自动化控制。单回路树干式接线一般用于普通三级负荷配电。

图 2-2(b)所示为单电源双回路供电的树干式接线。该接线方式可供电给一般的二级负荷,但投资也相应地会有所增加。

图 2-2(c)所示为双电源供电的树干式接线。当一侧干线或电源发生故障时,可采用另一侧干线供电,因此供电可靠性较高。主要用于普通的一级负荷或相对重要的二级负荷。

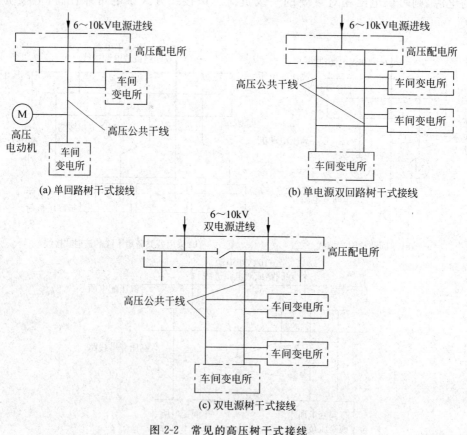

图 2-2 常见的高压树干式接线

(3) 高压环形接线

高压环形接线是指由两端供电(双电源或单电源双回路),负荷上级开关串接的一种接线方式。

图 2-3 所示为双电源或单电源双回路供电的高压环形接线。这种接线运行灵活,供电可靠性高。线路检修时可切换电源,出现故障时可切除故障线段,从而缩短了停电时间。高压环形接线在现代城市电网中被广泛应用,可供电给二、三级负荷。

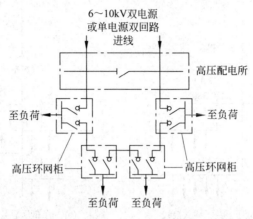

图 2-3 高压环形接线

由于闭环运行时继电保护整定较复杂,且环形线路上发生故障时会影响整个电网,因此,为了限制系统短路容量,简化继电保护,大多数环形线路采用开环运行方式,即环形线路中有一处开关是断开的,这样,实际运行时,每个负荷只能获得一个方向电源。高压环形接线通常采用高压环网柜作为连接和配电设备。

高压配电系统的接线往往是几种接线方式的组合,究竟采用什么接线方式,应根据具体情况并通过技术、经济综合比较后才能确定。

2. 低压配电线路的接线方式

低压配电线路也有放射式、树干式等接线方式。

(1) 低压放射式接线

低压放射式接线(专供式接线)是指从变压器低压侧母线上引出一回线路(或再加一回备用线路)直接向一个低压配电箱或低压用电设备供电,沿线不接其他配电箱或低压用电设备。

图 2-4 所示为低压放射式接线。放射式接线的特点是供电线路独立,引出线发生故障时互不影响,供电可靠性较高,但有色金属消耗量较多。放射式接线多用于设备容量大或对供电可靠性要求较高的场合,例如大型消防泵、生活水泵、供暖循环水泵等。

(2) 低压树干式接线

低压树干式接线(低压公共干线式接线)是从变配电所低压侧母线上引出低压配电干线,沿干线再引出若干条支线,然后再引至各用电设备。树干式采用的开关设

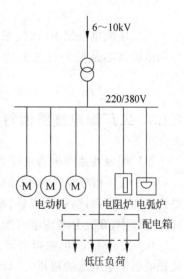

图 2-4 低压放射式接线

备较少,有色金属消耗量也较少,但当干线发生故障时,影响范围大,因此供电可靠性较低。

图 2-5 所示为典型的低压树干式接线。图 2-5(a)所示为三条低压公共干线式接线;图 2-5(b)为一条低压总公共干线式接线。

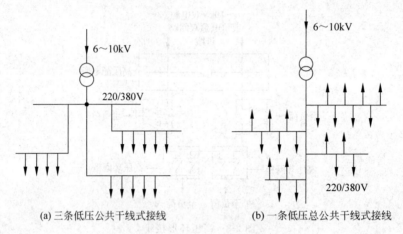

图 2-5　低压树干式接线

图 2-6 所示为一种特殊的低压树干式接线——低压链式接线。它适用于彼此相距很近且容量均较小的低压用电设备。

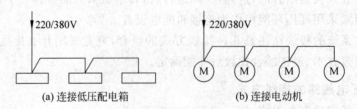

图 2-6　低压链式接线

在低压配电系统中,往往采用几种接线方式的组合,应根据具体情况而定。在大部分用电设备不是很大且又无特殊要求时,宜采用树干式配电;否则,采用放射式接线方式。

2.1.3　工厂配电线路的特点

工厂配电线路与电力系统其他线路相比具有以下特点。

(1) 电压相对较低(如 0.38kV、10kV,个别为 35kV),但安全性要求很高。因为无论是厂区还是居民区,人员密集、车辆往来频繁,对安全提出了更高的要求。所以,在设计、施工过程中,要充分考虑电力线路的安全净距,使之符合规程要求,以确保人身安全。

(2) 线路不长,但曲折较多。由于厂区地形复杂,线路不可避免地要有很多弯曲。这就影响到供电电压的质量。因此,在设计、施工过程中,要充分考虑到这一特点,避免造成电压偏差过大,影响电气设备的正常运行。

(3) 容易受环境因素的影响而发生故障。由于受厂区环境因素(如各种粉尘、外力撞击、周围易燃易爆物质等)的影响,电力线路极易发生故障。故在运行的过程中,要经常检查,及时排除隐患,保证线路可靠运行。

(4) 随着生产规模的改变,配电线路经常需要进行相应的增减或更改。所以,在施工过程中,应当留有余地。例如,架空电缆线路多余的电缆应盘绕悬挂在电杆上,以应线路改变之用。

(5) 工厂配电线路的形式多种多样。

2.2 室外配电线路

室外配电线路属于外线工程部分。常见的有 0.38kV 和 6～10kV 普通导线的架空线路、0.38kV 架空电力电缆线路、0.38kV 和 6～10kV 地下电力电缆线路。

2.2.1 室外普通导线的架空线路

室外普通导线的架空线路主要为 0.38kV 和 6～10kV 普通导线的架空线路。

1. 0.38kV 普通导线的架空线路

(1) 0.38kV 普通导线架空线路的基本结构组成

0.38kV 普通导线架空线路一般由导线、电杆、横担、绝缘子、拉线、线路金具等组成。图 2-7 所示为 220/380V 普通导线架空线路结构示意图。

图 2-7 220/380V 架空线路结构示意图

① 导线。0.38kV 室外架空线路采用的普通导线通常有铝绞线(LJ)、钢芯铝绞线(LGJ)、铝橡线(BLX)等。铝绞线和钢芯铝绞线无绝缘外皮,故又称裸导线。图 2-8 所示

为铝绞线、钢芯铝绞线、铝橡线的结构示意图。

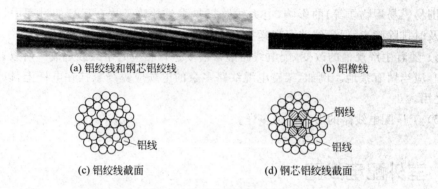

(a) 铝绞线和钢芯铝绞线　　(b) 铝橡线

(c) 铝绞线截面　　(d) 钢芯铝绞线截面

图 2-8　普通导线结构示意图

铝绞线、钢芯铝绞线、铝橡线的型号含义如下。

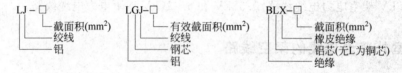

例如：LJ-35 表示截面积为 35mm² 的铝绞线；LGJ-50 表示截面积为 50mm²（不含钢芯的截面积）的钢芯铝绞线；BLX-16 表示截面积为 16mm² 的铝芯橡皮线。

铝绞线、钢芯铝绞线常见的规格有 16、25、35、50、70、95、120、150、185、240mm² 等；铝橡线常见的规格有 2.5、4、6、10、16、25、35、50、70、95、120、150、185mm² 等。其中 10mm² 及以上导线为多股线芯，2.5、4、6mm² 导线为单股线芯。

② 电杆。电杆是室外架空线路的重要组成部分。0.38kV 室外架空线路通常采用普通锥形（一头细一头粗）钢筋混凝土电杆（水泥电杆）。电杆按照其在线路上所处的位置和功能不同，可分为直线杆、终端杆、转角杆、分支杆、耐张杆和跨越杆等。0.38kV 室外架空线路一般只有直线杆、终端杆、转角杆、分支杆 4 种杆型。

直线杆用在线路直线过往区间，电杆所受合力垂直向下，无须拉线；终端杆用于线路首尾端，电杆所受外力指向导线方向，为平衡受力，需要在线路反向设置拉线；转角杆设置在线路转弯的地方，为平衡受力，需要在两个方向导线的反方向分别设置一根拉线或在所受合力的反方向设置一根拉线；分支杆设置于线路需要分支的位置，在分支导线的反方向设置一根拉线。

常用圆形钢筋混凝土电杆规格如表 2-1 所示。如需电杆各部位直径请查阅有关手册。

表 2-1　常用圆形钢筋混凝土电杆规格

杆长/m	7	8		9		10		11	12	13
梢径/mm	150	150	170	150	190	150	190	190	190	190
根径/mm	240	256	277	270	310	283	323	337	350	363
埋深/m	1.2	1.4		1.5		1.7		1.8	2.0	2.2

图 2-9 所示为直线杆、终端杆、转角杆、分支杆 4 种杆型在低压架空线路中应用示意图。在实际工作当中,为准确判定各种杆型,应注意掌握判定要领,即判定前必须将该电杆引上、引下线(如入户线)假想拆除,然后再判定该电杆属于何种杆型。

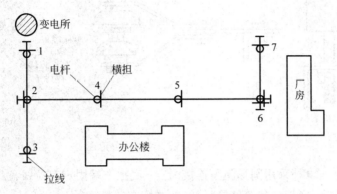

图 2-9 常见各种杆型应用示意图
1、3、7—终端杆；2—分支杆；4、5—直线杆；6—转角杆

③ 横担。横担安装于电杆的上部,用于安装绝缘子以固定导线。0.38kV 室外架空线路通常采用镀锌角钢横担。其规格有多种,应用时应根据导线的根数以及导线的排列方式确定。0.38kV 线路一般采用∟50mm×50mm×5mm 的镀锌角钢,长度在 1.0～1.5m 左右。图 2-10 所示为镀锌角钢横担结构示意图。

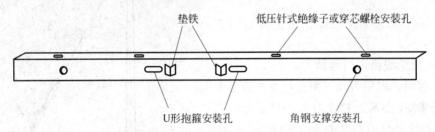

图 2-10 镀锌角钢横担结构示意图

④ 绝缘子(瓷瓶)。绝缘子俗称瓷瓶,用于固定导线并使之与线路金具绝缘。0.38kV 室外架空线路采用的绝缘子有低压针式绝缘子(俗称直瓶)、低压蝶式绝缘子(俗称蝶瓶)、拉线绝缘子(俗称拉线瓶)。

低压针式绝缘子用于导线过往绑扎；低压蝶式绝缘子用于导线终端回头绑扎；拉线绝缘子用于将拉线上下把绝缘隔离,以防相线碰触拉线时产生接地和危及人身安全。

常用的低压针式绝缘子型号为 PD-1-1、PD-1-2、PD-1-3；低压蝶式绝缘子的型号为 ED-1、ED-2、ED-3；拉线绝缘子的型号为 J-2 和 J-4.5。

图 2-11 所示为常用低压绝缘子外形图。

⑤ 拉线。拉线用于平衡电杆所受到的不平衡作用力,防止电杆倾倒。在终端杆、转角杆、分支杆上需装设拉线。

拉线通常用钢绞线或圆钢制作。其结构分为 3 段：上把、腰把(中把)和底把(下把)。上把与腰把之间用拉线绝缘子连接；腰把和底把之间用索具或拉线紧固 U 形环连接并

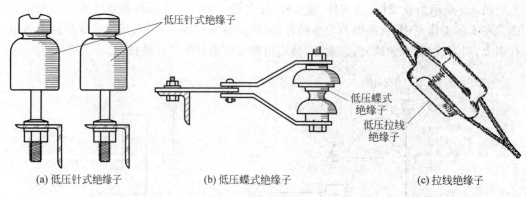

(a) 低压针式绝缘子　　(b) 低压蝶式绝缘子　　(c) 拉线绝缘子

图 2-11　常用低压绝缘子外形图

调节松紧。上把与电杆采用圆形抱箍连接固定；底把末端固定有拉线盘（水泥墩）并置入大地。为保证安全，底把应包裹绝缘材料，如竹筒或塑料筒。

图 2-12 所示为拉线结构示意图。

⑥ 线路金具。线路金具是用来连接导线、安装横担和绝缘子的金属附件。0.38kV 室外架空线路的金具主要包括各型抱箍（如 U 形抱箍、单凸抱箍）、铁拉板、穿芯螺栓、索具、线夹等。

0.38kV 室外架空线路常用金具如图 2-13 所示。

(2) 架空线路名词解释

① 档距。档距为同一架空线路相邻两根电杆之间的水平距离。档距的大小对电力线路的安全性和经济性有很大影响。档距越大，电杆及其附件就越少，也就越经济，但安全系数降低；反之则不经济但安全系数增加。工厂 0.38kV 架空线路的档距一般在 30～50m 左右。

② 弧垂。弧垂又叫驰垂，是指架空线路一个档距内导线最低点与导线悬挂点之间的垂直距离。导线弧垂的大小与周围环境温度（气温、风雪、覆冰等）、导线截面积、线路档距等因素有关。导线的最大弧垂一般是发生在夏天气温最

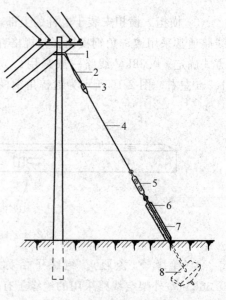

图 2-12　拉线结构示意图
1—拉线抱箍；2—上把；3—拉线绝缘子；
4—腰把（中把）；5—索具或 U 形紧固螺丝；
6—底把（下把）；7—外包绝缘（竹筒或塑料筒）；
8—拉线盘

高的时候，但也有可能发生在冬天导线大量覆冰的时候。各地区的电业部门根据当地的气象条件，对每一种导线都规定了不同温度、不同档距下的弧垂，并画出曲线或制成表格，以作为设计、施工中计算杆高或紧线的依据。需要时，应向当地电业部门索取有关数据或参照邻近地区的数据。表 2-2 所示为 LJ-16 铝绞线在最大风速为 25m/s 时，在不同档距（m）和温度（℃）条件下的弧垂（m），其他导线的弧垂请参考有关手册。

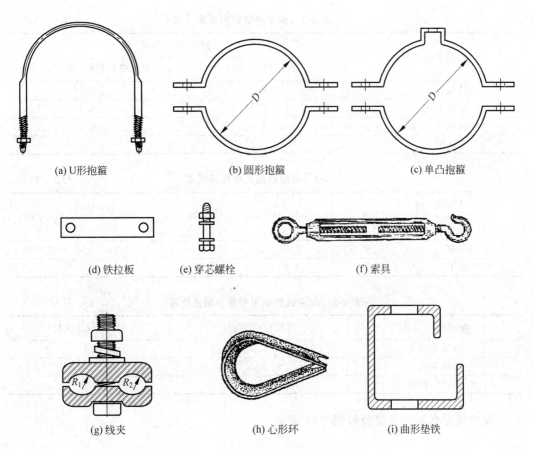

图 2-13　0.38kV 室外架空线路常用金具

表 2-2　LJ-16 铝绞线弧垂表（最大风速为 25m/s）

弧垂/m 环境温度/℃ 档距/m	-40	-30	-20	-10	0	10	20	30	40
40	0.10	0.12	0.18	0.24	0.35	0.46	0.59	0.69	0.76
50	0.12	0.17	0.23	0.32	0.42	0.58	0.71	0.84	0.93
60	0.18	0.24	0.33	0.44	0.57	0.74	0.90	1.04	1.18
70	0.28	0.37	0.49	0.63	0.80	0.98	1.16	1.25	1.35

③ 安全净距。安全净距是指架空线路导线与导线、导线与地面等各种设施以及设备与设备之间保持安全时的最小距离。GB 50061—1997 中规定了各种安全净距。表 2-3 所示为架空导线对地净距。表 2-4 所示为架空线路最小线间距离。表 2-5 所示为架空线路横担间最小垂直距离。

④ 埋深。埋深是指电杆埋入地下的垂直深度。不同长度电杆的埋深见表 2-1。当线路不太重要时，通常以杆高的 1/6 作为埋深。

表 2-3　架空导线对地净距　　　　　　　　　　　　　　单位：m

线路经过地区	线路电压/kV	
	高压（6～10kV）	低压（1kV 以下）
铁轨	7.5	7.5
交通要道	7	6.0
居民区、厂区	6.5	6.0
非居民区	5.5	5.0

表 2-4　架空线路最小线间距离　　　　　　　　　　　　单位：m

电压 \ 档距	<40	40～50	50～60	60～70	70～80
6～10kV	0.6	0.65	0.7	0.75	0.85
1kV 以下	0.3	0.4	0.45	0.5	

表 2-5　架空线路横担间最小垂直距离　　　　　　　　　单位：m

导线排列方式	直线杆/终端杆	转角杆/分支杆
高压与高压	1.2	0.6
高压与低压	1.2	
低压与低压	0.7	0.35

架空线路名词含义解释如图 2-14 所示。

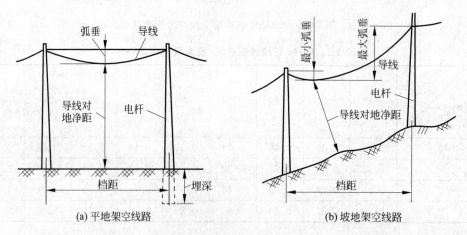

(a) 平地架空线路　　　　　(b) 坡地架空线路

图 2-14　架空线路名词含义示意图

(3) 0.38kV 普通导线架空线路各种杆型杆头结构

常见的 220/380V 三相四线制架空线路直线杆、终端杆、转角杆、分支杆杆头结构（三视图）如图 2-15 所示。

2. 6～10kV 普通导线的架空线路

(1) 6～10kV 普通导线架空线路的基本结构组成

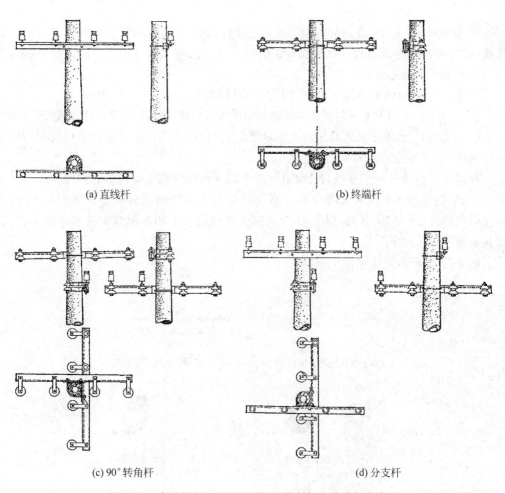

(a) 直线杆　　　　　　　　　(b) 终端杆

(c) 90°转角杆　　　　　　　(d) 分支杆

图 2-15　常见的 220/380V 三相四线制架空线路杆头布置

6~10kV 普通导线架空线路一般也由导线、电杆、横担、绝缘子、拉线、线路金具等组成。图 2-16 所示为 10kV 普通导线架空线路结构示意图。

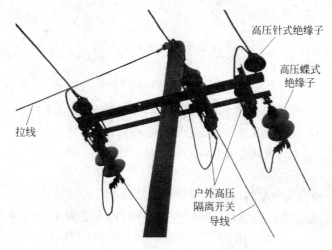

图 2-16　10kV 架空线路结构示意图

① 导线。6~10kV 普通导线架空线路的主干导线通常采用钢芯铝绞线、铝绞线、铝橡线、交联聚乙烯绝缘导线。铝橡线只在层间导线搭接时用。有关导线的结构、规格、型号参见 0.38kV 相关内容。

② 电杆。6~10kV 普通导线架空线路的电杆与 0.38kV 的电杆相同。

③ 横担。6~10kV 普通导线架空线路的横担也采用镀锌角钢，只是尺寸规格有所不同。

④ 绝缘子。绝缘子采用高压针式绝缘子(俗称针瓶)、高压悬式绝缘子(俗称悬垂)和拉线绝缘子。

高压针式绝缘子用于导线过往绑扎；高压悬式绝缘子用于固定导线终端。

10kV 用绝缘子有多种型号规格。常用的有普通陶瓷高压针式绝缘子(如 P-15T)、高压悬式绝缘子(如 X_P 系列)以及 U 系列钢化玻璃绝缘子和新型合成针式绝缘子、合成拉线绝缘子等。

图 2-17 所示为高压绝缘子图。

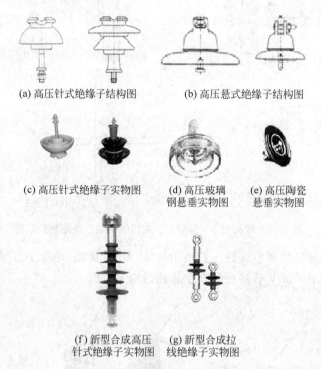

(a) 高压针式绝缘子结构图　(b) 高压悬式绝缘子结构图

(c) 高压针式绝缘子实物图　(d) 高压玻璃钢悬垂实物图　(e) 高压陶瓷悬垂实物图

(f) 新型合成高压针式绝缘子实物图　(g) 新型合成拉线绝缘子实物图

图 2-17　常用高压绝缘子图

采用新型合成绝缘子架设的 10kV 线路杆头结构图如图 2-18 所示。

⑤ 拉线。10kV 线路拉线基本与 380V 拉线相同。

⑥ 线路金具。10kV 线路金具与 380V 线路金具相似。图 2-19 所示为部分 10kV 线路金具。

(2) 10kV 普通导线架空线路各种杆型杆头结构

常见的 10kV 架空线路直线杆、终端杆、分支杆、90°转角杆等杆型杆头结构(三视图)如图 2-20 所示。

图 2-18　采用新型合成绝缘子组成的 10kV 线路杆头结构图

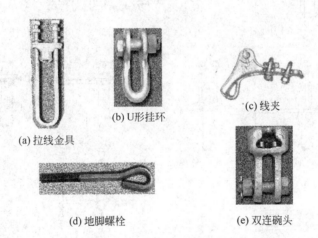

(a) 拉线金具　　(b) U形挂环　　(c) 线夹

(d) 地脚螺栓　　(e) 双连碗头

图 2-19　部分 10kV 线路金具

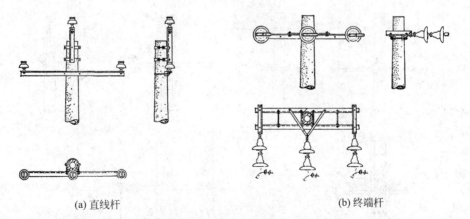

(a) 直线杆　　　　　　　　(b) 终端杆

图 2-20　常见的 10kV 架空线路杆头结构

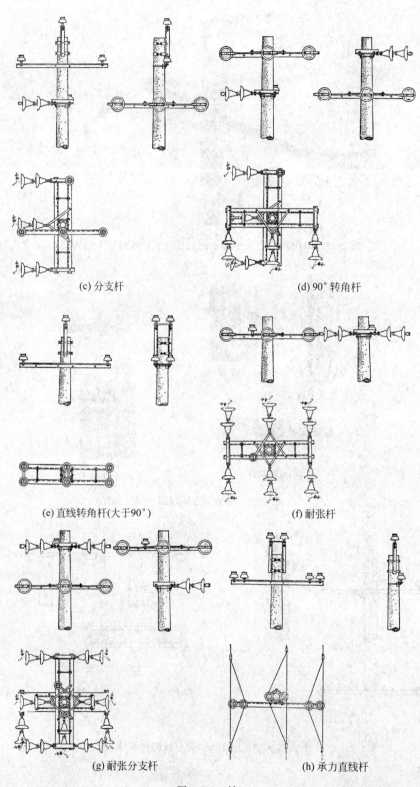

(c) 分支杆 (d) 90°转角杆

(e) 直线转角杆(大于90°) (f) 耐张杆

(g) 耐张分支杆 (h) 承力直线杆

图 2-20(续)

2.2.2 室外架空电力电缆线路

工厂室外架空电力电缆线路主要为 0.38kV 和 6~10kV 架空电力电缆线路。该线路有两种架设方式：一种是专门架设；另一种是附着在原有的架空线路下方。

架空电力电缆线路一般由电力电缆、电缆头、电杆、钢绞线、小横担、拉线、线路金具等组成。图 2-21 所示为架空电力电缆线路结构示意图。

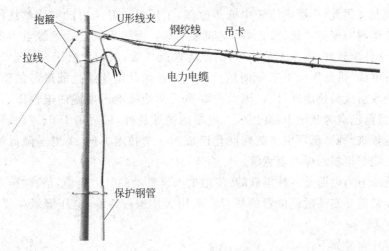

图 2-21 架空电力电缆线路结构示意图

（1）电力电缆

电力电缆由导体、绝缘层和保护层 3 个部分组成。图 2-22 所示为交联聚乙烯绝缘电力电缆和聚氯乙烯绝缘电力电缆结构图。导体一般由多股铜线或铝线绞合而成，便于弯曲。绝缘层用于将导体线芯之间或线芯与大地之间良好地绝缘。保护层则用来保护绝缘层，使其密封，并保持一定的机械强度，以承受电缆在运输和敷设时所受的机械力，还可以防止潮气进入。

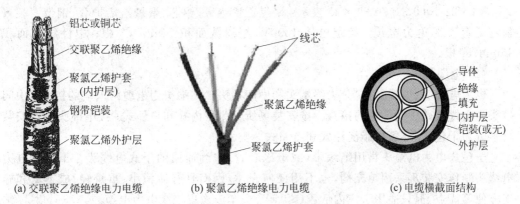

图 2-22 交联聚乙烯绝缘电力电缆和聚氯乙烯绝缘电力电缆结构图

电力电缆按绝缘材料可分为油浸纸绝缘电力电缆、塑料绝缘电力电缆、橡皮绝缘电力电缆。按电压等级可分为中、低压电力电缆(35kV及以下)、高压电缆(110kV以上)、超高压电缆(275~800kV)以及特高压电缆(1000kV及以上)。

油浸纸绝缘电力电缆具有耐压强度高、耐热能力好、使用年限长等优点,可敷设在室内、电缆沟、隧道或土壤中,主要缺点是敷设受落差限制。自从开发出不滴流浸纸绝缘后,解决了落差限制问题,使油浸纸绝缘电缆得以继续广泛应用。

塑料电缆结构简单,制造加工方便,重量轻,抗酸碱,耐腐蚀,敷设安装方便,且不受敷设落差限制。因此,广泛应用于中低压电缆,工厂供电系统中已取代黏性浸渍油纸电缆。常用的塑料有聚氯乙烯、聚乙烯、交联聚乙烯。由于聚氯乙烯绝缘电力电缆价格便宜,物理力学性能较好,制作工艺简单,而绝缘性能一般,因此大量用来制造1kV及以下的低压电力电缆,供低压配电系统使用。由于聚乙烯是电绝缘性能最好的塑料,加上经过高分子交联后成为热固性材料,因此交联聚乙烯绝缘电力电缆的电性能、力学性能和耐热性好,目前已成为我国中、高压电力电缆的主导品种,可适用于6~330kV的各个电压级中。近年来,1kV低压电缆的交联化已成为一个技术方向,关键是降低绝缘厚度使之在价格上能与聚氯乙烯电缆竞争。

橡皮绝缘电力电缆是一种柔软的、使用中可以移动的电力电缆,俗称"防水线",主要用于企业经常需要变动敷设位置的场合。采用天然橡胶绝缘,电压等级主要是1kV,可以生产6kV级。

电缆型号含义如下:

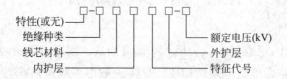

表2-6所示为电力电缆型号中各文字符号含义,供参考。

例如,ZR-YJV22-10000-3×95表示:阻燃型、交联聚乙烯绝缘、铜芯、聚氯乙烯护套、钢带铠装聚氯乙烯套3芯电力电缆;额定电压10000V,相线截面积95mm^2,3根。

VLV22-1000 3×70+1×35表示:聚氯乙烯绝缘、铝芯、聚氯乙烯护套、钢带铠装聚氯乙烯套4芯电力电缆;额定电压1000V,相线截面积70mm^2,3根;中性线截面积35mm^2,1根。

(2) 电缆头

电力电缆头(电缆接头)分为终端头和中间接头。终端头为电缆两末端的接头;中间接头为电缆线路中间部位的接头。按安装场所分为户内式和户外式;按电缆头制作安装材料分为干包式、环氧树脂浇注式和热缩式3类。

干包式电力电缆头指用绝缘带(或绝缘套管)包缠而成的干式电缆头。干包式电力电缆头制作安装不采用填充剂,也不用任何壳体,因而具有体积小、重量轻、成本低和施工方便等优点,但只适用于户内低压(≤1kV)全塑或橡皮绝缘电力电缆。

浇注式电力电缆头是由环氧树脂外壳和套管,配以出线金具,经组装后浇注环氧树脂复合物而成。环氧树脂是一种优良的绝缘材料,特别是具有初始电性能好、机械强度

表 2-6 电力电缆型号中各文字符号含义

项目	文字符号	含义	项目	文字符号	含义
特性	ZR	阻燃	外护层	02	聚氯乙烯套
	NH	耐火		03	聚乙烯套
类型	YJ	交联聚乙烯绝缘		20	裸钢带铠装
	Z	油浸纸绝缘		21	钢带铠装纤维外被
	V	聚氯乙烯绝缘		22	钢带铠装聚氯乙烯套
	X	橡皮绝缘		23	钢带铠装聚乙烯套
导体	L	铝芯		30	裸细钢丝铠装
	T	铜芯(不标注)		31	细圆钢丝铠装纤维外被
内护层	Q	铅包		32	细圆钢丝铠装聚氯乙烯套
	L	铝包		33	细圆钢丝铠装聚乙烯套
	V	聚氯乙烯护套		40	裸粗钢丝铠装
特征	P	滴干式		41	粗圆钢丝铠装纤维外被
	D	不滴流式		42	粗圆钢丝铠装聚氯乙烯套
	F	分相铅包式		43	粗圆钢丝铠装聚乙烯套

高、成形容易、阻油能力强和粘接性优良等优点。浇注式电力电缆头的缺点是制作复杂。

热缩式电力电缆头材料是由聚烯烃、硅酸胶和多种添加剂混合得到多相聚合物,经过γ射线或电子束等高能射线辐照而成的多相聚合物辐射交联热收缩材料。热缩式电力电缆头的最大特点是用应力管代替传统的应力锥,它简化了施工工艺,缩小了接头的终端的尺寸,安装方便,省时省工,性能优越,节约金属。热缩式电力电缆头集灌注式和干包式为一体,集合了这两种附件的优点。热缩工艺适用于 10kV 及以下交联聚乙烯电缆及各种类型的电缆头制作安装,是目前最常用的一种电缆头制作安装工艺方法。

对于低压电缆接头,也可采用冷缩工艺制作。冷缩技术又称预扩张技术,冷缩工艺制作电缆接头采用的橡胶材料具有"弹性记忆"特性,即采用机械手段将成形的橡胶件在其弹性范围内预先撑开,然后套入塑料线芯加以固定。安装时,只需将线芯抽去,弹性橡胶体便迅速收缩并紧箍于所需安装部位。

成形的热缩式电力电缆终端头及其附件和冷缩式电力电缆终端头及其附件如图 2-23 所示。

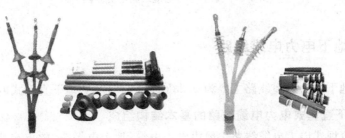

(a) 热缩式电力电缆终端头及其附件　　(b) 冷缩式电力电缆终端头及其附件

图 2-23 成形的电力电缆终端头及其附件

(3) 电杆

架空电力电缆线路所用电杆与普通导线架空线路电杆相同。

(4) 钢绞线

架空电力电缆线路用钢绞线为镀锌钢绞线。其规格有 1×7(单根 7 股,下同)、1×19、1×37 等。钢丝直径以及钢绞线直径、截面积,钢绞线公称抗拉强度等参数,请参阅相关资料。

(5) 横担

架空电力电缆线路所用横担一般为∟50mm×50mm×6mm、长度为 688mm 或 400mm 热镀锌二路角钢小横担。其作用主要是通过固定在小横担上的线夹夹紧过往的钢绞线。

(6) 拉线

架空电力电缆线路所用拉线与普通导线架空线路拉线相同。

(7) 线路金具

架空电力电缆线路所用金具包括固定钢绞线、电杆等的各种金具,以及电缆接线用金具。架空电力电缆线路所用部分金具如图 2-24 所示。

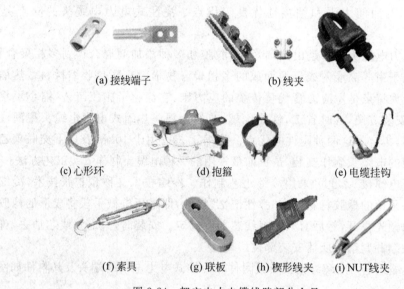

图 2-24 架空电力电缆线路部分金具

2.2.3 室外地下电力电缆线路

工厂室外地下电力电缆线路主要为 0.38kV 和 6~10kV 地下直埋式电力电缆线路。

1. 室外地下直埋式电力电缆线路的基本结构组成

室外地下直埋式电力电缆线路一般由电力电缆、地上电缆头、软土或沙子、水泥保护板、标示桩、地上保护钢管、线路金具等组成。图 2-25 所示为室外地下直埋式电力电缆线路结构示意图。

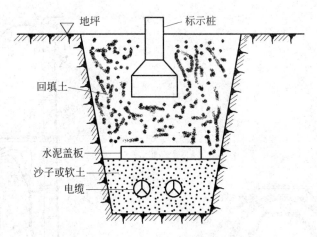

图 2-25 室外地下直埋式电力电缆线路结构示意图

(1) 电力电缆及电缆头。室外地下直埋式电力电缆线路的电力电缆及电缆头与钢绞线架空电力电缆线路的电力电缆及电缆头相同。

(2) 水泥保护板。水泥保护板为预制的混凝土板，主要用于保护盖板下沙子中的电缆线路免受来自于上部的外力作用。

(3) 标示桩。用来指示电缆线路的走向、参数等，对线路检修或地面施工起到指示和警示作用。

(4) 保护钢管。为了保护地上电缆免受外力损坏，通常给地上两米一段电缆套上钢管，钢管的一部分随同电缆一起埋入地下。

(5) 线路金具。室外地下直埋式电力电缆线路的金具包括电缆金具（如接线端子）、线路金具（如管卡、抱箍）等。

2. 室外地下直埋式电力电缆线路结构

室外地下直埋式电力电缆线路按照结构的不同可分为地下普通段（图 2-26）、地下电缆井段（电缆在直线或转角处接头时做成人孔井，分支接头时做成手孔井）、地下穿墙段、地上段等几部分。其中室外地上段部分距离地表两米一段电缆应穿钢管。地下电缆手孔井段、穿墙段和室外地上段等几部分结构示意图如图 2-26～图 2-28 所示。

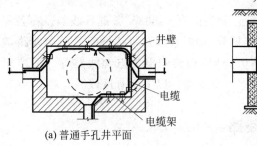
(a) 普通手孔井平面

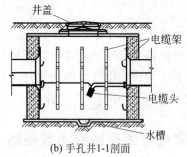
(b) 手孔井 1-1 剖面

图 2-26 地下电缆手孔井段结构示意图

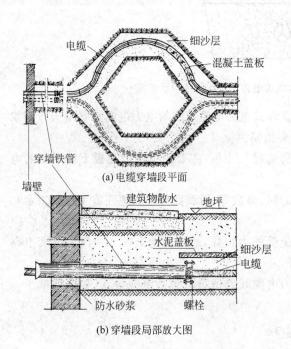
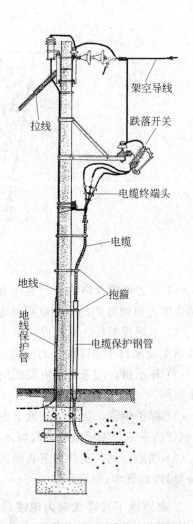

图 2-27　电缆穿墙段结构示意图　　图 2-28　室外地上段电缆线路结构示意图

2.3　室内配电线路

室内配电线路属于内线工程部分。常见的有 0.38kV 普通导线敷设在各种绝缘支持件上的明敷线路，0.38kV 普通导线穿钢管、塑料管以及母线槽等的暗敷线路，0.38kV 和 6~10kV 地下沟道式电力电缆线路，0.38kV 桥架式电力电缆线路等。室内配电线路的区间通常包括从室外接户、入户段和室内设备端口以上所有区段。

2.3.1　室内普通导线的明敷线路

室内普通导线的明敷线路主要为 220/380V 普通导线低压绝缘子（瓷瓶、瓷珠、瓷或塑料夹板）、钢索、裸母线、滑触线等的明敷线路。

1. 普通导线低压绝缘子线路

(1) 220/380V 普通导线瓷瓶线路

220/380V 普通导线瓷瓶线路是一种传统的室内布线方式,随着室内布线技术和工艺的发展,此种布线方式将越来越少。

① 220/380V 普通导线瓷瓶线路一般由导线、支架、绝缘子、线路金具等组成。图 2-29 所示为 220/380V 架空接户、入户线路结构示意图。

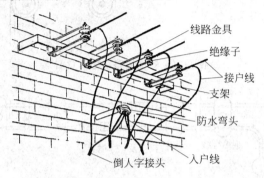

图 2-29　220/380V 架空接户、入户线路结构示意图

② 室内 220/380V 瓷瓶线路采用的导线通常为 10mm² 及以上的铝橡线(BLX)或铝塑线(BLV)等。

③ 按照安装结构形式的不同,室内 220/380V 瓷瓶线路所用支架有多种形式。

④ 室内 220/380V 普通导线瓷瓶线路采用的绝缘子有低压针式绝缘子和低压蝶式绝缘子。绝缘子的结构形式与 0.38kV 室外架空线路采用的绝缘子相同。

⑤ 220/380V 瓷瓶线路采用的线路金具主要包括各型抱箍、铁拉板、穿芯螺栓、曲形垫铁等。

220/380V 瓷瓶线路常用部分金具如图 2-30 所示。

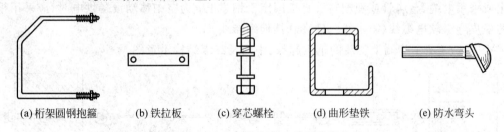

(a) 桁架圆钢抱箍　　(b) 铁拉板　　(c) 穿芯螺栓　　(d) 曲形垫铁　　(e) 防水弯头

图 2-30　220/380V 瓷瓶线路常用部分金具

(2) 普通导线瓷珠线路

瓷珠又叫瓷柱。瓷珠线路是以往车间 10mm² 以下小截面导线常见的一种明布线方式。由于其有碍观瞻且易受外力作用而损坏,故新建厂房,尤其是现代化厂房一般不采用此种布线形式。图 2-31 所示为瓷珠(瓷柱)线路结构示意图。

(3) 普通导线瓷夹板或塑料夹板线路

瓷夹板或塑料夹板又叫瓷卡或塑料卡。瓷夹板或塑料夹板线路亦为以往车间 10mm² 以下小截面导线常见的一种明布线方式。与瓷珠线路一样,由于其有碍观瞻且易受外力作用而损坏,所以现代化厂房一般不采用此种布线形式。图 2-32 所示为瓷夹板线路结构示意图。

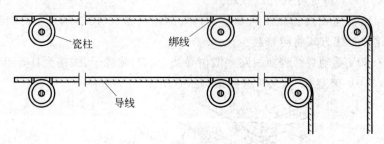

图 2-31 瓷柱线路结构示意图

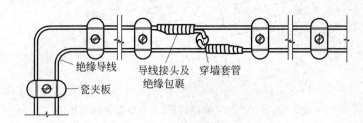

图 2-32 瓷夹板线路结构示意图

2. 钢索布线

室内外钢索线路用于给室内外钢索下悬吊电器(如灯具等),或为具有一定高度的移动设备(如吊车等)提供电源。

室内外钢索线路可以采用绝缘导线、护套绝缘导线、电缆、绝缘导线穿金属管或硬塑料管等多种形式。

为悬吊电器供电时,应采用绝缘导线在瓷夹、塑料夹、鼓形绝缘子或针式绝缘子上固定或采用电缆、金属管或硬塑料管直接固定于钢索上;为空中移动设备供电时,应采用铜芯橡皮绝缘软电缆线(防水线)、铁环悬挂伸缩布线。

图 2-33 所示为墙上安装的钢索起点、中间及终端结构示意图。

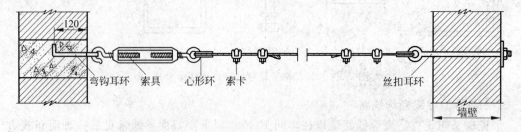

图 2-33 墙上安装的钢索起点、中间及终端结构示意图

图 2-34 所示为钢索吊管安装结构示意图。

3. 裸母线

裸母线作为供配电线路,在早期的工厂车间内有所应用。但由于其安全性较差且占

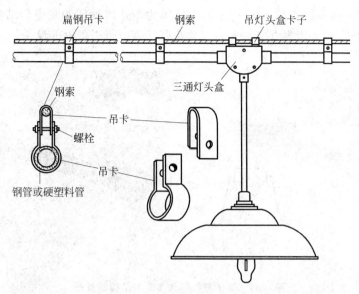

图 2-34　钢索吊管安装结构示意图

地较多,故现代工厂车间已不再采用。裸母线作为变配电所开关柜(屏)母线,在加装防护外壳后仍在使用。

4. 滑触线

滑触线为给在固定轨道上移动的电气设备(如天车)提供电源的供配电线路。图 2-35 所示为某车间一角天车滑触线示意图。

图 2-35　某车间一角天车滑触线示意图

早期的滑触线多为角钢制作,由于其阻抗较大,电压损耗较多,故现已很少采用。为了降低线路阻抗,减小线路电压损耗,目前滑触线一般采用铝合金体、铜体或滑触导电部分为铜质、内胎支撑为钢质的钢体滑触线。

钢体滑触线有钢铜紧密结合型和嵌入型等。钢体滑触线是由燕尾槽铜棒和高刚度工字钢或由 T 形铜棒和槽钢构成,用高强度专用绝缘子作为支柱,在室内、外空间组成各种形式的滑触线路向移动设备或各种桥式起重机馈电。它具有运行可靠、重量轻、现场安装容易、接线简单、机械强度大、载流量大等优点,可使用在高温、多尘场所,可在上部、侧面或下部滑触等多种布置方式。图 2-36 所示为钢体滑触线和集电器结构示意图。集电器类似于电刷，接触滑触线并跟随电气设备移动将电流引入电气设备。

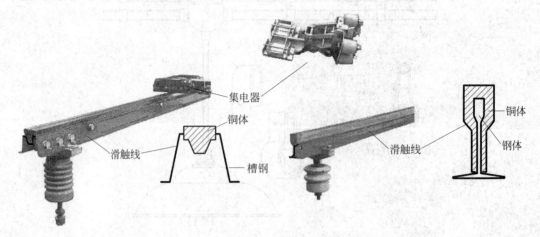

图 2-36　钢体滑触线和集电器结构示意图

节能、轻型钢体滑触线的型号含义如下所示。其标称截面是指铜线的截面积。

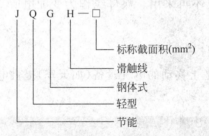

2.3.2　室内导线的暗敷线路

室内导线的暗敷线路主要为 220/380V 绝缘导线穿钢管、塑料管、塑料槽板或钢槽板等的暗敷线路。

1. 绝缘导线穿钢管和穿塑料管线路

普通导线穿钢管、塑料管线路适用于导线在建筑物墙内或楼板内暗管布设，或在建筑物内的墙壁、顶棚明管布设为负荷馈电。

穿线钢管或塑料管线路通常由钢管或塑料管、金属或塑料接线盒、附件等组成。

穿线钢管一般有两种：一种是专用镀锌电线管（旧型号为 DG，新型号为 TC）；另一种是普通无缝钢管（旧型号为 G，新型号为 SC）。穿线塑料管（旧型号为 VG，新型号为 PC）有多种，常见的有普通硬塑料管和布线用硬塑料管。由于习惯原因，在施工过程中，管径的称谓仍较多地使用英制。穿线钢管或塑料管管径的国际单位制（SI 制）与英制的近似对照如表 2-7 所示。

表 2-7　穿线钢管或塑料管管径的国际单位制(SI 制)与英制的近似对照表

SI 制/mm	15	20	25	32	40	50	65	70	80	90	100
英制/in	$\frac{1}{2}$	$\frac{3}{4}$	1	$1\frac{1}{4}$	$2\frac{1}{2}$	2	$2\frac{1}{2}$	$2\frac{3}{4}$	3	$3\frac{1}{2}$	4
英制读音	4分	6分	1寸	1寸2分	1寸半	2寸	2寸半	2寸6分	3寸	3寸半	4寸

专用电线管和硬塑料管按外径计，普通无缝钢管按内径计。管内容线面积为 1～6mm² 时，按不大于管内总面积的 33% 计算；10～50mm² 时，按不大于管内总面积的 27.5% 计算；70～150mm² 时，按不大于管内总面积的 22% 计算。部分规格 500V 单芯绝缘导线允许穿管根数及相应的最小管径如表 2-8 所示。

表 2-8　500V 单芯绝缘导线允许穿管根数及相应的最小管径　　单位：mm

导线规格/mm²	2 根单芯线			3 根单芯线			4 根单芯线			5 根单芯线			6 根单芯线		
	TC	SC	PC	TC	SC	PC	TC	SC	PC	TC	SC	PC	TC	SC	PC
1.5	15	15	15	20	15	20	25	20	20	25	20	25	25	20	25
2.5	15	15	15	20	15	20	25	20	25	25	20	25	25	20	25
4	20	15	20	25	20	25	25	20	25	25	20	25	32	25	32
6	20	15	20	25	20	25	25	20	25	32	25	32	32	25	32
10	25	20	25	32	25	32	40	32	40	40	32	40	50	40	40
16	32	25	32	40	32	40	40	32	40	50	40	50	50	50	50
25	40	32	32	50	32	50	50	40	50	50	50	50	50	50	50
35	40	32	40	50	40	50	50	50	50	70	50	70	70	50	70
50	50	40	50	70	50	70	70	50	70	70	50	70	80	70	70
70	70	50	70	80	70	80	80	70	80	—	100	—	100	100	80
95	80	70	80	—	80	—	—	—	—	—	100	—	—	100	—

注："—" 为无此规格管材。

接线盒是导线接头或分支场合的节点部件。接线盒用于接灯时称做灯头盒；用于接开关时称做电门盒；只作导线接头或分支用途时为分线盒。一般情况下，金属管用金属接线盒，塑料管用塑料接线盒。管线暗配和明配所采用的接线盒有所不同。暗配接线盒一般采用敲落孔的形式决定接线盒的具体用途，需要与哪个方向的线路相连，就敲落哪个方向的孔；明配接线盒则采用专用功能的接线盒，如开关盒、拐角盒、二通、三通、四通等。管线暗配和明配所采用的接线盒结构如图 2-37 所示。

穿线钢管或塑料管线路附件用于固定管线与接线盒，管线与管线的点连接或固定管线与四周设备。它包括各种螺母螺栓、接地圆钢线、角钢支架、管箍、管卡、管卡槽、夹板等。部分穿管线路用附件如图 2-38 所示。

2. 槽板线路

槽板布线采用的槽板，按材料分有塑料槽板和钢槽板两种；按结构形式分有开启式和封闭式；按敷设地点分有室内墙壁或地面明敷和室内地面下暗敷两种敷设方式；按槽

图 2-37 管线暗配和明配接线盒结构

图 2-38 部分穿管线路用附件

数有单槽板和联槽板之分。

明敷塑料槽板由塑料底板和塑料盖板两部分组成。使用时,用塑料胀管自攻螺钉将塑料底板拧于墙壁之上,或用钢钉将塑料底板钉于墙壁之上,将导线置于线槽内扣上塑料盖板即可。拐角和分支处可采用直线槽与专用 90°水平弯槽、90°垂直弯槽以及水平 T 形槽对接,也可采用直线槽板,按照工艺要求剪出相应角度(45°)后拼接,原则是不使导线外露。塑料槽板敷设的导线通常为 $6mm^2$ 及以下的小截面导线,一般供给小容量单相负荷。

钢制槽板有两种:一种是封闭式冷轧热镀锌异形钢管;另一种是 U 形开启式钢槽板。暗敷钢槽板线路包括直线段钢槽板、地面分线盒、地面插座盒、地面引线盒、附件等。

附件包括直线槽连接器、弯角连接器、线槽终端盖、线槽支架等。暗敷钢槽板通常敷设于地表以下,地表只露出分线盒、插座盒、引线盒等。明敷钢槽板线路敷设于地面或墙壁表面。钢槽板线路既可供给单相负荷,也可供给小容量三相负荷,还可作为弱电线路的布线方式。

槽板布线采用的部分塑料槽板和钢槽板以及分线盒、插座盒、引线盒、附件等结构如图2-39所示。

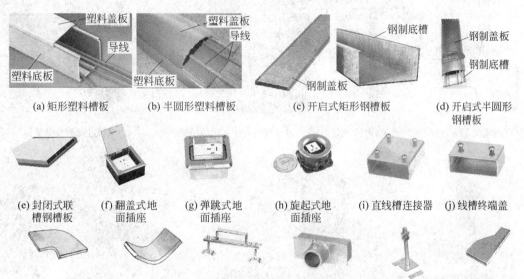

图2-39 槽板布线各组成部分结构

图2-40所示为钢槽板地面下敷设示意图。

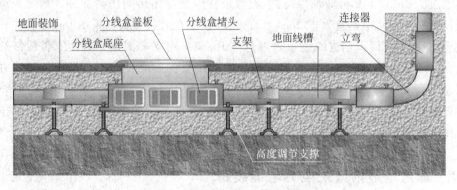

图2-40 钢槽板地面下敷设示意图

3. 低压封闭式母线

现代化的大型生产车间、高层建筑,越来越多地采用封闭式母线作为供配电线路。封闭式母线又称插接式母线或母线槽,它将若干条矩形截面母线中的每条母线用绝缘材料包裹并隔开后嵌于封闭的金属壳体内,制成每隔一段距离设有插接分线盒的插接型封闭母线,也可制成中间不带分线盒的馈电型封闭式母线。低压封闭式母线的特点是安全、灵活、美观,载流量大,便于分支,但耗用钢材较多,投资较大。封闭式母线通常作为干线使用或向大容量设备提供电源。其敷设方式有:垂直敷设在电气竖井中,用吊杆水平敷设在天棚下,在电缆沟或电缆隧道内敷设。

图 2-41 所示为封闭式母线在车间内(一角)布置示意图以及密集型封闭式母线结构外形图。

图 2-41 封闭式母线结构外形

封闭式母线水平敷设时,距离地面不应小于 2.2m;垂直敷设时,为防止机械损伤,在距离地面 1.8m 以下部分应加以防护,但敷设在电气专用房间内时除外。封闭式母线水平敷设的支持点间距不宜大于 2m;垂直敷设时,应在通过楼板处采用专用附件支撑。垂直敷设的封闭式母线,当进线盒及末端悬空时,应采用支架固定。封闭式母线终端无引出线、引入线时,端头应封闭。封闭式母线的插接分支点应设在安全且安装维护方便的地方。

母线槽的规格与其他导线表示方法不同,它不是按照截面积来表示的,而是按照额定工作电流表示的。例如 400A 母线槽对应的母线有截面 $240mm^2$、$180mm^2$ 等。

2.3.3 室内地下沟道式电力电缆线路

室内地下沟道式电力电缆线路(地下沟道式电力电缆线路也适用于室外道路两侧)主要为 0.38kV 和 6~10kV 地下沟道式电力电缆线路。

室内地下沟道式电力电缆线路一般由电力电缆、沟道、盖板、支架等组成。图 2-42 所示为室内地下沟道式电力电缆线路结构示意图。

室内地下沟道式电力电缆线路的部分电缆支架结构示意图如图 2-43 所示。

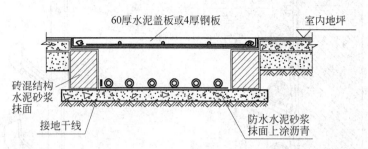

(a) 6条及以下电缆沟结构

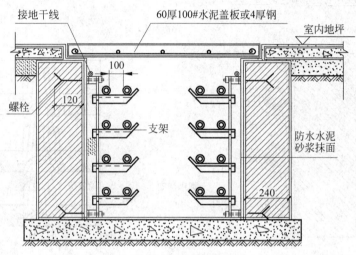

(b) 6条以上电缆沟结构

图 2-42 室内地下沟道式电力电缆线路结构示意图

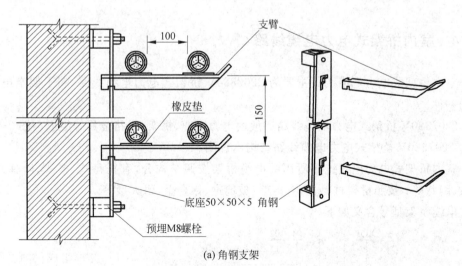

(a) 角钢支架

图 2-43 部分电缆支架结构示意图

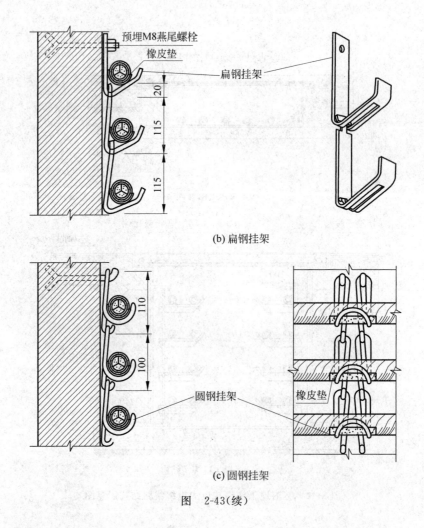

图 2-43(续)

2.3.4 室内桥架式电力电缆线路

室内桥架式电力电缆线路主要为220/380V桥架式电力电缆线路，属于架空电缆线路的一种。

220/380V桥架式电力电缆线路一般由电力电缆、桥架、线路金具等组成。图2-44所示为220/380V桥架式电力电缆线路结构示意图。

室内桥架式电力电缆线路所用的电缆桥架按照结构分，有托盘式、槽式、阶梯式、组合式、网状等；按照桥架材料分，有钢架、玻璃钢、铝合金、耐火型等。

电缆桥架型号含义如下。

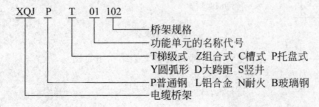

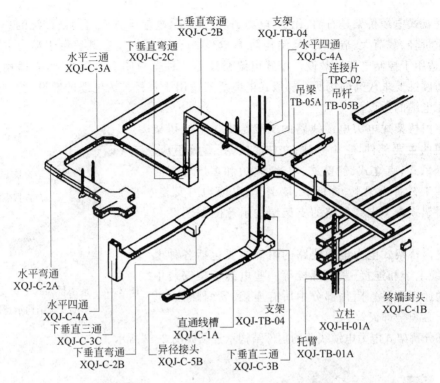

图 2-44 220/380V 桥架式电力电缆线路结构示意图

室内桥架式电力电缆线路所用的部分电缆桥架结构示意图如图 2-45 所示。

图 2-45 部分电缆桥架结构示意图

托盘式电缆桥架是石油、化工、电力、轻工、电视、电信等方面应用最广泛的一种。它具有重量轻、载荷大、造型美观、结构简单、安装方便等优点。它既适用于动力电缆的安装，也适用于控制电缆的敷设。槽式电缆桥架是一种全封闭型电缆桥架，它适用于抗干扰和防腐蚀要求较高的场所。梯级式电缆桥架适用于直径较大电缆的敷设，特别适用于高低压电缆的敷设。

室内桥架式电力电缆线路的支架是支撑电缆桥架和电缆的主要部件，它由立柱、立柱底座、托臂等组成。可以悬吊式、直立式、侧壁式、单边、多边和多层等不同形式在工艺管道架上、楼板下、墙壁上、电缆沟内安装。某型桥架式电力电缆线路的支架结构示意图如图 2-46 所示。

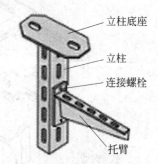

图 2-46　某型桥架式电力电缆线路的支架结构示意图

室内桥架式电力电缆线路的附件主要包括各种电缆、管缆卡子和连接、紧固螺栓等一些电缆桥架安装中所需的通用配件。附件部分中所有连接、紧固螺栓、电缆卡子必须全部镀锌。

部分桥架式电力电缆线路的附件结构示意图如图 2-47 所示。

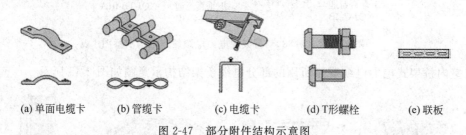

(a) 单面电缆卡　　(b) 管缆卡　　(c) 电缆卡　　(d) T形螺栓　　(e) 联板

图 2-47　部分附件结构示意图

2.4　导体的选择

2.4.1　负荷计算

1. 与负荷计算相关概念

（1）负荷曲线

负荷曲线是表征用电负荷随时间变动情况的一种图形，它反映了用户用电的特点和规律。负荷曲线绘制在直角坐标系上，纵坐标表示负荷（有功功率或无功功率），横坐标表示对应的时间。

按负荷性质的不同，负荷曲线可分有功负荷曲线和无功负荷曲线；按负荷变动的时间不同，可分日负荷曲线和年负荷曲线；按负荷对象不同，可分用户的、车间的和某类设备的负荷曲线。

（2）负荷曲线上的年最大负荷

年最大负荷 P_{max} 是指在全年负荷最大的工作班内，消耗电能最大的半小时的平均功率,也称为半小时最大负荷。该值是一个实测值。

(3) 年最大负荷利用小时

年最大负荷利用小时 T_{max} 是指负荷以年最大负荷 P_{max} 持续运行一段时间后,消耗的电能恰好等于该电力负荷全年实际消耗的电能 W_a,这段时间就是年最大负荷利用小时 T_{max}。

(4) 平均负荷

平均负荷 P_{av} 是指电力负荷在一定时间内消耗功率的平均值,即

$$P_{av} = \frac{W_t}{t} \tag{2-1}$$

式中,W_t 为 t 时间内消耗的电能(kW·h);t 为实际用电时间(h)。

(5) 用电设备工作制

用电设备按其工作制不同,可分为长期连续工作制、短时工作制和反复短时工作制3类。长期连续工作制的设备长期连续工作,其特点是负荷比较稳定,连续工作发热足以使之达到热平衡状态,温度达到稳定温升,如通风机、泵类、空气压缩机、电机发电机组、电阻炉、照明灯、机床主轴电动机、机械化运输设备等。短时工作制的设备运行时间短且停歇时间长,在运行时间内,用电设备来不及发热到稳定温升就开始冷却,而其发热足以在停歇时间内冷却到周围介质的温度,如机床上的辅助电动机、控制闸门的电动机等。反复短时工作制的设备周期性地时而工作、时而停歇,工作周期一般不超过 10min。通常用"暂载率"(又称"负荷持续率")来描述此类设备的工作特征。暂载率是指一个周期内工作时间与工作周期的百分比值,用 ε 表示,即

$$\varepsilon = \frac{t}{T} \times 100\% = \frac{t}{t + t_0} \times 100\% \tag{2-2}$$

式中,T 为工作周期;t 为工作周期内的工作时间;t_0 为工作周期内的停歇时间。

常见的反复短时工作制的设备如电焊机和起重机电动机。

(6) 设备容量

每台用电设备的铭牌上都标有额定容量,但各用电设备的工作条件不同,并且同一设备所规定的额定容量在不同的暂载率下工作时,其输出功率是不同的。因此作为用电设备组的额定容量就不能简单地直接相加,而必须换算成同一工作制下的额定容量,然后才能相加;对同一工作制有不同暂载率的设备,其设备容量也要按规定的暂载率进行统一换算。经过换算至统一规定的工作制下的额定容量称为设备容量,用 P_e 表示。

长期工作制和短时工作制用电设备的设备容量 P_e 等于用电设备铭牌上的额定容量。

反复短时工作制用电设备的设备容量 P_e 是将设备在不同暂载率下的铭牌额定容量换算到一个规定的暂载率下的容量。

电焊机的容量换算要求统一换算到 ε=100%,则换算后的设备容量为

$$P_e = P_N \sqrt{\frac{\varepsilon_N}{\varepsilon_{100}}} = S_N \cos \sqrt{\varepsilon_N} \tag{2-3}$$

式中,P_N 为电焊机额定有功功率;S_N 为额定视在功率;ε_N 为额定暂载率;ε_{100} 为其值为 100% 的暂载率(在计算中取 1);$\cos\varphi$ 为额定功率因数。

起重机电动机的容量换算要求统一换算到 $\varepsilon=25\%$，则换算后的设备容量为

$$P_e = P_N \sqrt{\frac{\varepsilon_N}{\varepsilon_{25}}} = 2P_N \sqrt{\varepsilon_N} \tag{2-4}$$

式中，P_N 为额定有功功率；ε_N 为额定暂载率；ε_{25} 为其值为 25% 的暂载率（在计算中取为 0.25）。

(7) 计算负荷

通过负荷的统计计算求出的用来按发热条件选择供配电系统各元件的设备最大负荷值，称为计算负荷，用 P_{30} 表示。计算负荷是一个估算值。负荷计算的目的在于正确地估测设备最大负荷值，力求使计算负荷 P_{30} 贴近年最大负荷 $P_{\max}$，以便为设计供配电系统提供可靠的依据，并作为合理选择供配电系统所有组成元件的重要依据。

2. 按需要系数法确定计算负荷

计算负荷的确定方法很多，例如需要系数法、二项式系数法、年产量法、年产值法、比功率法等。工程上使用最多的为需要系数法。

车间内的多台用电设备，按照性质和归属的不同，通常将它们分组置于不同的线路或开关设备下，在选择这些线路或开关设备时，就必须以组或分支线路或干线来确定计算负荷。

(1) 单组设备计算负荷的确定

在同一条分支线路上的设备称做单组设备。单组设备计算负荷的确定可采用以下公式。

$$P_{30} = K_d P_e \tag{2-5}$$

式中，P_e 为用电设备组的设备容量；K_d 为需要系数，查需要系数表可以确定。

负荷计算的其他参数计算公式如下，这些公式为电工学的普通公式，只是加有下标。

$$Q_{30} = P_{30} \tan\varphi \tag{2-6}$$

$$S_{30} = \frac{P_{30}}{\cos\varphi} \quad \text{或} \quad S_{30} = \sqrt{P_{30}^2 + Q_{30}^2} \tag{2-7}$$

$$I_{30} = \frac{S_{30}}{\sqrt{3} U_N} \tag{2-8}$$

(2) 多组设备计算负荷的确定

车间干线是由若干分支线路组成的，在确定车间干线上计算负荷时，应首先确定各分支线路上的计算负荷，然后再由分支线路计算负荷确定车间干线上的计算负荷。多组设备计算负荷的确定，就是确定车间干线上的计算负荷。多组设备可以理解为多路分支线路上的设备。其计算公式为

$$P_{30} = K_{\Sigma p} \sum P_{30.i} \tag{2-9}$$

$$Q_{30} = K_{\Sigma q} \sum Q_{30.i} \tag{2-10}$$

$$S_{30} = \sqrt{P_{30}^2 + Q_{30}^2} \tag{2-11}$$

$$I_{30} = \frac{S_{30}}{\sqrt{3} U_N} \tag{2-12}$$

式中,$P_{30.i}$、$Q_{30.i}$为各用电设备组的计算负荷;$K_{\Sigma p}$、$K_{\Sigma q}$分别为有功功率、无功功率的同时系数。

同时系数$K_{\Sigma p}$和$K_{\Sigma q}$的取值是根据统计规律以及实际测量的结果来确定的,具体取值如表2-9所示。

表 2-9 同时系数$K_{\Sigma p}$和$K_{\Sigma q}$的取值范围

应用范围		$K_{\Sigma p}$	$K_{\Sigma q}$
车间干线		0.85~0.95	0.9~0.97
低压母线	由用电设备组直接相加	0.8~0.9	0.85~0.95
	由车间干线直接相加	0.9~0.95	0.93~0.97

需要注意的是,在应用上式计算多组用电设备的计算负荷时,由于各组设备的功率因数不一定相同,因此总的视在计算负荷和计算电流一般不能用各组的视在计算负荷或计算电流之和来计算。

例 2-1 某机械厂金工车间的 380V 低压动力干线上有 3 条分支线路,其中 1 条分支线路接有冷加工机床 20 台,电动机容量共 200kW;另一条分支线路接有 3 台桥式起重机,23.2kW 的 1 台,29.5kW 的 2 台,ε=25%;第 3 条分支线路接有电阻炉 1 台,4kW。试求每条分支线路上的计算负荷和动力干线上总的计算负荷。

解 (1) 求金属冷加工机床分支线路上的计算负荷

查附表 1 中"大批生产的金属冷加工机床"项,得 K_d=0.18~0.25,K_d 取 0.25,$\cos\varphi$=0.5,$\tan\varphi$=1.73。所以

$$P_{30(1)} = 0.25 \times 200 = 50(\text{kW})$$

$$Q_{30(1)} = 50 \times 1.73 = 86.5(\text{kvar})$$

$$S_{30(1)} = \frac{50}{0.5} = 100(\text{kV} \cdot \text{A})$$

$$I_{30(1)} = \frac{100}{\sqrt{3} \times 0.38} \approx 152.1(\text{A})$$

(2) 求桥式起重机分支线路上的计算负荷

查附表 1,可得 K_d=0.1~0.15,K_d 取 0.15,$\cos\varphi$=0.5,$\tan\varphi$=1.73。所以

$$P_{30(2)} = 0.15 \times (23.2 + 29.5 \times 2) = 12.33(\text{kW})$$

$$Q_{30(2)} = 12.33 \times 1.73 \approx 21.33(\text{kvar})$$

$$S_{30(2)} = \frac{12.33}{0.5} \approx 24.7(\text{kV} \cdot \text{A})$$

$$I_{30(2)} = \frac{24.7}{\sqrt{3} \times 0.38} \approx 37.6(\text{A})$$

(3) 求电阻炉分支线路上的计算负荷

查附表 1,K_d=0.75~0.8,K_d 取 0.8,$\cos\varphi$=1.0,$\tan\varphi$=0。

$$P_{30(3)} = 0.8 \times 4 = 3.2(\text{kW})$$

$$Q_{30(3)} = 3.2 \times 0 = 0$$

$$S_{30(3)} = 3.2(\text{kV} \cdot \text{A})$$

$$I_{30(3)} = \frac{3.2}{\sqrt{3} \times 0.38} = 4.9(\text{A})$$

（4）求车间 380V 低压动力干线上的计算负荷（取 $K_{\Sigma p}=0.95$，$K_{\Sigma q}=0.97$）

$$P_{30} = 0.95 \times (50 + 12.33 + 3.2) = 62.25(\text{kW})$$

$$Q_{30} = 0.97 \times (86.5 + 21.33) = 104.6(\text{kvar})$$

$$S_{30} = \sqrt{62.25^2 + 104.6^2} = 121.73(\text{kV} \cdot \text{A})$$

$$I_{30} = \frac{121.73}{\sqrt{3} \times 0.38} = 185.17(\text{A})$$

在实际工程设计说明书中，为了便于审核，常采用计算表格的形式给出负荷计算的结果，如表 2-10 所示。

表 2-10 例 2-2 负荷计算表

序号	线路名称	台数	设备容量 P_e/kW	需要系数 K_d	$\cos\varphi$	$\tan\varphi$	计算负荷 P_{30}/kW	Q_{30}/kvar	S_{30}/kV·A	I_{30}/A
1	机床支线	20	200	0.25	0.5	1.73	50	86.5	100	152.1
2	起重机支线	3	82.20	0.15	0.5	1.73	12.33	21.33	24.7	37.6
3	电阻炉支线	1	4	0.8	1.0	0	3.2	0	3.2	4.9
车间动力干线			286.2 取 $K_{\Sigma p}=0.95$，$K_{\Sigma q}=0.97$				62.25	104.6	121.73	185.17

2.4.2 短路电流计算

电气设备载流部分的绝缘损坏、工作人员的误操作、动物跨接裸导体或自然灾害均可造成电气设备短路。电气设备短路后通常会产生很大的热量，并伴随强大的电动力的产生，另外还会产生电磁波干扰和线路电压的急剧下降等后果。为了选择和校验各种电气设备，使其在短路时不至于损坏，就需要计算短路电流。另外，在进行继电保护装置的整定计算时，也需要计算短路电流。

在三相供配电系统中，短路的形式有三相短路、两相短路、单相接地短路和两相接地短路等形式。三相短路电流用文字符号 $I_k^{(3)}$ 表示；两相短路电流用文字符号 $I_k^{(2)}$ 表示；单相短路电流用文字符号 $I_k^{(1)}$ 表示；两相接地短路电流用文字符号 $I_k^{(1,1)}$ 表示，它是指中性点不接地系统中两个不同相均发生单相接地而形成的两相短路，也指两相短路接地的情况。三相短路属对称性短路，且后果最为严重，其他形式的短路均为不对称性短路。

1. 与短路有关的概念和物理量

（1）无限大容量电力系统

所谓无限大容量电力系统，是指供电电源容量相对于用户供配电系统容量大得多的电力系统。其特点是当用户供配电系统的负荷变动甚至发生短路时，电力系统馈电母线上的电压能基本维持不变。对于一般的电能用户供配电系统，即可将电力系统视为无限大容量的电源。

（2）短路电流周期分量的有效值 I_p

短路电流周期分量的有效值 I_p 为短路后短路电流周期分量的有效值。

(3) 短路次暂态电流有效值 I''

短路次暂态电流有效值即短路后第一个周期的短路电流周期分量有效值。

(4) 短路冲击电流 i_{sh}

短路后短路电流的最大瞬时值,称为短路冲击电流。该值发生在短路后经过半个周期 0.01s 时。

(5) 短路稳态电流有效值 I_∞

短路稳定以后的短路电流,称为短路稳态电流,其有效值用 I_∞ 表示。

各物理量之间的关系:

$$I'' = I_\infty = I_k = I_p \tag{2-13}$$

在高压电路中发生三相短路时:

$$i_{sh} = 2.55 I'' \tag{2-14}$$

$$I_{sh} = 1.51 I'' \tag{2-15}$$

在 1000kV·A 及以下的电力变压器的二次侧及低压电路中发生三相短路时:

$$i_{sh} = 1.84 I'' \tag{2-16}$$

$$I_{sh} = 1.09 I'' \tag{2-17}$$

(6) 两相短路电流 $I_k^{(2)}$

$$I_k^{(2)} = 0.866 I_k^{(3)}$$

2. 欧姆法计算三相短路电流

三相短路电流计算通常有欧姆法和标幺制法,现介绍欧姆法计算三相短路电流。

欧姆法又叫有名单位制法,因其短路计算中的阻抗都采用单位"欧姆"而得名。

对无限大容量系统,三相短路电流周期分量的有效值可按下式计算。

$$I_k^{(3)} = \frac{U_c}{\sqrt{3} \, |Z_\Sigma|} = \frac{U_c}{\sqrt{3} \times \sqrt{R_\Sigma^2 + X_\Sigma^2}} \tag{2-18}$$

式中,Z_Σ、R_Σ、X_Σ 分别为短路回路的总阻抗、总电阻和总电抗值;U_c 为短路点的短路计算电压。一般 U_c 取线路额定电压的 105%,按我国电压标准,U_c 有 0.4kV、0.69kV、6.3kV、10.5kV 等。

在短路计算中,通常电抗远大于电阻,所以一般只计电抗,不计电阻。

故三相短路电流周期分量的有效值为

$$I_k^{(3)} = \frac{U_c}{\sqrt{3} \, X_\Sigma} \tag{2-19}$$

三相短路容量为

$$S_k^{(3)} = \sqrt{3} U_c I_k^{(3)} \tag{2-20}$$

供电系统的元件阻抗主要包括电力系统即电源、电力变压器和电力线路的阻抗。其他器件阻抗很小,在一般短路计算中可忽略不计。

电力系统的电抗可由变电所馈电线出口断路器的断流容量 S_{oc} 来估算,则电力系统的电抗 X_S 为

$$X_S \approx \frac{U_c^2}{S_{oc}} \tag{2-21}$$

式中，U_c 为短路点的短路计算电压；S_{oc} 为系统出口断路器的断流容量，该值可查阅有关的手册、产品样本或本书附表 2。

变压器的电抗 X_T 可由变压器的短路电压 $U_k\%$ 来近似计算，即

$$X_T \approx \frac{U_k\%}{100} \times \frac{U_c^2}{S_N} \tag{2-22}$$

式中，$U_k\%$ 为变压器的短路电压百分值，可查阅有关手册、产品样本或本书附表 3。

电力线路的电抗 X_{WL} 可由导线或电缆的单位长度电抗 X_0 值求得，即

$$X_{WL} = X_0 l \tag{2-23}$$

式中，X_0 为导线或电缆的单位长度电抗，可查阅有关手册、产品样本或本书附表 4；l 为线路长度。如果线路的数据不详，X_0 可按表 2-11 取其电抗平均值。

表 2-11 电力线路每相单位长度电抗平均值

线路结构	单位长度电抗平均值/(Ω·km⁻¹)		
	0.38kV	6～10kV	35kV 及以上
架空线路	0.32	0.35	0.4
电缆线路	0.066	0.08	0.12

在计算短路电路阻抗时，若电路中含有电力变压器，则各元件阻抗都应统一换算到短路点的短路计算电压。阻抗换算的公式为

$$X' \approx X \left(\frac{U_c'}{U_c}\right)^2 \tag{2-24}$$

式中，X 和 U_c 为换算前元件的电抗和元件所在处的短路计算电压；X' 和 U_c' 为换算后元件的电抗和短路点的短路计算电压。

例 2-2 如图 2-48 所示，有一 6kV 配电所通过一条长 4km 的电缆线路供电给一个装有 1 台 S9-1600 变压器的变电所。配电所出口断路器的断流容量为 300MV·A。试计算 6kV 变电所母线上 $k-1$ 点短路和变压器 380V 低压母线上 $k-2$ 点短路的三相短路电流和短路容量。

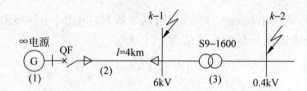

图 2-48 例 2-2 中 $k-1$ 点短路计算电路图

解 (1) 求 $k-1$ 点的三相短路电流和短路容量($U_{c1}=6.3$kV)
① 计算短路回路中各元件的电抗和总电抗。
电力系统的电抗为

$$X_1 = \frac{U_c^2}{S_{oc}} = \frac{6.3^2}{300} \approx 0.13(\Omega)$$

查表 2-11 得 $X_0=0.08\Omega/\text{km}$，故电缆线路的电抗为

$$X_2 = X_0 l = 0.08 \times 4 = 0.32(\Omega)$$

画出 $k-1$ 点的等效电路图,如图 2-49 所示,其短路回路的总阻抗为

$$X_{\Sigma(k-1)} = X_1 + X_2 = 0.45(\Omega)$$

② 计算 $k-1$ 点的三相短路电流和短路容量。

三相短路电流周期分量的有效值为

$$I_{k-1}^{(3)} = \frac{U_{c1}}{\sqrt{3}\,X_{\Sigma(k-1)}} = \frac{6.3}{\sqrt{3} \times 0.45} \approx 8.08(\text{kA})$$

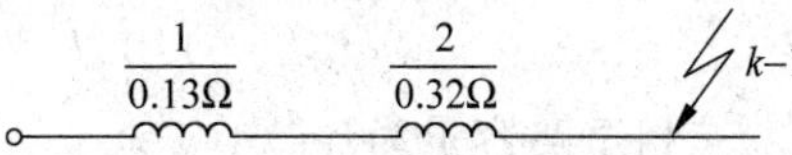

图 2-49 例 2-2 短路等效电路图

三相短路次暂态电流和稳态电流为

$$I''^{(3)} = I_\infty^{(3)} = I_{k-1}^{(3)} = 8.08(\text{kA})$$

三相短路冲击电流及第一个周期短路全电流有效值为

$$i_{sh}^{(3)} = 2.55 I''^{(3)} = 2.55 \times 8.08 \approx 20.60(\text{kA})$$

$$I_{sh}^{(3)} = 1.51 I''^{(3)} = 1.51 \times 8.08 \approx 12.20(\text{kA})$$

三相短路容量为

$$S_{k-1}^{(3)} = \sqrt{3}\,U_{c1} I_{k-1}^{(3)} = \sqrt{3} \times 6.3 \times 8.08 = 88.17(\text{MV·A})$$

(2) 求 $k-2$ 点的三相短路电流和短路容量($U_{c2} = 0.4\text{kV}$)。

① 计算短路回路中各元件的电抗及总电抗。

电力系统的电抗为

$$X_1' = \frac{U_{c2}^2}{S_{oc}} = \frac{0.4^2}{300} = 5.3 \times 10^{-4}(\Omega)$$

由表 2-11 可查得 $X_0 = 0.08\Omega \cdot \text{km}^{-1}$,故电缆线路的电抗为

$$X_2' = X_0 l \left(\frac{U_{o2}}{U_{o1}}\right)^2 = 0.08 \times 4 \times \left(\frac{0.4}{6.3}\right)^2 = 1.29 \times 10^{-3}(\Omega)$$

电力变压器的电抗。由附表 3 可查出该变压器的 $U_k\% = 4.5$,所以电力变压器的电抗为

$$X_3 = \frac{U_k\%}{100} \cdot \frac{U_{c2}^2}{S_N} = \frac{4.5}{100} \times \frac{0.4^2}{1600} = 4.5 \times 10^3(\Omega)$$

画出 $k-2$ 点的等效电路图,如图 2-50 所示。其短路回路总阻抗为

$$X_{\Sigma(k-2)} = X_1' + X_2' + X_3 = 5.3 \times 10^{-4} + 1.29 \times 10^{-3} + 4.5 \times 10^{-3}$$
$$= 6.32 \times 10^{-3}(\Omega)$$

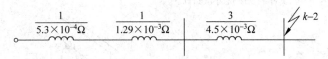

图 2-50 例 2-2 中 $k-2$ 点短路计算电路图

② 计算 $k-2$ 点的三相短路电流和短路容量。

三相短路电流周期分量的有效值为

$$I_{k-2}^{(3)} = \frac{U_{c2}}{\sqrt{3}\,X_{\Sigma(k-2)}} = \frac{0.4}{\sqrt{3} \times 6.32 \times 10^{-3}} = 36.5(\text{kA})$$

三相短路次暂态电流和稳态电流为

$$I''^{(3)} = I_\infty^{(3)} = I_{k-2}^{(3)} = 36.5(\text{kA})$$

三相短路冲击电流及第一个周期短路全电流有效值为

$$i_{sh}^{(3)} = 1.84 I''^{(3)} = 1.84 \times 36.5 = 67.16(\text{kA})$$

$$I_{sh}^{(3)} = 1.09 I''^{(3)} = 1.09 \times 36.5 = 37.79(\text{kA})$$

三相短路容量为

$$S_{k-2}^{(3)} = \sqrt{3} U_{c2} I_{k-2}^{(3)} = \sqrt{3} \times 0.4 \times 36.5 = 25.29(\text{MV}\cdot\text{A})$$

在工程设计说明书中,要列出短路计算表,如表 2-12 所示。

表 2-12 例 2-2 短路计算表

短路计算点	三相短路电流/kA					三相短路容量/MV·A
	$I_k^{(3)}$	$I''^{(3)}$	$I_\infty^{(3)}$	$i_{sh}^{(3)}$	$I_{sh}^{(3)}$	$S_k^{(3)}$
$k-1$ 点	8.08	8.08	8.08	20.6	12.2	88.17
$k-2$ 点	36.5	36.5	36.5	67.16	39.79	25.29

3. 母线动稳定度校验

动稳定度的校验条件是

$$\sigma_{al} \geqslant \sigma_c \tag{2-25}$$

式中,σ_{al} 为母线材料的最大允许应力(Pa),硬铜母线为 140MPa,硬铝母线为 70MPa;σ_c 为母线通过 $i_{sh}^{(3)}$ 时所受到的最大计算应力。其计算公式为

$$\sigma_c = M/W \tag{2-26}$$

式中,M 为母线通过 $i_{sh}^{(3)}$ 时所受到的弯曲力矩,当母线的档数为 1~2 时,$M = F^{(3)}L/8$,当档数大于 2 时,$M = F^{(3)}L/10$,这里的 L 为母线的档距;W 为母线的截面系数,当母线水平放置时,$W = b^2h/6$,此处 b 为母线截面的水平宽度,h 为母线截面的垂直高度。$F^{(3)}$ 为三相短路冲击电流 i_{sh} 在中间相上产生的最大电动力,其计算公式为

$$F^{(3)} = \sqrt{3}(i_{sh}^{(3)})^2 \frac{l}{a} \times 10^{-7} \tag{2-27}$$

式中,a 为两导体的轴线间距离(m);l 为导体的两相邻支持点间的距离,即档距(m)。

图 2-51 所示为母线水平放置示意图。

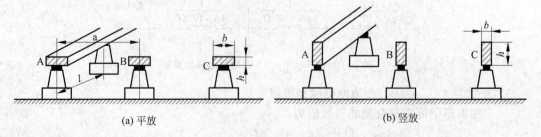

(a) 平放　　　　　　　　　　　　　　　　(b) 竖放

图 2-51 母线水平放置示意图

4. 母线及电缆热稳定度校验

热稳定度的校验条件是

$$A \geqslant A_{\min} = \frac{I_\infty^{(3)}}{C}\sqrt{t_{op} + t_{oc} + 0.05} \tag{2-28}$$

式中，A 为导体的截面，$A_{\min}$ 为导体的最小热稳定截面；C 为导体的短路热稳定系数，可在附表 5 查得；$I_\infty^{(3)}$ 为三相稳态短路电流，A；t_{op} 为保护装置实际最长的动作时间，s；t_{oc} 为断路器的断路时间，s，对于一般高压油断路器，可取 $t_{oc} = 0.2$s；对于高速断路器（如真空断路器），可取 $t_{oc} = 0.1 \sim 0.15$s。

2.4.3 导体选择的条件

1. 额定电压条件

导体的额定电压应与其安装地点的电路电压相适应。例如，BLX-500 导线只能使用在 500V 以下的电路中；又如 VLV-1000 电力电缆只能使用在 1000V 以下的电路中。

2. 发热条件

导体在通过正常最大负荷电流（I_{30}）时产生的发热温度，不应超过其正常运行时的最高允许温度，也就是导体的允许载流量 I_{al} 不小于相线通过的计算电流 I_{30}。其表达式为

$$I_{al} \geqslant I_{30} \tag{2-29}$$

式中，导体的允许载流量 I_{al} 可查阅有关手册、产品样本或本书附表 6，计算电流 I_{30} 由负荷计算获得。

3. 电压损耗条件

导体在通过正常最大负荷电流（I_{30}）时产生的电压损耗 $\Delta U\%$，不应超过其正常运行时允许的电压损耗 $\Delta U_{al}\%$。其表达式为

$$\Delta U_{al}\% \geqslant \Delta U\% \tag{2-30}$$

式中，$\Delta U_{al}\%$ 为线路首尾端之间允许的电压损失。对于低压线路，从电源变压器至负荷端一般取 10%。导体在通过正常最大负荷电流（I_{30}）时产生的电压损耗 $\Delta U\%$ 可以按照下式计算。

$$\Delta U\% = \frac{\sum(P_{30}R + Q_{30}X)}{10U_N^2}\% \tag{2-31}$$

式中，P_{30}、Q_{30} 分别为线路上各负荷点的有功计算负荷（kW）和无功计算负荷（kvar）；R、X 分别为线路上各负荷点至线路首端每相电阻和电抗（Ω），其中，$R = R_0 l$，$X = X_0 l$，R_0、X_0 分别为线路每千米电阻和电抗值（Ω·km^{-1}），其值可查阅有关手册、产品样本或本书附表 4，l 为线路长度（km）；U_N 为线路额定电压（kV）。

对于导线之间距离很近的车间低压线路，可视作"无感"线路，其电压损耗计算公式为

$$\Delta U\% = \frac{\sum(P_{30}L)}{CA}\% \tag{2-32}$$

式中，U_N 为线路的额定电压(kV)；P_{30} 为各负荷的计算功率(kW)；L 为各负荷点至线段首端的长度(m)；A 为导线截面积；C 为电压损失计算常数($kW \cdot mm \cdot m^{-2}$)，如表 2-13 所示。

表 2-13 电压损失计算常数 C

线路额定电压/V	线路类别	计算常数/($kW \cdot mm \cdot m^{-2}$)	
		铝线	铜线
220/380	三相四线	46.2	76.5
	两相三线	20.5	34.0
220	单相及直流	7.74	12.8
110		1.94	3.21

4. 机械强度条件

导体的截面 A 不得小于其机械强度允许的截面 A_{min}。其表达式为

$$A \geqslant A_{min} \tag{2-33}$$

导体的机械强度允许的截面 A_{min} 可查阅有关手册或本书附表 7。

5. 经济电流密度条件

线路年费用支出最小的电流密度称为经济电流密度。按照经济电流密度选择的导体截面为经济截面，其表达式为

$$A_{ec} = I_{30} / j_{ec} \tag{2-34}$$

式中，A_{ec} 为导体的经济截面(mm^2)；I_{30} 为计算电流，由负荷计算获得；j_{ec} 为经济电流密度($A \cdot mm^{-2}$)，可查阅有关手册。

6. 动稳定度条件

见本书"2.4.2 短路电流计算 3.母线动稳定度校验"一节。

7. 热稳定度条件

见本书"2.4.2 短路电流计算 4.母线及电缆热稳定度校验"一节。

2.4.4 常见导体选择与校验满足的条件及其步骤

常见导体的选择与校验除满足额定电压条件外，还需满足其他不同的条件。

1. 0.38～10kV 动力线路普通导线(LJ 线、LGJ 线、BLX 线、BLV 线等)的选择

(1) 按照发热条件选择。

(2) 校验电压损耗条件。

(3) 校验机械强度条件。

2. 220/380V 照明线路普通导线(LJ 线、BLX 线、BLV 线等)的选择

(1) 按照电压损耗条件选择。

(2) 校验发热条件。

(3) 校验机械强度条件。

3. 电力电缆截面的选择

(1) 按照发热条件选择。

(2) 校验电压损耗条件。

(3) 校验热稳定度条件。

4. 35kV 架空线路钢芯铝绞线的选择

(1) 按照经济电流密度条件选择。

(2) 校验发热条件。

(3) 校验电压损耗条件。

(4) 校验机械强度条件。

5. 封闭式母线的选择

(1) 按照发热条件选择。

(2) 校验动稳定度条件。

(3) 校验热稳定度条件。

2.4.5 导体选择举例

例 2-3 由车间变电所为例 2-1 金工车间专门架设一条 220/380V 室外架空线路。动力和照明分两层架设。动力线采用 LGJ 线，照明线采用 LJ 线。从车间变电所到金工车间室外架空线路全长 100m。金工车间室内干线采用 BLV 线穿钢管沿墙壁明敷链式接线，如图 2-52 所示，1♯~3♯ 配电箱未确定对应负荷。室外最高平均气温 35℃，室内最高平均气温 30℃。试选择 220/380V 室外架空线路和金工车间室内干线。

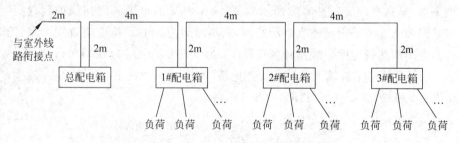

图 2-52 金工车间室内线路结构示意图

解 (1) 室外 220/380V 架空动力线路导线截面的选择

① 按发热条件选择截面。

由例 2-1 可知，I_{30} 为 185.17A，查附表 6-2，35℃ 时，50mm² 的 LGJ 允许载流量 I_{al} 为 193A，满足发热条件 $I_{al} \geqslant I_{30}$，故室外 220/380V 架空动力线路采用 LGJ-50。

② 计算该段导线的电压损耗。

查附表 4-2 可知，50mm² 的 LGJ $R_0 = 0.68\Omega \cdot km^{-1}$；由表 2-11 可知，$X_0 = 0.32\Omega \cdot km^{-1}$。

由例 2-1 可知，$P_{30}=62.25\text{kW}$，$Q_{30}=104.6\text{kvar}$。根据式(2-31)，故
$$\Delta U_1\% = [(62.25\times 0.68\times 0.1+104.6\times 0.32\times 0.1)/(10\times 0.38^2)]\% = 5.4\%$$

③ 校验机械强度条件。

查附表 7-1 可知，厂区 220/380V 架空线路 $A_{\min}=16\text{mm}^2$，而 $A=50\text{mm}^2$，满足机械强度条件 $A \geqslant A_{\min}$。

(2) 车间室内干线导线截面的选择

① 按发热条件选择截面。

由例 2-1 可知，I_{30} 为 185.17A。查附表 6-4，30℃时，150mm² 的 BLV 线穿 70mm 焊接钢管时的允许载流量 I_{al} 为 210A，满足发热条件 $I_{al} \geqslant I_{30}$，故车间室内干线采用 BLV-500-(3×150)SC70。

② 计算车间动力干线的电压损耗。

由式(2-32)和表 2-13，电压损失计算常数(按三相四线) $C=46.2\text{kW}\cdot\text{mm}\cdot\text{m}^{-2}$；$A=150\text{mm}^2$；$\sum(P_{30}L)$ 按最大值计算，即按从左到右分支线路安排小、中、大负荷。故有
$$\Delta U_2\% = [(3.2\times 12+12.33\times 20+50\times 28)/(46.2\times 150)]\% = 0.24\%$$

所以，从车间变电所至车间内最后一个配电箱之间的电压损耗为
$$\Delta U_1\% + \Delta U_2\% = 5.4\% + 0.24\% = 5.64\%$$

考虑到配电箱至设备之间的可能距离也不过数米，电压损耗不会超过干线电压损耗，因此，全线电压损耗不会超过 10%，各线段满足电压损耗要求。

③ 校验机械强度条件。

查附表 7-2 可知，BLV 线穿钢管 $A_{\min}=2.5\text{mm}^2$，而 $A=150\text{mm}^2$，满足机械强度条件 $A \geqslant A_{\min}$。

注：以上车间干线也可分段选取，这样可节约有色金属，但较烦琐。

例 2-4 试选择例 2-2 图 2-48 所示的长 4km，6kV 的电缆。已知保护装置实际最长的动作时间为 0.5s；采用高速真空断路器，断路时间为 0.1s。按电缆首端 k 点三相短路电流校验电缆的热稳定度。线路计算负荷 P_{30} 为 1360kW；Q_{30} 为 823kvar；I_{30} 为 226A。

解 (1) 计算电缆首端 k 点三相短路电流

由例 2-2 可知，$X_{\Sigma k}=0.13\Omega$，$U_{c1}=6.3\text{V}$，故
$$I_k^{(3)} = \frac{U_{c1}}{\sqrt{3}X_{\Sigma k}} = \frac{6.3}{\sqrt{3}\times 0.13} \approx 28(\text{kA})$$

(2) 电缆选择

① 选择电缆型号。

根据题意，可选三芯 YJV22 铜芯或 YJLV22 铝芯(6/10kV)交联聚乙烯绝缘电力电缆，采用直埋方式。由于该电缆长 4km，为了节省资金，可优先选用 YJLV22 铝芯电缆。

② 按照发热条件选择。

由已知条件可知，I_{30} 为 226A。查附表 6-7，15℃地中直埋铝芯(6/10kV)交联聚乙烯绝缘电力电缆，3×95mm² 的允许载流量 I_{al} 为 266A，满足发热条件 $I_{al} \geqslant I_{30}$，采用 YJLV22-10000-3×95。

③ 校验电压损耗条件。

查附表 4-3 可知,95mm² 的电缆 $R_0=0.37\Omega\cdot\mathrm{km}^{-1}$,$X_0=0.08\Omega\cdot\mathrm{km}^{-1}$。

由已知条件可知,P_{30} 为 1360kW;Q_{30} 为 823kvar。根据式(2-31),故

$$\Delta U\% = [(1360\times0.37\times4+823\times0.08\times4)/(10\times6^2)]\% = 6.3\%$$

电压损耗满足要求。

④ 校验热稳定度条件。

查附表 5 可知,铝芯交联聚乙烯绝缘电力电缆的短路热稳定系数 C 为 $84\mathrm{A}\cdot\mathrm{s}^{1/2}\cdot\mathrm{mm}^{-2}$。

由已知条件可知,短路假想时间 $t_{\mathrm{ima}}=0.5+0.1+0.05=0.65\mathrm{s}$。故满足热稳定度条件的电缆最小截面为

$$A_{\min} = \frac{I_k^{(30)}}{C}\sqrt{t_{\mathrm{ima}}} = \frac{28000}{84}\times\sqrt{0.65} \approx 267(\mathrm{mm})^2$$

由于 $A=95\mathrm{mm}^2 < A_{\min}=267\mathrm{mm}^2$ 不满足热稳定度条件,查电缆产品目录,改选 YJLV22-10000-3×300。

考虑到大截面电缆投资大、施工不便,在严格按照施工标准敷设电缆的前提下,可采用电缆末端短路电流来选择和校验电缆。这样,可选 YJLV22-10000-3×95 电缆,具体过程略。

2.5 车间配电线路电气安装图

按照负荷的性质分,车间配电线路的电气安装图包括车间动力电气安装图和车间照明电气安装图;按照表达内容的不同,电气安装图又分为系统图和平面布置图。

2.5.1 电气安装图上设备和线路的标注与文字符号

根据建设部 00DX001《建筑电气工程设计常用图形和文字符号》以及 GB 5094—1985《电气技术中的项目代号》,部分电力设备的文字符号如表 2-14 所示,部分线路安装方式的文字符号如表 2-15 所示,部分电力设备的标注方法如表 2-16 所示。

表 2-14 部分电力设备的文字符号

设备名称	文字符号	设备名称	文字符号
交流配电屏(低压)	AA	高压开关柜	AH
控制箱(柜)	AC	动力配电箱	AP
并联电容器屏	ACC	照明配电箱	AL
直流屏	AD	电度表箱	AW
蓄电池	GB	插座箱	AX
柴油发电机	GD	电力变压器	TYM
电流表	PA	电压表	PV
有功电能表	PJ	无功电能表	PJR
插头	XP	插座	XS

表 2-15 部分线路安装方式的文字符号

敷设方式	文字符号	敷设部位	文字符号
穿焊接钢管敷设	SC	沿或跨梁架敷设	AB
穿电线管敷设	MT	暗敷在梁内	BC
穿硬塑料管敷设	PC	沿或跨柱敷设	AC
穿阻燃塑料管敷设	FPC	暗敷在柱内	CLC
电缆桥架敷设	CT	沿地面敷设	WS
金属线槽敷设	MR	暗敷在墙内	WC
塑料线槽敷设	PR	沿天棚或顶板面敷设	CE
钢索敷设	M	暗敷在屋面或顶板内	CC
直接埋设	DB	吊顶内敷设	SCE
电缆沟敷设	TC	地板或地面下敷设	F

表 2-16 部分电力设备的标注方法

标注对象	标注方式	说　　明
用电设备	$\dfrac{a}{b}$	a—设备编号或设备位号 b—额定容量(kW,kV·A)
照明灯具	$a-b\dfrac{cdL}{e}f$	a—灯数 b—型号或编号(可省略) c—每盏灯具的灯泡数 d—灯泡安装容量(W) e—灯泡安装高度(m) "—"表示吸顶安装 f—安装方式 L—光源种类
线路	$a-b-c(de+fg)i-jh$	a—线缆编号 b—型号(可省略) c—线缆根数 d—电缆线芯数 e—线芯截面(mm²) f—PE、N 线芯数 g—线芯截面(mm²) h—线缆方式安装高度(m) i—线缆敷设方式 j—线缆敷设部位
电缆桥架	$\dfrac{ab}{e}$	a—电缆桥架宽度(mm) b—电缆桥架高度(mm) c—电缆桥架安装高度(mm)
断路器整定值	$\dfrac{a}{b}c$	a—脱扣器额定电流(A) b—脱扣器整定电流(A) c—短延时整定时间(瞬时不标注)

2.5.2 电气安装图的绘制

1. 配电系统图的绘制

系统图是用规定的电气简图用图形符号概略地表示一个系统的基本组成、相互关系及其主要特征的一种简图。

绘制低压配电系统图,必须注意以下两点。

(1) 线路一般用单线图表示。为表示线路的导线根数,可在线路上加短斜线,短斜线数等于导线根数,也可在线路上画一条短斜线再加注数字表示导线根数。有的系统图,用一根粗实线表示三相的相线,而用一根与之平行的细实线或虚线表示 N 线或 PEN 线,另用一根与之平行的点画线加短斜线表示 PE 线(假设有 PE 线时)。也有的照明系统图,用多线图表示,并标明每根导线的相序。

(2) 配电线路绘制应排列整齐,并应按规定对设备和线路进行必要的标注,例如标注配电箱的编号、型号规格等,标注线路的编号、型号规格、敷设方式、部位及线路去向或用途等。

2. 平面布置图的绘制

配电平面图是表示配电系统在某一配电区域内的平面布置和电气布线的简图,也称电气平面图或电气平面布置图。

绘制低压配电平面图,必须注意以下几点。

(1) 有关配电装置(箱、柜、屏)和用电设备及开关、插座等图形符号绘在平面图的相应位置上,例如配电箱用扁框符号表示,大型设备(如机床等)则可按其外形的大体轮廓绘制,应采用规定的图,如电机用圆圈符号。

(2) 配电线路一般用单线图表示,且按其实际敷设的大体路径或方向绘制。

(3) 平面图上的配电装置、电器和线路,应按规定进行标注。当图上的某些线路采用的导线型号规格完全相同时,可统一在图上加注说明,不必在有关线路上一一标注。

(4) 保护电器的标注主要需标注其熔体电流(对熔断器)或脱扣电流(对低压断路器)。

(5) 平面图上应标注其主要尺寸,特别是建筑外墙定位轴线之间的距离应予标注。

(6) 平面图上宜附上"图例",特别是平面图上使用的非标准图形符号应在图例中说明。

2.5.3 车间配电系统电气安装图示例

1. 某车间动力配电系统图和平面布置图

图 2-53 是某车间的动力配电系统图。该车间采用铝芯塑料电缆 VLV-1000-(3×185+1×95)直埋(DB)由车间变电所来供电,其总配电箱 AP1 采用 XL(F)-31 型。它通过铝芯塑料绝缘线 BLV-500-(3×70+1×35)沿墙明敷向分配电箱 AP2 配电。分配电箱 AP2 又引出一路 BLV-500-4×16 穿钢管(SC)埋地(F)向另一分配电箱 AP3 配电。总配电箱

AP1 又通过一路 BLV-500-(3×95+1×50)沿墙明敷向分配电箱 AP4 配电。另通过一路 BLV-500-(3×50+1×25)沿墙明敷向分配电箱 AP5 配电。分配电箱 AP5 又通过一路 BLV-500-(3×25+1×16)穿钢管(SC)埋地(F)向另一分配电箱 AP6 配电。所有分配电箱(AP2～AP6)均为 XL-21 型。

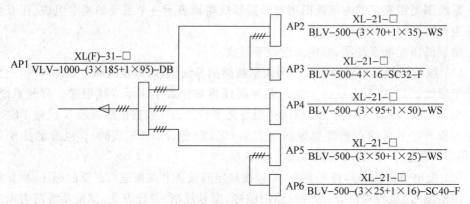

图 2-53　某车间的动力配电系统图

图 2-54 是图 2-53 所示车间(一角)的动力配电平面图。这里仅示出分配电箱 AP6 采用 BLV-500-3×6 的铝芯塑料线穿钢管(SC)埋地(F)分别向 35♯～42♯机床设备配电。由于各配电支线型号规格和敷设方式相同，故在图上统一加注说明。

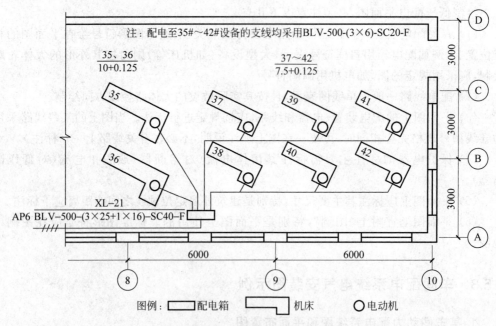

图 2-54　某车间(一角)的动力配电平面图

2. 某车间照明配电系统图和平面布置图

车间照明配电系统图与车间动力配电系统图类似，这里就不再举例了。图 2-55 是

图 2-54 所示车间（一角）的照明配电平面图。图中各符号标注请按照 2.5.1 小节自行解读。光源类型表示如下：IN—白炽灯；FL—荧光灯；Hg—汞灯；Na—钠灯；I—碘钨灯；ARC—弧光灯。

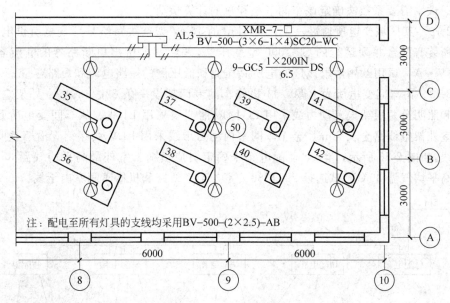

图 2-55　某车间（一角）的照明配电平面图

灯具安装方式如表 2-17 所示。

表 2-17　灯具安装方式

安装方式	文字符号	安装方式	文字符号	安装方式	文字符号
线吊式	SW	壁装式	W	顶棚内安装	CR
链吊式	CS	吸顶式	C	墙壁内安装	WR
管吊式	DS	嵌入式	R	柱上安装	CL

习题

2-1　工厂配电线路的类型有哪些？

2-2　工厂配电线路的接线方式有哪些？

2-3　工厂配电线路的特点有哪些？

2-4　简述室外普通导线架空线路的结构和组成。

2-5　简述室外架空电力电缆线路的结构和组成。

2-6　简述地下电力电缆线路的结构和组成。

2-7　简述室内普通导线明敷线路的结构和组成。

2-8　简述室内普通导线暗敷线路的结构和组成。

2-9　简述室内地下沟道式电力电缆线路的结构和组成。

2-10 简述室内桥架式电力电缆线路的结构和组成。

2-11 某机修车间拥有冷加工机床 52 台,共 200kW;行车 1 台,5.1kW($\varepsilon=15\%$);通风机 6 台,5kW;点焊机 3 台,共 10.5kW($\varepsilon=65\%$)。车间采用 220/380V 三相四线制配电。试用需要系数法确定该车间各组和总的计算负荷。

2-12 某区域变电所通过一条长为 4km 的 10kV 架空线路给某厂变电所供电,该厂变电所装有两台并列运行的 S9-1000 型变压器,区域变电所出口断路器的断流容量为 500MV·A。试用欧姆法求该厂变电所高压侧和低压侧的短路电流和短路容量。

2-13 由车间变电所为上题 2-11 机修车间专门架设一条 220/380V 室外架空线路。动力和照明分两层架设。动力线采用 LGJ 线,照明线采用 LJ 线。从车间变电所到机修车间室外架空线路全长 50m。金工车间室内动力干线采用 BLV 线穿钢管沿墙壁明敷链式接线,如图 2-56 所示,1#~4# 配电箱未确定对应负荷。室外最高平均气温 35℃,室内最高平均气温 30℃。试选择 220/380V 室外架空线路和机修车间室内干线。

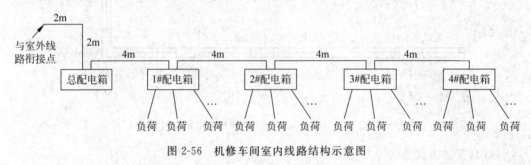

图 2-56 机修车间室内线路结构示意图

2-14 按照负荷的性质分,车间配电线路的电气安装图包括哪些图?按照表达内容的不同,又分为哪些图?

CHAPTER 3

第 3 章

工厂配电线路的施工

【学习目标】

掌握导线的连接与绑扎技能；

掌握电缆头制作技能；

掌握室外架空线路的登高作业技能；

掌握金属管、线槽线路的施工技能；

掌握室内桥架电缆线路的施工技能；

掌握室内封闭插接母线线路的施工技能。

3.1 导线的连接与绑扎

一、实训内容

(1) 导线的连接。

(2) 导线与绝缘子的绑扎。

二、实训材料、工具

导线的连接与绑扎材料单如表 3-1 所示；导线的连接与绑扎工具、工作服单如表 3-2 所示。

表 3-1 导线的连接与绑扎材料单

序号	名 称	型号与规格	单位	数量	备 注
1	铝绞线	LJ-16	m	若干	或 LGJ-16
2	铝、铜橡线	BLX-10、BX-10	m	若干	
3	铝、铜塑线	BLV-6、BV-6	m	若干	
4	铝、铜塑线	BLV-4、BV-4	m	若干	
5	铝、铜塑线	BLV-2.5、BV-2.5	m	若干	
6	铜芯橡胶软绞线	RFS-0.5	m	若干	
7	双根铜护套线	BVVB	m	若干	
8	低压针式绝缘子	PD-1-2	个	若干	
9	高压针式绝缘子	P-15T	个	若干	
10	低压蝶式绝缘子	ED-2	个	若干	

续表

序号	名 称	型号与规格	单位	数量	备注
11	接线端子(线鼻子)	10mm²	个	若干	铜或铝
12	铝套管	QL-6、QL-10	个	若干	或铜套管
13	薄铝带		卷	若干	
14	T接并沟线夹	B-11	个	若干	
15	空气开关	DZ47	块	1/组	
16	绝缘胶带		卷	若干	
17	绝缘胶布		卷	若干	
18	专用绑线	20#或22#	卷	若干	
19	焊锡		盘	若干	

表 3-2 导线的连接与绑扎工具、工作服单

序号	名 称	单 位	数 量	备 注
1	钢丝钳	把/组	1	
2	尖嘴钳	把/组	1	
3	斜口钳	把/组	1	
4	剥线钳	把/组	1	
5	压线钳	把/组	1	
6	电工刀	把/组	1	
7	活口扳手	把/组	1	
8	100W电烙铁	把/组	1	
9	电工服装(含手套)	套/人	1	

三、实训步骤及要求

1. 导线的连接

导线的连接是指导线与导线的连接以及导线与接线端子的连接。绝缘导线的连接要经过剥离绝缘层,与其他导线线芯连接或与接线端子连接,恢复绝缘等工序;裸导线的连接则无剥离绝缘层和恢复绝缘工序。

(1) 绝缘导线绝缘层的剥离

绝缘导线在连接前,必须先剥离导线端头的绝缘层,要求剥离后的芯线长度必须适合连接需要,不应过长或过短,且不得损伤芯线。由于导线的规格和绝缘层材质不同,其剥离方法也不尽相同。

① 单根绝缘导线绝缘层的剥离。对于 4mm² 及以下单根绝缘导线,左手握线将适当长度导线置于剥线钳合适的刀口内,右手握合钳柄将线头绝缘层剥离,在无剥线钳的条件下,也可采用钢丝钳剥离绝缘层;4mm² 以上单根单股或多股绝缘导线一般采用电工刀剥离绝缘层。剥线钳结构示意图如图 3-1 所示。

图 3-1 剥线钳结构示意图

用电工刀剥离绝缘层的具体方法是：按连接所需长度,用电工刀以45°角切入绝缘层,在即将削透绝缘层时,夹角改为25°左右用力向线头端推削,削去上面一部分绝缘层,接着将余下的绝缘层扳翻至刀口根部后,再用电工刀切齐。图3-2所示为电工刀剥离绝缘层示意图。

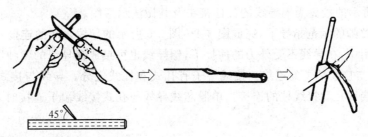

图3-2　电工刀剥离绝缘层示意图

用钢丝钳剥离绝缘层的具体方法是：按连接所需长度,用左手捏紧导线,右手适当用力捏住钢丝钳头部,用钳头刀口轻切绝缘层,然后两手反向同时用力即可使端部绝缘层脱离芯线。在操作中应注意,不能用力过大,切痕不可过深,以免伤及线芯。

② 护套线绝缘层的剥离。护套线绝缘层分为外层的公共护套绝缘层和内部芯线的绝缘层。公共护套层通常都采用电工刀进行剥离。常用方法有两种：一种方法是用刀口从导线端头两芯线夹缝中切入,切至连接所需长度后,在切口根部割断护套层；另一种方法是按线头所需长度,将刀尖对准两芯线凹缝划破绝缘层,将护套层向后扳翻,然后用电工刀齐根切去。芯线绝缘层的剥离与单根绝缘导线绝缘层的剥离方法完全相同,但切口相距护套层长度应根据实际情况确定。电工刀剥离护套线外层绝缘皮示意图如图3-3所示。

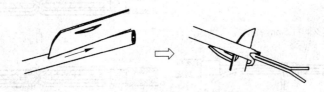

图3-3　电工刀剥离护套线外层绝缘皮示意图

③ 橡套软电缆(俗称防水线)绝缘层的剥离。用电工刀从端头任意两芯线缝隙中割破部分护套层,然后把割破已分成两部分的护套层连同芯线(分成两组)一起进行反向分拉来撕破护套层,直到所需长度,再将护套层向后扳翻,在根部分别切断。护套层内除有芯线外,还有数根麻线。这些麻线不应在护套层切口根部剪去,而应挽结加固,余端也应固定在电具内的防拉板中。芯线绝缘层可按单根绝缘导线的方法进行剥离。

在指导教师的示范指导下,完成各种绝缘导线绝缘层的剥离。

(2) 导线的连接

① 导线之间的连接。按照导线线芯材料的不同,导线之间的连接包括铜导线之间的连接和铝导线之间的连接以及铜铝导线之间的连接；按照导线线芯截面积的大小,导线之间的连接包括单股小截面导线之间的连接和多股大截面导线之间的连接以及大小截

面导线之间的连接;按照接头形状,导线之间的连接包括平接头、T 接头以及十字接头等。

图 3-4 所示的接头为铜导线和铝绞线的平接头及其做法示意图。

图 3-5 所示的接头为铜导线和铝绞线的 T 接头及其做法示意图。

图 3-6 所示的接头为铜导线的其他接头及其做法示意图。

在指导教师的示范指导下,完成图 3-4～图 3-6 所示的导线之间的连接。

实际运用中,在导线不受外力的前提下,铝导线也可接成铜导线的各种形式。

② 导线与接线端子的连接。接线端子有孔式和柱式之分。导线与接线端子的连接包括导线与接线孔和接线柱的连接。单股芯线导线与孔式接线端子连接时,芯线端头以

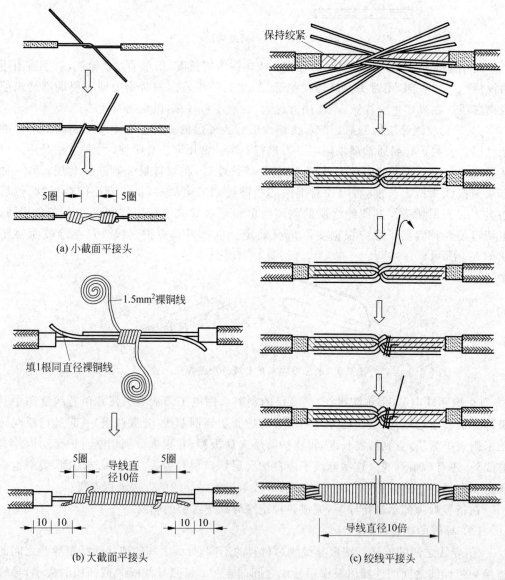

图 3-4 铜导线和铝绞线的平接头及其做法示意图

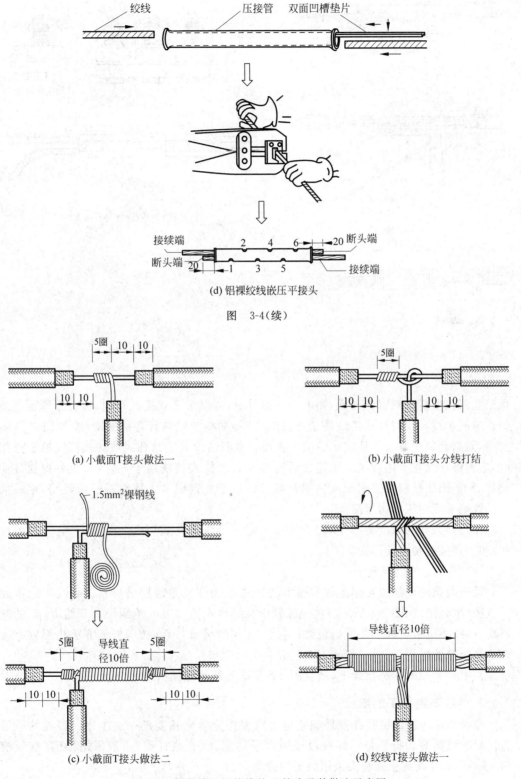

(d) 铝裸绞线嵌压平接头

图 3-4(续)

(a) 小截面T接头做法一　　(b) 小截面T接头分线打结

(c) 小截面T接头做法二　　(d) 绞线T接头做法一

图 3-5　铜导线和铝绞线的 T 接头及其做法示意图

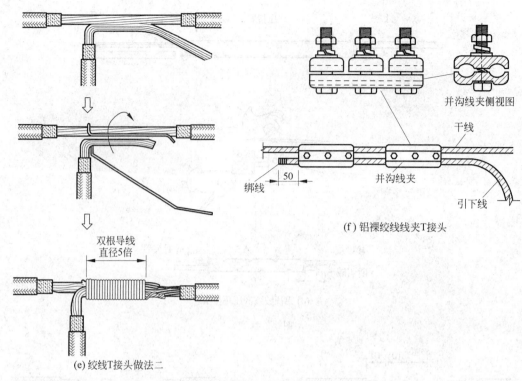

图 3-5(续)

两倍孔深长度折成双根并列状,如图 3-7(a)所示,再以水平状插入孔内,然后旋紧顶压螺钉。单股芯线导线与柱式接线端子连接时,芯线端头应顺时针弯成圆圈状,如图 3-7(b)所示,圆圈孔径应略大于柱式接线端子直径。多股芯线导线与孔式或柱式接线端子连接时,应先将导线与专用接线端子连接后再与孔式或柱式接线端子连接,一般为铜线接铜接线端子,铝线接铝接线端子或铜铝过渡接线端子。铜线插入接线端子后烫锡,铝线插入接线端子后用压接钳压接。

在指导教师的示范指导下,结合图 3-7 完成导线与孔式(例如为 DZ47 空气开关接线)和柱式接线端子的连接。

(3) 导线绝缘的恢复

低压线路的导线通常用绝缘胶带和黑胶布作为恢复绝缘层的材料。导线绝缘恢复的方法(半叠法)如图 3-8 所示。将绝缘胶带从导线左边完整的绝缘层上开始以 45°的倾斜角,每圈叠压带宽的 1/2 进行包缠;包 1~2 层绝缘胶带后,按同样的方法将黑胶布接在绝缘胶带的尾端,按另一斜叠方向包缠一层黑胶布。

在指导教师的示范指导下,结合图 3-8 完成导线绝缘的恢复。

2. 导线与绝缘子的绑扎

导线与绝缘子的绑扎在室外架空电力线路中是非常重要的一道工序。绑扎的质量直接影响线路的运行质量。导线过往绝缘子的绑扎(直线杆头)一般采用顶绑(有顶槽时)或侧绑;导线终止或起头采用回头绑的形式。

图 3-9 为 380V 线路绝缘子侧绑示意图。

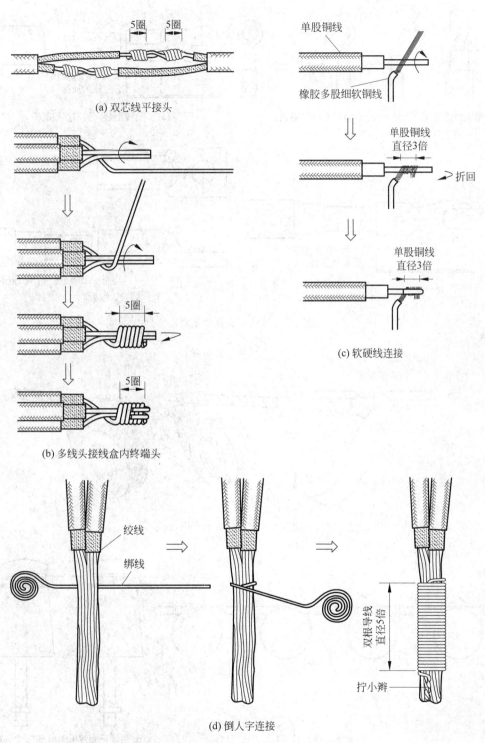

图 3-6 铜导线的其他接头及其做法示意图

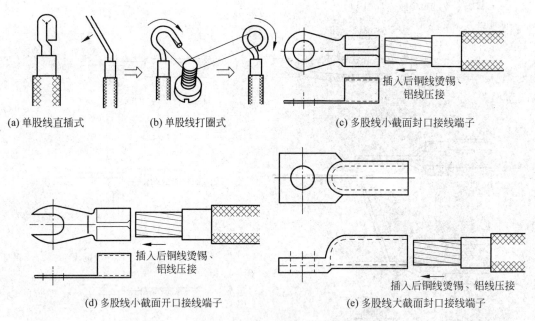

图 3-7 导线端头做法示意图

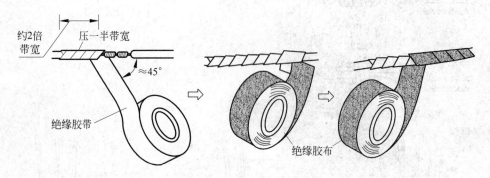

图 3-8 恢复绝缘示意图

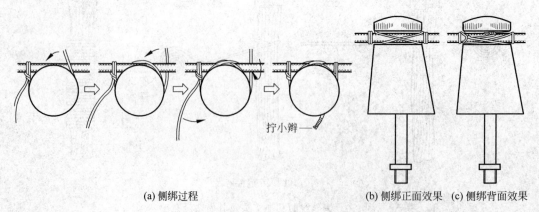

图 3-9 380V 线路绝缘子侧绑示意图

图 3-10 为 10kV 线路绝缘子顶绑示意图。

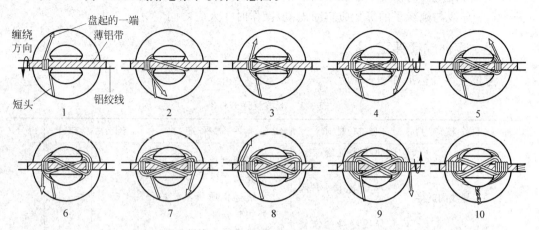

图 3-10　10kV 线路绝缘子顶绑示意图

图 3-11 为低压线路蝶式绝缘子回头绑示意图。

在指导教师的示范指导下,结合图 3-9～图 3-11 完成导线与绝缘子的绑扎。

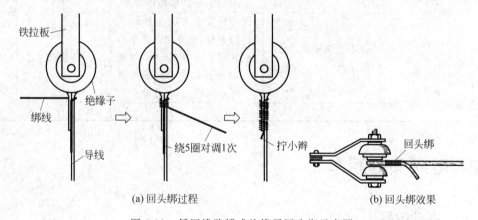

图 3-11　低压线路蝶式绝缘子回头绑示意图

四、注意事项

(1) 本实训可安排在专用实训场地,也可安排在教室进行。有条件的可安排每名指导教师指导 10 名学生,无此条件时,也可由 1 名指导教师指导 1 个班的学生,但学生必须分组,以 3 人一组为宜。

(2) 实训必须穿戴电工工作服,尤其要戴好手套,以防伤手。

(3) 各训练项目应在指导教师的示范下,并结合图例进行。

(4) 使用电工刀时,应小心谨慎,刃口不得对准任何人操作。

(5) 操作时不可用力过猛,以防伤人。

(6) 应正确剥离导线头绝缘层,不得伤及线芯,否则按作废处理。

(7) 导线连接应牢固规范,实际运用中,在导线不受外力的前提下,铝导线也可接成铜导线的各种形式;为防止铜铝电化腐蚀,铜铝连接时,最好采用专用铜铝过渡端子。

(8) 导线绝缘的恢复应正确牢固。

(9) 导线与绝缘子的绑扎应牢固规范,操作时 3 人应协同应对。

五、实训成绩评定

考核及评分标准如表 3-3 所示。

表 3-3 考核及评分标准

序号	考核项目	考核要求	评分标准	配分	扣分	得分
1	导线的连接	① 导线头绝缘层剥离正确 ② 导线连接、牢固规范 ③ 导线绝缘的恢复应正确、牢固	① 绝缘层剥离方法不正确每处扣 2 分 ② 导线连接质量不合格每处扣 5 分 ③ 绝缘恢复不正确扣 10 分	60		
2	导线与绝缘子的绑扎	绑扎牢固、规范	① 绑扎的方法不正确每处扣 5 分 ② 质量不合格每处扣 5 分	40		
3	其他	① 安全文明生产 ② 工时	① 违反安全文明生产每处扣 5 分,总分扣完为止 ② 额定工时 100 分钟,每超 10 分钟扣 10 分,最长超时不得超出 20 分钟			
	合 计			100		

3.2 电缆头的制作

一、实训内容

(1) 室内低压电缆干包头的制作。

(2) 电缆热缩头的制作。

(3) 电缆冷缩头的制作。

二、实训材料、工具

电缆头制作材料、工具如表 3-4～表 3-6 所示。

表 3-4 室内低压电缆干包头制作材料、工具单

序号	名 称	型号与规格	单位	数量	备 注
1	聚氯乙烯绝缘护套电力电缆	VV、VLV 或 VV20、VLV20,1kV 以下四芯 10mm^2 或 16mm^2	根	1/组	2m/根为宜

续表

序号	名称	型号与规格	单位	数量	备注
2	电缆终端头套	VDT-1	套	1/组	
3	塑料绝缘带	黄、绿、红、黑四色	卷	若干	
4	接线端子	10mm² 或 16mm²	个	4/组	
5	镀锌螺丝	与接线端子孔径一致	个	4/组	
6	电缆卡子	与 10mm² 或 16mm² 电缆外径一致	个	若干	
7	裸铜软线或多股铜线	16mm²	m	若干	
8	电缆标牌		个	1/组	
9	凡士林油		盒	若干	
10	压线钳	钳口与 10mm² 或 16mm² 电缆线芯一致	把	1/组	
11	钢锯		把	1/组	
12	电烙铁	500W	把	1/组	带焊锡、焊油
13	扳手		把	1/组	
14	钢锉		把	1/组	
15	钢卷尺	1m	卷	1/组	参考
16	兆欧表	1000V	块	1/组	
17	万用表	500型	块	1/组	参考
18	通用电工工具		套	1/组	
19	电工服装		套	1/人	

表 3-5 电缆热缩头制作材料、工具单

序号	名称	型号与规格	单位	数量	备注
1	交联聚乙烯绝缘电力电缆	YJV22、YJV23 10kV 三芯 16mm²	根	1/组	2米/根为宜
2	绝缘三叉手套、绝缘管、应力管、密封管、相色管、防雨裙	与电缆规格配套	套	1/组	
3	填充胶、密封胶带、焊锡、清洁剂、砂布、白布、汽油、焊油		套	1/组	与序号2材料一起购得
4	接线端子	16mm²	个	3/组	
5	编织铜线	16mm²	m	若干	
6	电缆标牌		个	1/组	
7	喷灯		个	1/组	
8	压线钳	钳口与 16mm² 电缆线芯一致	把	1/组	
9	电烙铁	500W	把	1/组	
10	大瓷盘		个	1/组	

续表

序号	名 称	型号与规格	单位	数量	备 注
11	钢锯		把	1/组	
12	扳手		把	1/组	
13	钢锉		把	1/组	
14	钢卷尺	1m	卷	1/组	参考
15	兆欧表	2500V	块	1/组	
16	万用表	500型	块	1/组	参考
17	通用电工工具		套	1/组	
18	电工服装		套	1/人	

表3-6 电缆冷缩头制作材料、工具单

序号	名 称	型号与规格	单位	数量	备 注
1	交联聚乙烯绝缘电力电缆	YJV22、YJV23 10kV 三芯 16mm²	根	1/组	2m/根为宜
2	电缆套、弹性橡胶管、应力块、膨胀管、固定环	与电缆规格配套	套	1/组	
3	密封胶带(布)、焊锡、清洁剂、砂布、白布、工业酒精、焊油		套	1/组	与序号2材料一起购得
4	接线端子	16mm²	个	3/组	
5	编织铜线	16mm²	m	若干	
6	电缆标牌		个	1/组	
7	注射器		个	1/组	与序号2材料一起购得
8	压线钳	钳口与16mm²电缆线芯一致	把	1/组	
9	电烙铁	500W	把	1/组	
10	大瓷盘		个	1/组	
11	钢锯		把	1/组	
12	扳手		把	1/组	
13	钢锉		把	1/组	
14	钢卷尺	1m	卷	1/组	参考
15	兆欧表	2500V	块	1/组	
16	万用表	500型	块	1/组	参考
17	通用电工工具		套	1/组	
18	电工服装		套	1/人	

三、实训步骤及要求

1. 电缆干包头的制作

（1）摇测电缆绝缘

选用 1000V 兆欧表，对电缆进行摇测，绝缘电阻应在 10MΩ 以上。电缆摇测完毕后，应将芯线分别对地放电。

（2）剥电缆铠甲打卡子

根据电缆与设备连接的具体尺寸，量取电缆并做好标记，锯掉多余电缆（实训无此项）。根据电缆头套型号尺寸要求，剥除电缆外护套。电缆头套由上下两部分反扣组成。电缆头套型号尺寸如表 3-7 和图 3-12 所示。

表 3-7 干包电缆头套型号尺寸

序号	型号	规格尺寸		适用范围	
		L/mm	D/mm	VV，VLV 四芯/mm²	VV20，VLV20 四芯/mm²
1	VDT-1	86	20	10～16	10～16
2	VDT-2	101	25	25～35	25～35
3	VDT-3	122	32	50～70	50～70
4	VDT-4	138	40	95～120	95～120
5	VDT-5	150	44	150	150
6	VDT-6	158	48	185	185

用钢锯在第一道卡子上端 3～5mm 处，锯一环形深痕，深度为钢带厚度的 2/3，不得锯透。用钳子将多余钢带折叠撕掉，随后将钢带锯口处用钢锉修理，打掉毛刺使其光滑。

将地线的焊接部位用钢锉处理，以备焊接。在打钢带卡子时，将多股铜线排列整齐后卡在卡子里。利用电缆本身钢带的一半宽做卡子，采用反咬口的方法将卡子打牢，必须打两道，卡子之间相距 15mm，如图 3-13 所示。

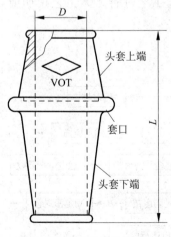

图 3-12 干包电缆头套结构

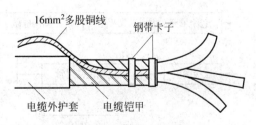

图 3-13 钢带卡子打法

(3) 焊接地线

地线采用焊锡焊接于电缆多圈钢带上,焊接应牢固,不应有虚焊现象,应注意不要将电缆烫伤。

(4) 包缠电缆,套电缆终端头套

剥去电缆统包绝缘层,将电缆头套下部先套入电缆。根据电缆头的型号尺寸,按照电缆头套长度和内径,用塑料带采用半叠法包缠电缆。塑料带包缠应紧密,形状呈枣核状,如图3-14(a)所示。将电缆头套上部套上,与下部对接、套严,如图3-14(b)所示。

(5) 压电缆芯线接接线端子

从芯线端头量出长度为接线端子的深度,另加5mm,剥去电缆芯线绝缘,并在芯线上涂上凡士林油。将芯线插入接线端子内,用压线钳子压紧接线端子,压接应在两道以上。根据不同的相位,使用黄、绿、红、黑四色塑料带分别包缠电缆各芯线至接线端子的压接部位。

(6) 固定电缆头

将做好终端头的电缆,固定在预先做好的电缆头支架上,并将芯线分开。根据接线端子的型号,选用螺栓将电缆接线端子压接在设备上,注意应使螺栓由上向下或从内向外穿,平垫圈和弹簧垫圈应安装齐全。

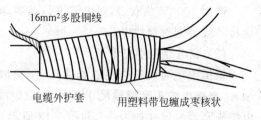

(a) 塑料带包缠形状

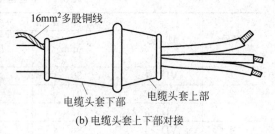

(b) 电缆头套上下部对接

图 3-14 包缠电缆套电缆终端头套

2. 电缆热缩头的制作

热缩终端头制作适用于一般工业与民用建筑电气安装工程6/10kV交联聚乙烯绝缘电缆户内、户外工程。厂家有操作工艺可按厂家操作工艺进行。无工艺说明时,可按图3-15所示制作程序进行。

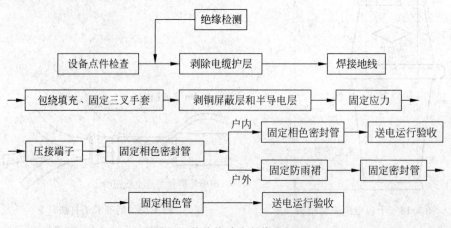

图 3-15 热缩终端头制作流程图

(1) 清点材料

开箱检查实物是否符合装箱单上的数量,外观有无异常现象,按操作顺序摆放在大瓷盘中。

(2) 测试电缆

将电缆两端封头打开,用 2500V 兆欧表测试合格后方可转入下道工序。

(3) 剥除电缆护层

先剥外护层,用卡子将电缆垂直固定。从电缆端头量取 750mm(户内头量取 550mm),剥去外护套。然后剥铠装,从外护层断口量取 30mm 铠装,用铅丝绑扎后,其余剥去。最后剥内垫层,从铠装断口量取 20mm 内垫层,其余剥去。然后,摘去填充物,分开芯线。剥除尺寸如图 3-16 所示。

(4) 焊接地线

用编织铜线作电缆钢带及屏蔽引出接地线。先将编织线拆开分成 3 份,重新编织分别绕各相,用电烙铁、焊锡焊接在屏蔽铜带上。用砂布打光钢带焊接区,用钢丝绑扎后和钢铠焊牢。在密封处的地方用锡填满编织线,形成防潮段。焊接地线如图 3-17 所示。

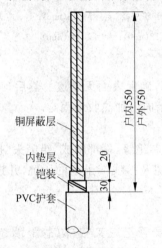

图 3-16 电缆剥除尺寸

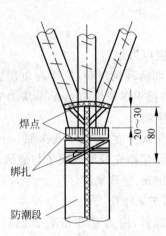

图 3-17 焊接地线

(5) 包绕填充胶、固定三叉手套

① 包绕填充胶。用电缆填充胶填充并包绕三芯分支处。使其外观成橄榄状。绕包密封胶带时,先清洁电缆护套表面和电缆芯线。密封胶带的绕包最大直径应大于电缆外径约 15mm,将地线包在其中。

② 固定三叉手套。将手套套入三叉根部,然后用喷灯加热收缩固定。加热时,从手套的根部依次向两端收缩固定。

包绕填充胶、固定三叉手套如图 3-18 所示。

(6) 剥铜屏蔽层和半导电层

由手套指端量取 55mm 铜屏蔽层,其余剥去。从铜屏蔽层端量取 20mm 半导电层,其余剥去。

(7) 制作应力锥

用酒精将电缆芯线擦拭干净后按图 3-19 的尺寸要求进行操作。

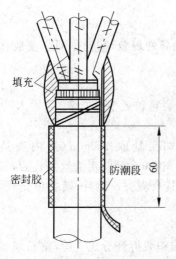

图 3-18 包绕填充胶、固定三叉手套

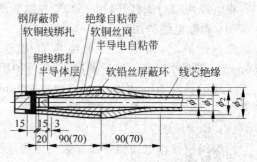

图 3-19 应力锥尺寸图

ϕ—电缆线芯绝缘外径；ϕ_2 应力锥屏蔽外径(mm)；

ϕ_1—增绕绝缘外径；$\phi_1 = \phi + 16 \text{(mm)}$；$\phi_3$—应力锥总外径；

$\phi_2 = \phi_1 + 12 \text{(mm)}$；$\phi_3 = \phi_2 + 4 \text{(mm)}$

（8）固定应力管

用清洁剂清理铜屏蔽层、半导电层、绝缘表面，确保表面无碳迹。然后，三相分别套入应力管，搭接铜屏蔽层 20mm，从应力管下端开始向上加热收缩固定。

（9）压接端子

先确定引线长度，按端子孔深加 5mm，剥除线芯绝缘，端部削成"铅笔头"状。压接端子，清洁表面，用填充胶填充端子与绝缘之间的间隙及接线端子上的压坑，并搭接绝缘层和端子各 10mm，使其平滑。

（10）固定绝缘管

清洁绝缘管、应力管和指套表面后，套入绝缘管至三叉根部（管上端超出填充胶 10mm），由根部起加热固定。

（11）固定相色密封管

将相色密封管套在端子接管部位，先预热端子，由上端起加热固定。户内电缆头制作完毕，室外电缆头还需以下操作。

（12）固定防雨裙

将三孔防雨裙按图 3-20 所示尺寸套入；然后加热颈部固定。按图 3-20 所示尺寸套入单孔防雨裙，加热颈部固定。

（13）固定密封管

将密封管套在端子接管部位，先预热端子，由上端起加热固定。

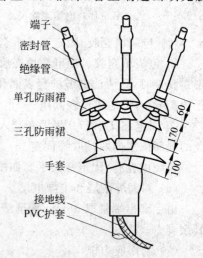

图 3-20 防雨裙尺寸

（14）固定相色管

将相色管分别套在密封管上，加热固定。户外头制作完毕。

（15）送电运行验收试验

电缆头制作完毕后，按要求由试验部门做试验。试验合格后验收，送电空载运行24h无异常现象，办理验收手续交建设单位使用。同时提交变更洽商、产品说明书、合格证、试验报告和运行记录等技术文件。

3. 电缆冷缩头的制作

高压电缆终端头制作方法普遍采用热缩型电缆头，冷缩型电缆头是新发展的产品，它具有安装简便、耐压高（可达36kV）、不需要加热、储藏寿命长、环向压力均匀、线芯可于安装后调整、可应用于室内和室外高压电缆等特点。

（1）清点材料、摇测电缆绝缘

同热缩头制作，此略。

（2）剥除电缆护层、焊接地线

依据电缆供应商提供的资料，剥除一定长度的电缆外护套层。清洁电缆护套层，用密封胶带包扎电缆护套层，长度为50mm，向后翻铠装铁线在外层护套上。剥去半导体屏蔽层，注意切勿损伤绝缘。用工业酒精清洁电缆铜芯导线，用干净的抹布清洁铜芯的护套层，焊接地线方法同热缩头制作，此略。

（3）安装电缆套管、接线端子

查看产品说明书，根据电缆的外径确定电缆套的大小，把电缆套套入电缆至其边沿与密封胶带平齐，安装接线端子，并用密封胶布包扎如图3-21所示。检查固定环（电缆套管的配件）是否位于电缆套分支的正确位置，如图3-22(a)所示。

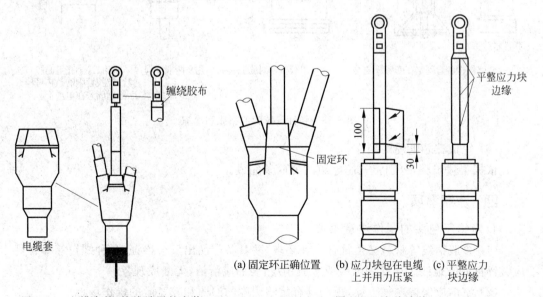

图3-21 电缆套管、接线端子的安装

(a) 固定环正确位置　(b) 应力块包在电缆上并用力压紧　(c) 平整应力块边缘

图3-22 包应力块

(4) 包应力块

把应力块包在电缆上并用力压紧,以防止折叠或空气滞留,如图 3-22(b)所示。平整应力块边沿,如图 3-22(c)所示。

(5) 弹性橡胶管的膨胀和冷缩

把弹性橡胶管固定在膨胀管内,如图 3-23(a)所示。用胶布密封膨胀管的小孔及两端,如图 3-23(b)所示。用注射器将液态压缩气体沿接合器注入弹性橡胶管内,令其膨胀。拆除膨胀管的接合器,把拉杆取出,并小心地把膨胀管套入已准备好的电缆上。移开膨胀管小孔上的胶布,弹性橡胶管内的气体将释放而冷缩环绕在电缆上,如图 3-23(c)所示。移开膨胀管两端的胶布,把膨胀管抽出,用裁纸刀修剪接线端子侧多余的弹性橡胶管。

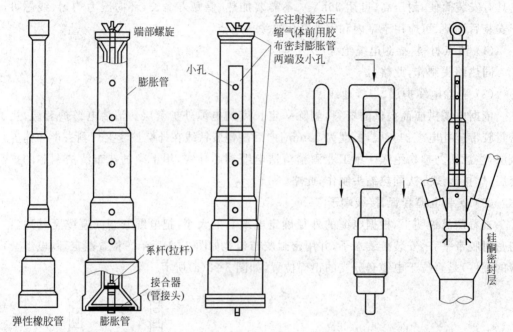

(a) 弹性橡胶管固定在膨胀管内　(b) 用胶布密封膨胀管的小孔及两端　(c) 移开膨胀管小孔上的胶布,弹性橡胶管内的气体将释放而冷缩环绕在电缆上

图 3-23 弹性橡胶管的膨胀和冷缩

(6) 完成三芯电缆的制作

依据上述步骤,分别将三芯电缆的另两条完成。

四、注意事项

1. 电缆干包头的制作注意事项

(1) 多股铜线等材料必须符合设计要求,并具备产品出厂合格证,各种螺钉等镀锌件应镀锌良好。地线采用裸铜软线或多股铜线,表面应清洁,无断股现象。

(2) 室内应保持空气干燥,现场具有足够照度的照明和较宽敞的操作场地。

(3) 电缆终端头的制作安装应符合规范规定,绝缘电阻合格,电缆终端头固定牢固,芯线与接线端子压接牢固,接线端子与设备螺栓连接紧密,相序正确,绝缘包扎严密。可采用用手扳动和观察检验的方法检查其质量。

(4) 电缆终端头的支架安装应符合规范规定。支架的安装应平整、牢固,成排安装的支架高度应一致,偏差不应大于5mm,间距均匀、排列整齐。可采用用手扳动、拉线和尺量检查等方法检查其质量。

(5) 电缆头制作完毕以后,应立即与设备连接好,不得乱放,以防损伤成品。

(6) 在电缆头附近用火时,应注意将电缆头保护好,防止将电缆头烧坏或烤伤。

(7) 电缆头是塑料制品,应注意不受机械损伤。

(8) 为防止地线焊接不牢,解决方法是将钢带一定要锉出新碴,焊接时使用电烙铁不得小于500W,否则焊接不牢。

(9) 防止电缆芯线与接线端子压接不紧固。接线端子与芯线截面必须配套,压按时模具规格与芯线规格一致,压接数量不得小于两道。

(10) 防止电缆芯线伤损,用电缆刀或电工刀剥皮时,不宜用力过大,电缆绝缘外皮最好不完全切透,里层电缆皮应撕下,防止损伤芯线。

(11) 电缆头卡固不正,电缆芯线过长或过短。电缆芯线锯断前要量好尺寸,以芯线能调换相序为宜,不宜过长或过短;电缆头卡固时,应注意找直、找正,不得歪斜。

(12) 电缆敷设整理完毕并核对无误后,方可离开施工现场。

(13) 应具备的质量记录:①产品合格证;②设备材料检验记录;③电缆摇测绝缘记录;④自互检记录;⑤设计变更洽商记录。

2. 电缆热缩头的制作注意事项

(1) 所用设备及材料要符合电压等级及设计要求,并有产品合格证明。

(2) 有较宽敞的操作场地,施工现场干净,并备有220V交流电源。

(3) 作业场所环境温度在0℃以上,相对湿度70%以下,严禁在雨、雾、风天气中施工。

(4) 高空作业(电杆上)应搭好平台,在施工部位上方搭好帐篷,防止灰尘侵入。

(5) 电缆绝缘应合格。

(6) 要求从开始剥切到制作完毕必须连续进行,一次完成,以免受潮。

(7) 热缩材料加热收缩时应注意:①加热收缩温度为110℃~120℃;②调节喷灯火焰呈黄色柔和火焰,谨防高温蓝色火焰,以避免烧伤热收缩材料;③开始加热材料时,火焰要慢慢接近材料,在材料周围移动,均匀加热,并保持火焰朝着前进(收缩)方向预热材料;④火焰应螺旋状前进,保证管子沿周围方向充分均匀收缩。

(8) 质量标准:①电缆头封闭严密,填料饱满,无气泡、无裂纹,芯线连接紧密,耐压试验结果、泄漏电流和绝缘电阻必须符合施工规范规定;②电缆头的半导体带、屏蔽带包缠不超越应力锥中间最大处,锥体度匀称,表面光滑;③电缆头安装牢固可靠,相序正确。

检验方法:观察检查和检查安装记录、试验记录。

检查基本项目:电缆头外形美观、光滑、无折皱,并有光泽。检验方法:观察检查。

(9) 成品保护:①设备材料清点后,按顺序摆放在瓷盘中,用白布盖上,防止杂物进入；②电缆头制作完毕后，通知试验部门尽快试验，试验合格后，安装固定，随后与变压器、高压开关连接，送电运行，暂时不能送电或者有其他作业时，对电缆头加以防护，防止砸、碰电缆头。

（10）应注意的质量问题：①从开始剥切到制作完毕，必须连续进行，一次完成，以免受潮；②电缆头制作过程中，应注意的质量问题如表3-8所示。

表3-8　电缆头制作过程中应注意的质量问题

序号	常出现的质量问题	防治措施
1	做试验时泄漏电流过大	清洁芯线绝缘表面
2	三叉手套、绝缘管加热收缩局部烧伤或无光泽	调整加热火焰呈黄色，加热火焰不能停留在一个位置
3	热缩管加热收缩时出现气泡	按一定方向转圈，不停进行加热收缩
4	绝缘管端部加热收缩时，出现开裂	切割绝缘管时，端面要平整

（11）应具备的质量记录：①产品合格证；②设备材料检验记录；③电缆试验报告单；④自互检记录；⑤设计变更洽商记录。

3. 电缆冷缩头的制作注意事项

（1）产品必须采用符合国家标准和高压电气强制验收标准。
（2）温度、湿度、灰尘可控性等施工环境必须符合要求。
（3）严格控制施工，施工牵引力不得过大。
（4）其他注意事项同热缩电缆头。

五、实训成绩评定

考核及评分标准如表3-9所示。

表3-9　考核及评分标准

序号	考核项目		考核要求	评分标准	配分	扣分	得分
1	干包电缆头制作	摇测电缆绝缘	摇测电缆绝缘方法正确	摇测电缆绝缘方法不正确扣10分	10		
2		剥电缆铠甲打卡子	剥电缆铠甲打卡子方法正确	操作方法不正确每处扣5分	30		
3		焊接地线	按要求焊接地线	焊接地线不正确每处扣5分	20		
4		包缠电缆，套电缆终端头套	在同组成员的协作下正确包缠电缆，套电缆终端头套	操作方法不正确每处扣5分	30		
5		压电缆芯线接线端子	正确压电缆芯线接线端子	操作方法不正确每处扣5分	10		

续表

序号	考核项目		考核要求	评分标准	配分	扣分	得分
6	热缩电缆头制作	摇测电缆绝缘	摇测电缆绝缘方法正确	摇测电缆绝缘方法不正确扣5分	5		
7		剥电缆铠甲打卡子	剥电缆铠甲打卡子方法正确	操作方法不正确每处扣5分	10		
8		焊接地线	按要求焊接地线	焊接地线不正确每处扣5分	10		
9		包绕填充胶,固定三叉手套	按要求包绕填充胶,固定三叉手套	操作不正确每处扣5分	10		
10		剥铜屏蔽层和半导电层	按要求剥铜屏蔽层和半导电层	操作不正确每处扣5分	10		
11		制作应力锥	正确制作应力锥	制作方法不正确每处扣5分	20		
12		固定应力管	正确固定应力管	操作不正确扣5分	5		
13		压接端子	正确压电缆芯线接线端子	操作方法不正确扣5分	5		
14		固定绝缘管	正确固定绝缘管	操作不正确扣5分	5		
15		固定相色密封管	正确固定相色密封管	操作不正确扣5分	5		
16		固定防雨裙	正确固定防雨裙	操作不正确扣5分	5		
17		固定密封管	正确固定密封管	操作不正确扣5分	5		
18		固定相色管	正确固定相色管	操作不正确扣5分	5		
19	其他		安全文明生产。两项可单独考核独立计分。热缩头100分钟	违反安全文明生产每处扣5分,总分扣完为止			
	合　计				200		

3.3 室外架空线路的登高作业

一、实训内容

（1）爬杆训练。
（2）杆头接线训练。

二、实训材料、工具

室外架空线路登高作业材料及工具单如表 3-10 所示。

表 3-10 室外架空线路登高作业材料及工具单

序号	名称	单位	数量	备注
1	铝橡线	盘	1	$16mm^2$
2	绑线	卷	若干	20#
3	电工通用工具及工具套	套	1/组	
4	脚扣	副	1/组	
5	安全带	套	1/组	
6	安全帽	顶	1/人组	
7	吊绳、吊袋	套	1	
8	电工服	套	1/人	

三、实训步骤及要求

1. 爬杆训练

（1）器材准备及检验

① 准备已经架设好、无电的一段室外架空线路。

② 爬杆前,应由指导教师认真检查登高器材数目、质量,然后对应分发给组内不同分工人员。登高时,除了脚扣外,还需要穿戴绝缘手套、绝缘鞋、安全帽,并系好安全带、电工皮带和工具套（套内插电工工具）等。

（2）指导教师示范并讲解要领

① 练习爬上爬下。双手搂杆,两臂略弯曲,使身体成弓形,左脚向上跨扣,左手随之向上移动扶住电杆,如图 3-24(a)所示;接着右脚向上跨扣,右手随之向上移动扶住电杆,如图 3-24(b)所示。以后步骤重复,直至所需高度。下杆方法同登杆方法相同。

② 练习杆头系挂安全带。爬上爬下熟练后,由指导教师示范杆头系挂安全带。安全带要斜挎横担后与腰间挂钩钩住并上好锁扣。

（3）学生在指导教师的监护下练习

2. 杆头接线训练

（1）杆头吊装训练。由指导教师示范杆头吊装,学员仔细观察并练习。

（2）杆头接线训练。杆头接线与地面接线相同,只是地点不同而已。接线练习已在"3.1 导线的连接与绑扎"一节训练。

四、注意事项

（1）实训前,应委托质量检验部门对脚扣进行载荷冲击试验,试验合格后,才能进行爬杆实训。

（2）使用前,必须进一步仔细检查脚扣各部分有无断裂、腐朽现象,脚扣皮带是否牢固可靠。脚扣皮带若损坏,不得用绳子或电线代替。爬杆前应对脚扣进行人体载荷冲击试验。

（3）一定要按电杆的规格选择大小合适的脚扣。水泥杆脚扣可用于木杆,但木杆脚扣不可用于水泥杆。

(4) 雨天或冰雪天不宜用脚扣登水泥杆。

(5) 上、下杆的每一步,必须使脚扣皮套环完全套入,并可靠地扣住电杆,才能移动身体,否则可能造成事故。

(6) 杆上作业容易疲劳,为了保证杆上作业时的人体平稳,两只脚扣应按如图3-24(c)所示方法定位。

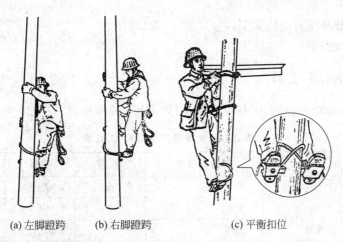

(a) 左脚蹬跨　　(b) 右脚蹬跨　　(c) 平衡扣位

图 3-24　室外登高作业示意图

(7) 本实训安全要求非常高,所以每根电杆下至少必须配备实训指导监护教师1名,杆下人员必须每人佩戴1顶安全帽。除吊装人员外,其他人员不得在电杆底部逗留。严禁地面人员在电杆底部仰头观看。

(8) 初次爬杆的人员,应将安全带搂住电杆后再行爬杆,以免半空摔下。

五、实训成绩评定

考核及评分标准如表3-11所示。

表 3-11　考核及评分标准

序号	考核项目	考核要求	评分标准	配分	扣分	得分
1	爬杆	① 防护穿戴合格 ② 爬杆姿势正确 ③ 按照步骤要求工作	① 防护穿戴不合格扣30分 ② 爬杆姿势不正确扣10分 ③ 不按照步骤要求每处扣10分	50		
2	杆头接线	① 杆头正确系挂安全带 ② 杆头吊装正确 ③ 杆头接线合格	① 杆头系挂安全带不正确扣20分 ② 杆头吊装不正确扣10分 ③ 杆头接线不合格每处扣5分	50		
3	其他	安全文明生产(工时视具体情况而定)	违反安全文明生产每处扣20分,总分扣完为止			
合　　计				100		

3.4 金属管、线槽线路的施工

一、实训内容

（1）导线穿金属导管线路的施工。
（2）塑料线槽明敷线路施工。
（3）金属线槽明敷线路施工。

二、实训材料、工具

金属管、槽板线路材料、工具单如表 3-12～表 3-14 所示。

表 3-12 金属管线路材料、工具单

序号	名称	型号与规格	单位	数量	备注
1	镀锌管	φ15	m	若干	
2	护口	φ15	个	40	
3	铁皮接线盒	暗装	个	20	
4	镀锌铁丝或钢丝	φ1.2～2.0	m	若干	引线用
5	绝缘导线	BV-1.5、2.5、4	盘	若干	红、黄、蓝、黑四色
6	压线帽	LC 型	个		黄、白、红三色
7	焊锡		盘	若干	
8	焊剂		盒	若干	
9	塑料绝缘带		卷	若干	
10	黑胶布		卷	若干	
11	滑石粉		克		
12	碎布条			若干	
13	电炉、锡锅、锡斗、锡勺		套	1	
14	电烙铁	100W	把	8	
15	电工通用工具		套	8	含剥线钳
16	钢锯及锯条		把	1	
17	钢锉		把	1	
18	弯管器		个	1	
19	高凳		个	2	
20	万用表	500 型	块	2	参考
21	兆欧表	500V	块	1	
22	电工服		套	1/人	

表 3-13 塑料线槽明敷线路材料、工具单

序号	名称	型号与规格	单位	数量	备注
1	塑料线槽		m	若干	
2	绝缘导线	BV、BX-2.5、4	盘	若干	红、黄、蓝、黑四色
3	压线帽	LC 型	个	若干	黄、白、红三色
4	螺旋接线钮	加强型绝缘钢壳	个	若干	
5	木砖	梯形	块	若干	根据设计情况确定数目
6	塑料胀管及螺钉		条	若干	根据设计情况确定规格
7	镀锌螺钉、螺栓、螺母、垫圈、弹簧垫圈等		条(片)	若干	根据设计情况确定规格
8	焊锡		盘	若干	
9	焊剂		盒	若干	
10	塑料绝缘带		卷	若干	
11	电炉、锡锅、锡斗、锡勺		套	1	
12	黑胶布		卷	若干	
13	焊条		根	若干	焊接大截面铝
14	氧气、乙炔气		瓶	各1	焊接大截面铝
15	调和漆、防锈漆、		桶	各1	补漆
16	石膏		kg	若干	
17	铅笔、卷尺、线坠、粉线袋		套	1	画线
18	手电钻及钻头		把	1	
19	电烙铁	100W	把	8	
20	电工通用工具		套	8	含剥线钳、手锤、錾子
21	钢锯及锯条		把	1	
22	喷灯		个	1/组	
23	高凳		个	2	
24	万用表	500型	块	2	参考
25	兆欧表	500V	块	1	
26	电工服		套	1/人	

表 3-14 金属线槽线路材料、工具单

序号	名　称	型号与规格	单位	数量	备　注
1	金属线槽及其附件		m	若干	由设计定
2	绝缘导线	BV、BX-2.5、4	盘	若干	红、黄、蓝、黑四色
3	压线帽	LC 型	个	若干	黄、白、红三色
4	螺旋接线钮	加强型绝缘钢壳	个	若干	大截面导线用套管
5	金属胀管螺钉		条	若干	根据设计情况确定规格
6	镀锌螺杆、螺栓、螺母、垫圈、弹簧垫圈等		条(片)	若干	根据设计情况确定规格
7	焊锡		盘	若干	
8	焊剂		盒	若干	
9	塑料绝缘带		卷	若干	
10	电炉、锡锅、锡斗、锡勺		套	1	
11	黑胶布		卷	若干	
12	焊条		根	若干	焊接大截面铝
13	氧气、乙炔气		瓶	各1	焊接大截面铝
14	调和漆、防锈漆、石膏		桶	各1	补漆、锈漆
15	铅笔、卷尺、线坠、粉线袋、		套	1	画线
16	冲击钻及钻头		把	1	
17	手电钻及钻头		把	1	
18	电烙铁	100W	把	8	
19	电工通用工具		套	8	含剥线钳、手锤、錾子
20	喷灯		个	1/组	
21	高凳		个	2	
22	万用表	500 型	块	2	参考
23	兆欧表	500V	块	1	
24	电工服		套	1/人	

三、实训步骤及要求

1. 导线穿金属导管线路的施工

预备布线专用毛地、毛墙建筑物 2～3 间（最好为 2 层）。按照民用建筑室内常规照明线路布置方式，设计一套照明线路。要求设置配电箱 1 处（可不安装配电箱），吊顶灯每间房1处,开关与灯数一致,插座每间房4处。

(1) 土建工程

按照设计,在天花板、墙上凿出相应坑、槽、洞。

(2) 安装接线盒

将接线盒嵌入预设开关、吊灯、插座的孔洞内,并卡牢。

(3) 下料

下料前应检查镀锌铁皮管有无裂缝,瘪陷及管内有无封口杂物等,有上述缺陷者,应予更换。按照两个接线盒之间为一个线段,考虑弯曲长度,量取铁皮管,用钢锯截取。管子截取长度误差不应超过2cm。

(4) 弯管

按照测量的弯曲部位,用专用弯管器弯管。注意不得弯裂或弯瘪。对较长管线,可先弯管后截取。简易弯管器弯管如图3-25所示。

(5) 扫口、套丝

用半圆钢锉对管子锯口仔细锉磨,直到光滑为止。对于较厚的钢管,可用管子套丝绞板。镀锌薄铁皮管则可免于套丝。套丝绞板外形结构如图3-26所示。

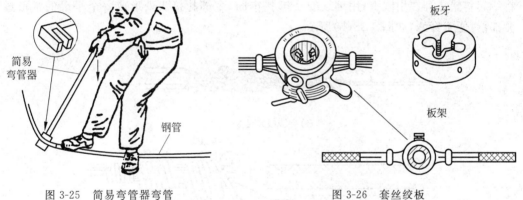

图3-25 简易弯管器弯管　　　　图3-26 套丝绞板

(6) 固定管线

将做好的管子固定于地面、墙壁槽内卡牢。管线两头插入接线盒内,已套丝的管口用锁母锁紧。未套丝的管口套上护口。管线与接线盒固定如图3-27所示。

(7) 清扫管路

清扫管路的目的是清除管路中的灰尘、泥水等杂物。清扫管路的方法是将布条的两端牢固地绑扎在带线上,两人来回拉动带线,将管内杂物清除干净。

(8) 穿带线

带线一般采用 $\phi1.2\sim2.0$mm 的钢丝。先将钢丝的一端弯成不封口的圆圈,再利用穿线器将带线

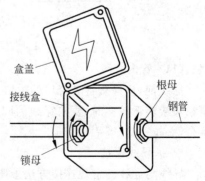

图3-27 管线与接线盒固定

穿入管路内,在管路的两端均应留有10~15cm的余量。在管路转弯较多时,可以在敷设管路的同时将带线一并穿好。穿带线受阻时,应用两根钢丝同时搅动,使两根钢丝的端头互相钩绞在一起,然后将带线拉出。

(9) 放线及断线

放线前应根据施工图对导线的规格、型号进行核对。放线时导线应置于放线架或放线车上。

剪断导线时,导线的预留长度应按以下4种情况考虑。

① 接线盒、开关盒、插销盒及灯头盒内导线的预留长度应为15cm。

② 配电箱内导线的预留长度应为配电箱箱体周长的1/2。

③ 出户导线的预留长度应为1.5m。

④ 公用导线在分支处,可不剪断导线而直接穿过。

(10) 导线与引线的绑扎

当导线根数较少时,例如2~3根导线,可将导线前端的绝缘层削去,然后将线芯直接插入引线的盘圈内并折回压实,绑扎牢固,使绑扎处形成一个平滑的锥形过渡部位,如图3-28(a)所示;当导线根数较多或导线截面较大时,可将导线前端的绝缘层削去,然后将线芯斜错排列在引线上,用绑线缠绕绑扎牢固,令绑扎接头处形成一个平滑的锥形过渡部位,便于穿线,如图3-28(b)所示。

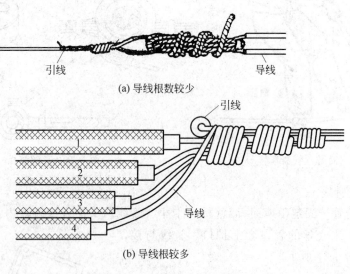

图3-28 导线与引线的绑扎

(11) 管内穿线

穿线前,应检查各个管口的护口是否整齐,如有遗漏和破损,均应补齐或更换。当管路较长或转弯较多时,要在穿线的同时往管内吹入适量的滑石粉。两人穿线时,应默契配合,一拉一送。

(12) 导线连接

导线与导线的常规连接方法参照"3.1 导线的连接与绑扎",此处不再赘述。下面介绍接线盒内导线头的连接新工艺。

① LC 安全型压线帽连接法。铜导线压线帽分为黄、白、红 3 种颜色,分别适用于 1.0、1.5、2.5、4mm² 的 2～4 条导线的连接。操作方法是将导线绝缘层剥去 10～12mm(接帽的型号决定),清除氧化物,按规格选用适当的压线帽,将线芯插入压线帽的压接管内,若填不实,可将线芯折回头(剥长加倍),填满为止;线芯插到底后,导线绝缘应和压接管平齐,并在帽壳内用专用压接钳压实即可。需要注意的是,采用 LC 安全型压线帽一般优于结焊包老工艺,目前在大中城市已被广泛应用,取代导线连接使用多年的结焊包工艺("结"即导线连接;"焊"即细线刷锡焊接;"包"即导线连接刷锡焊接后导线绝缘包扎)。铝导线压接帽分为绿、蓝两种,适用于 2.5mm² 和 4mm² 的 2～4 条导线连接,操作方法同上。

② 加强型绝缘钢壳螺旋接线钮(简称接线钮)。6mm² 及以下的单芯铜、铝导线在用接线钮连接时,剥去导线的绝缘后,把外露的线芯对齐顺时针方向拧花,在线芯的 12mm 处剪断,然后选择相应的接线钮顺时针方向拧紧,要把导线的绝缘部分拧入接线钮的上端护套。

套管压接法、接线端子压接法、导线与平压式接线柱连接、导线与针孔式接线桩连接(压接)等,请参照"3.1 导线的连接与绑扎",此处不再赘述。

(13) 导线焊接

铝导线的焊接:焊接前将铝导线线芯破开顺直合拢,用绑线把连接处作临时缠绑。导线绝缘层处用浸过水的石棉绳包好,以防烧坏。

铜导线的焊接:由于导线的线径及敷设场所不同,因此焊接的方法有如下几种。

① 电烙铁加焊:适用于线径较小的导线的连接及用其他工具焊接困难的场所。导线连接处加焊剂,用电烙铁进行锡焊。

② 喷灯加热(或用电炉加热):将焊锡放在锡勺(或锡锅)内,然后用喷灯(或电炉)加热,焊锡熔化后即可进行焊接。加热时要掌握好温度,温度过高刷锡不饱满;温度过低刷锡不均匀。浇焊法如图 3-29 所示。

焊接完后必须用布将焊接处的焊剂及其他污物擦净。

(14) 导线包扎

导线包扎参照"3.1 导线的连接与绑扎",此处不再赘述。

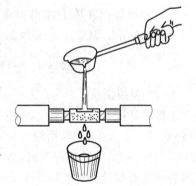

图 3-29 浇焊法

(15) 线路检查及绝缘摇测

线路检查:结、焊、包全部完成后,应进行自检和互检。检查导线结、焊、包是否符合设计要求及有关施工验收规范及质量评判标准的规定。不符合规定时应立即纠正,检查无误后再进行绝缘摇测。

绝缘摇测:照明线路的绝缘摇测一般选用 500V,量程为 0～500MΩ 的兆欧表。测量线路绝缘电阻时,兆欧表上有 3 个分别标有"接地"(E)、"线路"(L)、"保护环"(G)的端钮。可将被测两端分别接于 E 和 L 两个端钮上。兆欧表摇测方法如图 3-30 所示。

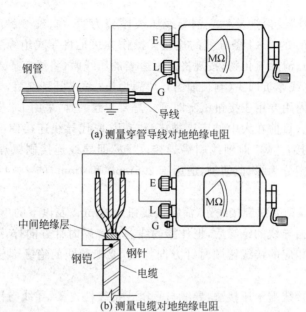

图 3-30 兆欧表摇测方法

2. 塑料槽板明敷线路施工

预备布线专用建筑物 2~3 间（最好为 2 层），按照民用建筑室内常规照明线路布置方式，设计一套照明线路。要求设置配电箱 1 处（可不安装配电箱），各种电气器具每间房 3 处（可不安装设备）。开关每间房 1 处，插座每间房 2 处。

（1）土建工程

按照设计图在墙上凿出相应坑、洞，预埋保护管、木砖等。然后完成屋顶、墙面及地面、油漆、浆活。其余工艺流程如下。

弹线定位 → 线槽固定 → 线槽连接 → 槽内放线 → 导线连接 → 线路检查绝缘摇测

（2）弹线定位

按设计图确定进户线、盒、箱等电气器具固定点的位置，从始端至终端（先干线后支线）找好水平或垂直线，用粉线袋在线路中心弹线，分均档，用笔画出加档位置后，再细查木砖是否齐全，位置是否正确，否则应及时补齐。然后在固定点位置进行钻孔，埋入塑料胀管或伞形螺栓。弹线时不应弄脏建筑物表面。

（3）线槽固定

① 木砖固定线槽法。配合土建结构施工时预埋木砖。加气砖墙或砖墙剔洞后再埋木砖，梯形木砖较大的一面应朝洞里，外表面与建筑物的表面平齐，然后用水泥砂浆抹平，待凝固后，再把线槽底板用木螺钉固定在木砖上，如图 3-31 所示。

② 塑料胀管固定线槽法。混凝土墙、砖墙可采用塑料胀管固定塑料线槽。根据胀管直径和长度选择钻头，在标出的固定点位置上钻孔，不应歪斜、豁口，应垂直钻好孔后，将孔内残存的杂物清净，用木槌把塑料胀管垂直敲入孔中，并与建筑物表面平齐，再用石膏将缝隙填实抹平。用合适规格的半圆头木螺钉加垫圈将线槽底板固定在塑料胀管上，紧

贴建筑物表面。应先固定两端,再固定中间,同时找正线槽底板,要横平竖直,并沿建筑物形状表面进行敷设,如图 3-32 所示。

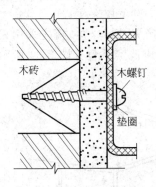

图 3-31　木砖固定线槽法

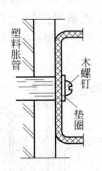

图 3-32　塑料胀管固定线槽法

③ 伞形螺栓固定线槽法。在石膏板墙或其他护板墙上,可用伞形螺栓固定塑料线槽,根据弹线定位的标记,找出固定点位置,把线槽的底板横平竖直地紧贴在建筑物的表面,钻好孔后将伞形螺栓的两伞叶捎紧合拢插入孔中,待合拢伞叶自行张开后,再用螺母紧固即可,露出线槽内的部分应加套塑料管。固定线槽时,应先固定两端,再固定中间。伞形螺栓及其安装做法如图 3-33 所示。

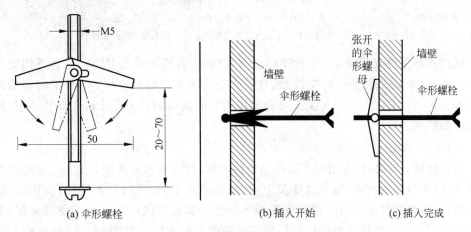

图 3-33　伞形螺栓及其安装做法

（4）线槽连接

线槽及附件连接处应严密平整、无缝隙,紧贴建筑物固定点最大间距如表 3-15 所示。

表 3-15　槽体固定点最大间距尺寸

固定点形式	线槽宽度/mm		
	20～40	60	80～120
	固定点最大间距/mm		
中心单列	800		
双列		800	1000

槽底和槽盖直线段对接：槽底固定点的间距应不小于 500mm，盖板应不小于 300mm，底板离终点 50mm 及盖板距离终端点 30mm 处均应固定。三线槽的槽底应用双钉固定。槽底对接缝与槽盖对接缝应错开并不小 100mm。

线槽分支接头：线槽附件如直通、三通转角、接头、插口、盒、箱应采用相同材质的定型产品。槽底、槽盖与各种附件相对接时，接缝处应严实平整。图 3-34 所示为线槽布线效果示意图。

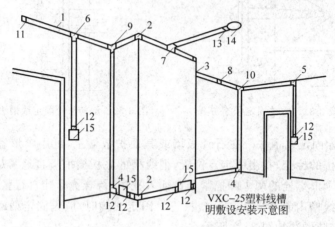

图 3-34　线槽布线效果示意图

1—塑料线槽；2—阳角；3—阴角；4—直转角；5—平转角；6—平三通；7—顶三通；8—连接头；9—右三通；10—左三通；11—终端头；12—接线盒插门；13—灯头盒插口；14—灯头盒；15—接线盒

线槽各种附件安装要求：①盒子均应两点固定，各种附件角、转角、三通等固定点不应少于两点（卡装式除外）；②接线盒、灯头盒应采用相应插口连接；③线槽的终端应采用终端头封堵；④在线路分支接头处应采用相应的接线箱；⑤安装铝合金装饰板时，应牢固平整严实。

（5）槽内放线

清扫线槽：放线时，先用碎布清除槽内的污物，使线槽内外清洁。放线：先将导线放开抻直，捋顺后盘成大圈，置于放线架上，从始端到终端（先干线后支线）边放边整理，导线应顺直，不得有挤压、背扣、扭结和受损等现象。绑扎导线时应采用尼龙绑扎带，不允许采用金属丝进行绑扎。在接线盒处的导线预留长度不应超过 150mm。线槽内不允许出现接头，导线接头应放在接线盒内。从室外引进室内的导线在进入墙内一段用橡胶绝缘导线，严禁使用塑料绝缘导线。同时，穿墙保护管的外侧应有防水措施。

（6）导线连接

导线连接参照"3.1 导线的连接与绑扎"，此处不再赘述。

（7）摇测线路绝缘

摇测线路绝缘参照"3.4 三、1. 导线穿金属导管线路的施工(15)线路检查及绝缘摇测"，此处不再累述。

3. 金属线槽明敷线路施工

预备布线专用建筑物（最好 30mm² 以上）1 间，按照车间动力线路布置方式，设计一套动力线路。要求设置配电箱 1 处(可不安装配电箱),各种电气设备 3 处(可不安装设备)。

按照设计,采用图 3-35 所示预埋吊杆或吊架、预埋铁、钢结构和金属膨胀螺栓安装 4 种工艺方法的一种安装金属线槽。

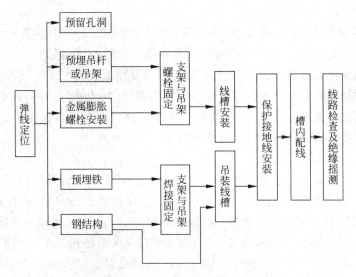

图 3-35 金属线槽明敷线路工艺流程图

(1) 弹线定位

根据设计图确定进户线、盒、箱、柜等电气器具的安装位置,从始端至终端(先干线后支线)找好水平或垂直线,用粉线袋沿墙壁、顶棚等处,在线路的中心线进行弹线,按照设计图要求及施工验收规范规定,分匀档距并用笔标出具体位置。

(2) 土建工程

① 预留孔洞:根据设计图标注的轴线部位,将预制加工好的木质或铁制框架,固定在标出的位置上,并进行调直找正,待现浇混凝土凝固模板拆除后,拆下框架,并抹平孔洞口。

② 预埋吊杆或吊架法:采用直径不小于 5mm 的圆钢,经过切割、调直、煨弯及焊接等步骤制作成吊杆或吊架,其端部应攻丝以便于调整;在配合土建结构中,应随着钢筋上配筋的同时,将吊杆或吊架锚固在所标出的固定位置;在混凝土浇注时,要留有专人看护以防吊杆或吊架移位;拆模板时不能碰坏吊杆端部的丝扣。

③ 预埋铁法:预埋铁的自制加工尺寸不应小于 120mm×60mm×6mm,其锚固圆钢的直径不应小于 5mm;紧密配合土建结构的施工,将预埋铁的平面放在钢筋网片下面,紧贴模板,可以采用绑扎或焊接的方法将锚固圆钢固定在钢筋网上;模板拆除后,预埋铁的平面应明露,或吃进深度一般在 10~20mm,再用扁钢或角钢制成的支架、吊架焊在上面固定。

④ 钢结构法:可将支架或吊架直接焊在钢结构上的固定位置处,也可利用万能吊具进行安装。

⑤ 金属膨胀螺栓安装法:首先沿着墙壁或顶板根据设计图进行弹线定位,标出固定点的位置;根据支架式吊架承受的荷重,选择相应的金属膨胀螺栓及钻头,所选钻头长度应大于套管长度;打孔的深度应以套管全部埋入墙内或顶板内后,表现平齐为宜;应先

清除干净打好的孔洞内的碎屑,然后再用木槌或垫上木块后用铁锤将膨胀螺栓敲进洞内,应保证套管与建筑物表面平齐,螺栓端都外露,敲击时不得损伤螺栓的丝扣;埋好螺栓后,可用螺母配上相应的垫圈将支架或吊架直接固定在金属膨胀螺栓上。

(3) 线槽安装

线槽直线段连接应采用连接板,用垫圈、弹簧垫圈、螺母紧固,接茬处缝隙应严密平齐;线槽进行交叉、转弯、丁字连接时,应采用单通、二通、三通、四通或平面二通、平面三通等进行变通连接,导线接头处应设置接线盒或将导线接头放在电气器具内;线槽与盒、箱、柜等接茬时,进线口和出线口等处应采用抱脚连接,并用螺钉紧固,末端应加装封堵;建筑物的表面如有坡度时,线槽应随其变化坡度。待线槽全部敷设完毕后,应在配线之前进行调整检查,确认合格后,再进行槽内配线。

(4) 吊装金属线槽

万能型吊具一般应用在钢结构中,如工字钢、角钢、轻钢龙骨等结构,可预先将吊具、卡具、吊杆、吊装器组装成一整体,在标出的固定点位置处进行吊装,逐件地将吊装卡具压接在钢结构上,将顶丝拧牢;线槽直线段组装时,应先做干线,再做分支线,将吊装器与线槽用蝶形夹卡固定在一起,按此方法,将线槽逐段组装成形;线槽与线槽可采用内连接头或外连接头,配上平垫和弹簧垫用螺母紧固;线槽交叉、丁字、十字应采用二通、三通、四通进行连接,导线接头处应设置为接线盒式放置在电气器具内,线槽内绝对不允许有导线接头;转弯部位应采用立上弯头和立下弯头,安装角度要适宜;出线口处应利用出线口盒进行连接,末端部位要装上封堵,在盒、箱、柜进出线处应采用抱脚连接。

(5) 线槽内保护地线安装

保护地线应根据设计图要求敷设在线槽内一侧,接地处螺钉直径不应小于6mm,并且需要加平垫和弹簧垫圈,用螺母压接牢固;金属线槽的宽度在100mm以内(含100mm),两段线槽用连接板连接处(即连接板做地线时),每端螺钉固定点不少于4个;宽度在200mm以上(含200mm)两端线槽用连接板连接的保护地线每端螺钉固定点不少于6个。

(6) 线槽内配线

① 清扫线槽。清扫明敷线槽时,可用抹布擦净线槽内残存的杂物和积水,使线槽内外保持清洁。

② 放线。放线前应先检查管与线槽连接处的护口是否齐全、导线和保护地线的选择是否符合设计图的要求、管进入盒时内外根母是否锁紧,确认无误后再放线。放线方法:先将导线抻直、捋顺,盘成大圈或放在放线架(车)上,从始端到终端(先干线后支线)边放边整理,不应出现挤压背扣、扭结、损伤导线等现象;每个分支应绑扎成束,绑扎时应采用尼龙绑扎带,不允许使用金属导线进行绑扎。

(7) 导线连接

导线连接的目的是使连接处的接触电阻最小,机械强度和绝缘强度均不降低;连接时应正确区分相线、中性线、保护地线。区分方法是:用绝缘导线的外皮颜色区分,使用仪表测试对号并做标记,确认无误后方可连接。

导线连接方法参照"3.1 导线的连接与绑扎",此处不再赘述。

(8) 线路检查及绝缘摇测

线路检查及摇测线路绝缘参照"3.4 三、1.导线穿金属导管线路的施工(15)线路检查及绝缘摇测",此处不再赘述。

四、注意事项

1. 导线穿金属导管线路的施工注意事项

(1) 三相或单相的交流单芯电缆电线不得单独穿入金属管内。

(2) 不同回路、不同电压和交流与直流的导线,不得穿入同一管内;同一交流回路的电线必须穿同一金属导管内,且管内不得有接头。

(3) 导线在变形缝处,补偿装置应活动自如。导线应留有一定的余量。

(4) 敷设于垂直管路中的导线,当超过下列长度时,应在管口处长接线盒中加以固定。

① 截面积为 50mm² 及以下的导线为 30m。

② 截面积为 70~95mm² 的导线为 20m。

③ 截面积在 180~240mm² 之间的导线为 18m。

(5) 照明绝缘线路绝缘摇测注意事项如下。

① 电气器具未安装前进行线路绝缘摇测时,首先将灯头盒内导线分开,开关盒内导线连通。摇测应将干线、支线分开,一人摇测,一人应及时读数并记录。摇动速度应保持在 120r/min 左右,读数应采用 1min 后的读数为宜。

② 电气器具全部安装完在送电前进行摇测时,应先将线路上的开关、刀闸、仪表、设备等用电开关全部置于断开位置,摇测方法同上所述,确认绝缘摇测无误后再进行送电试运行。

(6) 质量标准如下。

① 导线的规格、型号必须符合设计要求和国家标准的规定。

② 照明线路的绝缘电阻值不小于 0.5MΩ,动力线路的绝缘电阻值不小于 1MΩ。

③ 电线、电缆接线必须准确,并联运行电线或电缆的型号、规格、长度、相位应一致。

④ 管内穿线时,盒、箱内清洁无杂物,护口、护线套管齐全无脱落,导线排列整齐,并留有适当的余量。导线在管子内无接头,不进入盒、箱的垂直管子上口穿线后密封处理良好,导线连接牢固,包扎严密,绝缘良好,不伤线芯。

⑤ 保护接地线、中性线截面选用正确,线色符合规定,连接牢固紧密。

⑥ 在施工中因操作不慎而使护口遗漏或脱落者应及时补齐,护口破损与管径不符者应及时更换。

⑦ 铜导线连接时,导线的缠绕圈数不足 5 圈或未按工艺要求连接的接头均应拆除重新连接。

⑧ 导线连接处的焊锡应饱满,无虚焊、夹渣等现象。焊锡的温度要适当,刷锡要均匀。刷锡后应用布条及时擦去多余的焊剂,保持接头部分的洁净。

⑨ 多股软铜线刷锡遗漏,应及时进行补焊锡。

⑩ 线路的绝缘电阻值偏低,可能进水或者绝缘层受损。应将管路中的泥水及时清理干净或更换导线。

⑪ LC 型压线帽需注意伪劣产品。使用 LC 型压线帽与线径配套的产品，压接前应填充实，压接牢固，线芯不得外露。

(7) 成品保护注意事项如下。

① 穿线时不能污染设备和建筑物品，应保持周围环境清洁。

② 使用高凳及其他工具时，应注意不能碰坏其他设备和门窗、墙面、地面等。

③ 在结、焊、包全部完成后，应将导线的接头盘入盒、箱内，并用纸封堵严实，以防污染。同时应防止盒、箱内进水。

④ 穿线时不能遗漏带护线套管或护口。

(8) 质量记录包括以下几个方面。

① 各种绝缘导线产品出厂合格证。

② 绝缘导线敷设预检、自检、互检记录。

③ 设计变更洽商记录、竣工图。

④ 绝缘、接地电阻测试记录。

⑤ 分项工程质量检验评定记录。

2. 塑料槽板明敷线路施工注意事项

(1) 弹线定位应符合规定

① 线槽配线在穿过楼板或墙壁时，应用保护管，而且穿楼板处必须用钢管保护，其保护高度距地面不应低于 1.8m；装设开关的地方可引至开关的位置。

② 过变形缝时应做补偿处理。

(2) 质量标准

① 保证项目。导线间和导线对地间的绝缘电阻值必须大于 0.5MΩ。检验方法：实测或检查绝缘电阻测试记录。

② 基本项目。槽板敷设应符合以下规定：槽板紧贴建筑物的表面，布置合理，固定可靠，横平竖直；直线段的盖板接口与底板接口应错开，其间距不小于 100mm；盖板无扭曲和翘角变形现象，接口严密整齐，槽板表面色泽均匀无污染。检验方法：观察检查。槽板线路的保护应符合以下规定：线路穿过梁、柱、墙和楼板有保护管，跨越建筑物变形缝处槽板断开，导线加套保护软管并留有适当余量，保护软管应放在槽板内；线路与电气器具、塑料圆台连接平密，导线无裸露现象，固定牢固。检验方法：观察检查。导线的连接应符合以下规定：连接牢固，包扎严密，绝缘良好，不伤线芯，槽板内无接头，接头放在器具或接线盒内。检验方法：观察检查。

(3) 成品保护

安装塑料线槽配线时，应注意保持墙面整洁。结、焊、包完成后，盒盖、槽盖应全部盖严实平整，不允许有导线外露现象。塑料线槽配线完成后，不得再次喷浆、刷油，以防止导线和电气器具被污染。

(4) 应注意的质量问题

① 配线前应先将线槽内的灰尘和杂物清理干净。

② 线槽底板松动和有翘边现象，胀管或木砖固定不牢、螺钉未拧紧；线槽本身质量

有问题;固定底板时,应先将木砖或胀管固定牢,再将固定螺钉拧紧。

③ 线槽盖板接口不严,缝隙过大并有错位。操作时应仔细将盖板盖严避免错位。

④ 线槽内的导线不应杂乱放置,配线时,应将导线理顺,绑扎成束。

⑤ 操作时应按照图纸及规范要求,将不同电压等级的线路分开敷设;同一电压等级的导线可放在同一线槽内。

⑥ 线槽内导线截面和根数不得超出线槽的允许规定,应按要求配线。

⑦ 结、焊、包不符合要求,应按要求及时改正。

(5) 质量记录

① 绝缘导线与塑料线槽产品出厂合格证。

② 塑料线槽配线工程安装预检、自检、互检记录。

③ 设计变更洽商记录、竣工图。

④ 塑料线槽配线分项工程质量检验评定记录。

⑤ 电气绝缘电阻记录。

3. 金属线槽明敷线路施工注意事项

(1) 支架与吊架安装要求

① 支架与吊架所用钢材应平直,无显著扭曲。下料后长短偏差应在5mm范围内,切口处应无卷边、毛刺。

② 钢支架与吊架应焊接牢固,无显著变形、焊缝均匀平整,焊缝长度应符合要求,不得出现裂纹、咬边、气孔、凹陷、漏焊、焊漏等缺陷。

③ 支架与吊架应安装牢固,保证横平竖直,在有坡度的建筑物上安装支架与吊架应与建筑物有相同坡度。

④ 支架与吊架的规格一般不应小于扁铁 30mm×3mm、扁钢 25mm×25mm×3mm。

⑤ 严禁用电气焊切割钢结构或轻钢龙骨任何部位,焊接后均应做防腐处理。

⑥ 万能吊具应采用定型产品,对线槽进行吊装,并应有各自独立的吊装卡具或支撑系统。

⑦ 固定支点间距一般不应大于 1.5~2m。在进出接线盒、箱、柜、转角、转弯和变形缝两端及丁字接头的 3 端 500mm 以内应设置固定支持点。

⑧ 支架与吊架距离上层楼板不应小于 150~200mm,距地面高度不应低于 100~150mm。

⑨ 严禁用木砖固定支架与吊架。

⑩ 轻钢龙骨上敷设线槽应各自有单独卡具吊装或支撑系统,吊杆直径不应小于5mm;支撑应固定在主龙骨上,不允许固定在辅助龙骨上。

(2) 金属膨胀螺栓安装要求

① 适用于 C5 以上混凝土构件及实心砖墙体,不适用于空心砖墙。

② 钻孔直径的误差不得超过+0.5~-0.3mm,深度误差不得超过+3mm;钻孔后应将孔内残存的碎屑清除干净。

③ 螺栓固定后,其头部偏斜值不应大于 2mm。

④ 螺栓及套管的质量应符合产品的技术要求。

(3) 线槽安装要求

① 线槽应平整,无扭曲变形,内壁无毛刺,各种附件齐全。

② 线槽的接口应平整,接缝处应紧密平直;槽盖装上后应平整,无翘角,出线口的位置准确。

③ 在吊顶内敷设时,如果吊顶无法上人时应留有检修孔。

④ 不允许将穿过墙壁的线槽与墙上的孔洞一起抹死。

⑤ 线槽的所有非导电部分的铁件均应相互连接和跨接,使之成为一个连续导体,并做好整体接地。

⑥ 当线槽的底板对地距离低于 2.4m 时,线槽本身和线槽盖板均必须加装保护地线;2.4m 以上的线槽盖板可不加保护地线。

⑦ 线槽经过建筑物的变形缝(伸缩缝、沉降缝)时,线槽本身应断开,槽内用内连接板搭接,不需固定;保护地线和槽内导线均应留有补偿余量。

⑧ 敷设在竖井、吊顶、通道、夹层及设备层等处的线槽应符合《高层民用建筑设计防火规范》(GB 50045—1995)的有关防火要求。

(4) 线槽内配线要求

① 线槽内配线前应消除线槽内的积水和污物。

② 在同一线槽内(包括绝缘在内)的导线截面积总和应该不超过内部截面积的 40%。

③ 线槽底向下配线时,应将分支导线分别用尼龙绑扎带绑扎成束,并固定在线槽底板下,以防导线下坠。

④ 不同电压、不同回路、不同频率的导线放在同一线槽内应加隔板。下列情况时,可直接放在同一线槽内:电压在 65V 及以下;同一设备或同一流水线的动力和控制回路;照明花灯的所有回路;三相四线制的照明回路。

⑤ 导线较多时,除采用导线外皮颜色区分相序外,也可利用在导线端头和转弯处做标记的方法进行区分。

⑥ 在穿越建筑物的变形缝时,导线应留有补偿余量。

⑦ 接线盒内的导线预留长度不应超过 15cm;盘、箱内的导线预留长度应为其周长的 1/2。

⑧ 从室外引入室内的导线,穿过墙外的一段应采用橡胶绝缘导线、塑料绝缘导线。穿墙保护管的外侧应有防水措施。

(5) 质量标准

① 保证项目:导线及金属线槽的规格必须符合设计要求和有关规范规定;导线之间和导线对地之间的绝缘电阻值必须大于 $0.5M\Omega$。检查方法:观察检查和测量检查。

② 基本项目:线槽敷设,应紧贴建筑物表面,固定牢靠,横平竖直,布置合理,盖板无翘角,接口严密整齐,拐角、转角、丁字连接、转弯连接正确严实,线槽内外无污染。检验方法:观察检查。支架与吊架安装,可用金属膨胀螺栓固定或焊接支架与吊架,布置合理,固定牢固、平整。检验方法:观察检查。线路保护,线路穿过梁、墙、楼板等处时,线槽不应被抹死在建筑物上;跨越建筑物变形缝处的线槽底板应断开,导线和保护地线均应

留有补偿余量,线槽与电气器具连接严密,导线无外露现象。检验方法:观察检查。

(6) 导线的连接

连接牢固,包扎严密,绝缘良好,不伤线芯,接头应设置在器具或接线盒内,线槽内无接头。检验方法:观察检查。

(7) 允许偏差项目

线槽水平或垂直敷设直线部分的平直度和垂直度允许偏差不应超过 5mm。检验方法:吊线、拉线、尺量检查。

(8) 成品保护

① 安装金属线槽及槽内配线时,应注意保持墙面的清洁。

② 结、焊、包完成后,接线盒盖、线槽盖板应齐全平实,不得遗漏,导线不允许裸露在线槽之外,并防止损坏和污染线槽。

③ 配线完成后,不得再进行喷浆和刷油,以防止导线和电气器具受到污染。

④ 使用高凳时,注意不要碰坏建筑物的墙面及门窗等。

(9) 应注意的质量问题

① 支架与吊架固定不牢,主要原因是金属膨胀螺栓的螺母未拧紧,或者是焊接部位开焊,应及时将螺栓上的螺母拧紧,将开焊处重新焊牢。金属膨胀螺栓固定不牢,或吃墙过深或出墙过多,钻孔偏差过大造成松动,应及时修复。

② 支架或吊架的焊接处未做防腐处理,应及时补刷遗漏处的防锈漆。

③ 保护地线的线径和压接螺丝的直径不符合要求,应全部按规范要求执行。

④ 线槽穿过建筑物的变形缝时未做处理,过变形缝的线槽应断开底板,并在变形缝的两端加以固定,保护地线和导线留有补偿余量。

⑤ 线槽接茬处不平齐,线槽盖板有残缺,线槽与管连接处的护口破损遗漏,暗敷线槽未做检修人孔。应调整加以完善。

⑥ 导线连接时,线芯受损,缠绕圈数和倍数不符合规定要求,刷锡不饱满包扎不严密,应按照导线连接的要求重新进行导线连接。

⑦ 线槽内的导线放置杂乱无章,应将导线理顺平直,并绑扎成束。

⑧ 竖井内配线未做防坠落措施,应按要求予以补做。

⑨ 不同电压等级的线路,敷设于同一线槽内,应分开。

⑩ 切割钢结构或轻钢龙骨,应及时采取补救措施,进行补焊加固。

(10) 质量记录

① 金属线槽及绝缘导线产品出厂合格证。

② 金属线槽配线安装工程预检、自检、互检记录。

③ 设计变更洽商记录、竣工图。

④ 金属线槽分项工程质量检验评定记录。

⑤ 电气绝缘电阻记录。

五、实训成绩评定

考核及评分标准如表 3-16 所示。

表 3-16 考核及评分标准

序号	考核项目	考核要求	评分标准	配分	扣分	得分
1	导线穿金属导管线路的施工	① 土建工程规范 ② 安装接线盒正确	① 土建工程不规范扣5分 ② 安装接线盒不正确扣5分	10		
2		① 下料方法正确 ② 弯管方法正确 ③ 扫口、套丝规范 ④ 固定管线正确 ⑤ 清扫管路完全	① 下料方法不正确扣5分 ② 弯管方法不正确扣5分 ③ 扫口、套丝不规范扣5分 ④ 固定管线不正确扣5分 ⑤ 清扫管路不完扣5分	30		
3		① 带线方法正确 ② 放线及断线规范	① 带线方法不正确扣10分 ② 放线及断线不规范扣5分	15		
4		① 导线与引线的绑扎规范 ② 管内穿线规范	① 导线与引线绑扎不规范扣10分 ② 管内穿线不规范扣5分	15		
5		① 导线连接正确 ② 导线焊接正确 ③ 导线包扎正确	① 导线连接不正确扣5分 ② 导线焊接不正确扣5分 ③ 导线包扎不正确扣5分	15		
6		线路检查及绝缘摇测规范	线路检查及绝缘摇测不规范扣15分	15		
7	塑料槽板明敷线路施工	① 土建工程规范 ② 弹线定位准确 ③ 线槽固定规范 ④ 线槽连接规范	① 土建工程不规范扣15分 ② 弹线定位不准确扣15分 ③ 线槽固定不规范扣15分 ④ 线槽连接不规范扣15分	60		
8		① 槽内放线规范 ② 导线连接正确	① 槽内放线不规范扣10分 ② 导线连接不正确扣10分	20		
9		线路检查及绝缘摇测规范	线路检查及绝缘摇测不规范扣20分	20		
10	金属线槽明敷线路施工	① 弹线定位准确 ② 土建工程规范	① 弹线定位不准确扣10分 ② 土建工程不规范扣25分	35		
11		① 线槽安装正确 ② 吊装金属线槽规范	① 线槽安装不正确扣10分 ② 吊装金属线槽不规范扣10分	20		
12		① 槽内保护地线安装正确 ② 线槽内配线规范 ③ 导线连接正确	① 保护地线安装不正确扣10分 ② 线槽内配线不规范扣10分 ③ 导线连接不正确扣10分	30		
13		线路检查及绝缘摇测规范	线路检查及绝缘摇测不规范扣15分	15		
14	其他	安全文明生产,工时不限(3项可分别考核)	违反安全文明生产每处扣5分,总分扣完为止			
合计				300		

3.5 室内桥架电缆线路的施工

一、实训内容

(1) 电缆桥架的安装。
(2) 电缆在桥架上的敷设。
(3) 电缆头的制作。

二、实训材料、工具

室内桥架电缆线路材料、工具单如表 3-17 所示。

表 3-17 室外架空线路材料单

序号	名称	型号与规格	单位	数量	备注
1	电缆桥架	XQJPP 钢制托盘式	m	若干	由设计确定数量
2	桥架各式弯通、n 通	与桥架配套	个	若干	由设计确定形式和数量
3	各式支架	与桥架配套	套	若干	由设计确定形式和数量
4	连接板、管缆卡子和连接、紧固螺栓等附件	与桥架以及电缆配套	个	若干	由设计确定形式和数量
5	金属胀管螺钉		条	若干	根据设计情况确定规格
6	聚氯乙烯绝缘、护套电力电缆	VV、VLV 或 VV20、VLV20,1kV 以下四芯 $10mm^2$ 或 $16mm^2$	m	若干	根据设计确定长度
7	电缆终端头套	VDT-1	套	若干	根据设计确定数量
8	接线端子	$10mm^2$ 或 $16mm^2$	个	若干	
9	裸铜软线或多股铜线	$16mm^2$	m	若干	
10	电缆标牌		个	若干	
11	凡士林油		盒	若干	
12	焊锡		盘	若干	
13	焊剂		盒	若干	
14	塑料绝缘带	黄、绿、红、黑四色	卷	若干	
15	黑胶布		卷	若干	
16	抹布		块	若干	
17	电烙铁	500W	把	6	
18	电工通用工具		套	6	含剥线钳
19	钢锯及锯条		把	2	
20	压线钳	钳口与 $10mm^2$ 或 $16mm^2$ 电缆线芯一致	把	1/组	

续表

序号	名称	型号与规格	单位	数量	备注
21	钢锉		把	1	
22	钢卷尺	2m	卷	1/组	参考
23	高凳或梯子		个	8	
24	万用表	500型	块	2	参考
25	兆欧表	500V	块	1	
26	电工服		套	1/人	

三、实训步骤及要求

1. 电缆桥架的安装

预备布线专用建筑物（最好为150m^{2}以上），按照车间动力线路布置方式，设计一套动力线路。要求设置配电箱1处（可不安装配电箱），各种电气设备3处（可不安装设备）。

按照设计路线，采用膨胀螺栓固定支架、安装对接桥架、吊装并固定桥架等几个步骤完成电缆桥架的安装。

(1) 弹线定位

根据设计图确定出进户线、盒、箱、柜等电气器具的安装位置，从始端至终端（先干线后支线）找好水平或垂直线，用粉线袋沿墙壁、顶棚等处，在线路支架的中心线进行弹线，按照设计图要求及施工验收规范规定，分匀档距并用笔标出膨胀螺栓的具体位置。

(2) 金属膨胀螺栓安装

根据支架承受的荷重，选择相应的金属膨胀螺栓及钻头，所选钻头长度应大于套管长度；打孔的深度应以套管全部埋入墙内或顶板内后表面平齐为宜；应先清除干净打好的孔洞内的碎屑，然后再用木槌或垫上木块后用铁锤将膨胀螺栓敲进洞内，应保证套管与建筑物表面平齐，螺栓端都外露，敲击时不得损伤螺栓的丝扣。

(3) 支架的固定

埋好螺栓后，可用螺母配上相应的垫圈将支架立柱直接固定在金属膨胀螺栓上。然后用镀锌螺栓将托臂固定在立柱上。把所有支架固定好。

(4) 分段安装对接桥架

桥架直线段连接应采用专用连接板，用垫圈、弹簧垫圈、螺母紧固，接茬处缝隙应严密平齐；桥架进行交叉、转弯、丁字连接时，应采用各式弯通和n通（例如三通、四通等）等进行变通连接。桥架直线段组装时，应先做干线，再做分支线，将吊装器与桥架用蝶形夹卡固定在一起，按此方法，将桥架逐段组装成形。

(5) 分段吊装固定桥架以及各段桥架的连接

分段吊装并将桥架固定在托臂上。各段桥架与桥架可采用内连接头或外连接头，配上平垫和弹簧垫用螺母紧固；桥架交叉、丁字、十字应采用二通、三通、四通进行连接，转弯部位应采用立上弯头和立下弯头，安装角度要适宜；出线口处应利用出线口盒进行连接，末端部位要装上封堵，桥架与盒、箱、柜等接茬时，进线口和出线口等处应采用抱脚连接,并用螺钉紧固,末端应加装封堵;建筑物的表面如有坡度时,桥架应随其变化坡度。待桥架全部敷设完毕后,应在敷设电缆之前进行调整检查。确认合格后,再进行电缆敷设。

(6) 桥架保护地线安装

保护地线应根据设计图要求敷设在桥架内一侧,接地处螺钉直径不应小于6mm,并且需要加平垫和弹簧垫圈,用螺母压接牢固;每段桥架用连接板连接处两端螺钉必须用保护地线跨接。

2. 电缆在桥架上的敷设

(1) 清扫桥架

可用抹布擦净桥架内残存的杂物,使桥架内外保持清洁。

(2) 放缆

桥架式电缆线路最好采用放射式或链式接线的方式,这样可避免采用树干式接线带来的电缆中间接头。放射式较链式接线方式费线,但可靠性较高。按照设计方案,先将电缆在地上放直、捋顺,量准尺寸(余量不可太长或太短)后分段用钢锯截取,并做好标记。

(3) 吊装并固定电缆

将各段电缆按照标记吊装放置在相应段桥架上,随即用管卡简单固定。各段电缆吊装固定完毕后,根据电缆接头处接线长短,重新调整每段电缆位置,最后彻底固定。吊装和固定不应出现挤压、扭结、损伤电缆等现象。

3. 电缆头的制作

电缆头的制作参见"3.2 电缆头的制作",此处不再赘述。

图 3-36 所示为某车间角钢吊架桥架安装结构示意图。

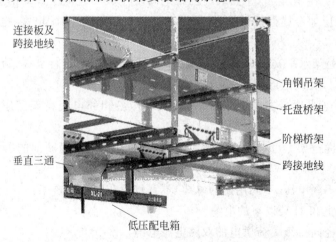

图 3-36　某车间角钢吊架桥架安装结构示意图

四、注意事项

(1) 直线段钢制电缆桥架长度超过30m、铝合金或玻钢制桥架长度超过15m时,应设有伸缩节；电缆桥架跨越建筑变形缝处应设置补偿装置。

（2）电缆桥架应在下列地方设置吊架或支架：桥架接头两端0.5m处；每间隔1.5～3m处；转弯处；垂直桥架每隔1.5m处。

（3）吊架和支架安装保持垂直、整齐、牢固，无歪斜现象。

（4）桥架连接板螺栓固定紧固无遗漏，螺母位于桥架外侧。

（5）桥架应敷设在易燃易爆气体管道和热力管道的下方。当设计无要求时，可采用表3-18中的数据。

表3-18　电缆桥架与管道的最小净距　　　　　　　　　　单位：m

管道类别		平等净距	交叉净距
一般工艺管道		0.4	0.3
易燃易爆气体管道		0.5	0.5
热力管道	有保温层	0.5	0.3
	无保温层	1.0	0.5

（6）金属桥架及其支架全长应不少于2处接地或接零。

（7）金属桥架间连接片两端不少于2个有防松螺帽或防松垫圈的连接固定螺栓，并且连接片两端跨接不小于4mm^{2}的铜芯接地线。

（8）桥架安装应符合下列要求：桥架左右偏差不大于50mm；桥架水平度每米偏差不应大于2mm；桥架垂直度偏差不应大于3mm。

（9）在室内采用电缆桥架布线时，其电缆不应有黄麻或其他易燃材料外护层。

（10）在有腐蚀或特别潮湿的场所采用电缆桥架布线时，应根据腐蚀介质的不同采取相应的防护措施，并宜选用塑料护套电缆。

（11）电缆桥架（托盘）水平安装时的距地高度一般不宜低于2.5m，垂直安装时距地1.8m以下部分应加金属盖板保护，但敷设在电气专用房间（如配电室、电气竖井、技术层等）内时除外。

（12）电缆桥架水平安装时，宜按荷载曲线选取最佳跨距进行支撑，跨距一般为1.5～3m；垂直敷设时，其固定点间距不宜大于2m。

（13）几组电缆桥架在同一高度平行安装时，各相邻电缆桥架间应考虑维护、检修距离。

（14）在电缆桥架上可以无间距敷设电缆，电缆在桥架内横断面的填充率：电力电缆不应大于40%；控制电缆不应大于50%。

（15）下列不同电压、不同用途的电缆、不宜敷设在同一层桥架上。

① 1kV以上和1kV以下的电缆。

② 同一路径向一级负荷供电的双路电源电缆。

③ 应急照明和其他照明的电缆。

④ 强电和弱电电缆。

如受条件限制需安装在同一层桥架上时，应用隔板隔开。

（16）电缆桥架不宜安装在腐蚀性气体管道和热力管道的上方及腐蚀性液体管道的

下方,否则应采取防腐、隔热措施。

(17) 电缆桥架内的电缆应在下列部位进行固定。垂直敷设时,电缆的上端及每隔 1.5～2m 处;水平敷设时,电缆的首尾两端、转弯及每隔 5～10m 处。

五、实训成绩评定

考核及评分标准如表 3-19 所示。

表 3-19　考核及评分标准

序号	考核项目	考核要求	评分标准	配分	扣分	得分
1	电缆桥架的安装	准确弹线定位	弹线定位不准确扣 5 分	10		
2		规范安装金属膨胀螺栓	金属膨胀螺栓安装不规范扣 5 分	10		
3		正确固定支架	支架固定不正确扣 5 分	10		
4		正确分段安装、对接桥架	分段安装、对接桥架不完全正确扣 5 分	10		
5		正确分段吊装、固定、连接桥架	分段吊装、固定、连接桥架不完全正确扣 5 分	10		
6		规范安装桥架保护地线	桥架保护地线安装不规范扣 5 分	10		
7	电缆在桥架上的敷设	清扫桥架到位	清扫不到位扣 5 分	10		
8		规范放缆	放缆不规范扣 5 分	10		
9		规范吊装、固定电缆	吊装、固定电缆不规范扣 5 分	10		
10	电缆头的制作	规范制作电缆头	电缆头的制作不规范扣 10 分	10		
11	其他	安全文明生产,工时不限	违反安全文明生产每处扣 5 分,总分扣完为止			
		合　计		100		

3.6　室内封闭插接母线线路的施工

一、实训内容

(1) 设备点件检查。

(2) 支架制作和安装。

(3) 封闭式母线的安装。

(4) 试运行、验收。

二、实训材料、工具

室内封闭插接母线线路材料、工具单如表 3-20 所示。

表 3-20 室内封闭插接母线线路材料、工具单

序号	名称	型号与规格	单位	数量	备注
1	封闭插接母线	DLM-18A	A·m	若干	由设计确定形式和数量
2	封闭插接母线接头	与插接母线配套	个	若干	由设计确定形式和数量
3	插接箱	与插接母线配套	个	若干	由设计确定形式和数量
4	支架	自选	套	若干	由设计确定形式和数量
5	吊杆（架）、紧固螺栓等附件	与封闭插接母线配套	个	若干	由设计确定形式和数量
6	金属胀管螺钉		条	若干	根据设计情况确定规格
7	工作台		台	1	
8	台虎钳		台	1	
9	防腐油漆		桶	1	
10	面漆		桶	1	
11	抹布		块	若干	
12	电焊机		台	1	
13	电锤		台	1	
14	力矩扳手		把	1	
15	钢锯及锯条		把	3	
16	电工通用工具		套	6	
17	榔头		把	3	
18	油压煨弯器		台	1	
19	电钻		台	1	
20	水平尺		把	3	
21	钢角尺		把	3	
22	钢卷尺	2m	卷	3	参考
23	高凳或梯子		个	8	
24	万用表	500型	块	2	参考
25	兆欧表	500V	块	1	
26	电工服		套	1/人	

三、实训步骤及要求

预备布线专用建筑物（最好为 150m² 以上），按照车间动力线路布置方式，设计一套动力线路。要求设置配电箱 1 处（可不安装配电箱），各种电气设备 3 处（可不安装设备）。

按照设计路线，采用以下工艺流程完成封闭插接母线的安装。

设备点件检查 → 支架制作及安装 → 封闭插接母线安装 → 试运行、验收

1. 设备点件检查

（1）设备开箱点件检查，应有安装单位、建设单位或供货单位共同进行，并做好记录。

（2）根据装箱单检查设备及附件，其规格、数量、品种应符合要求。

（3）检查设备及附件，分段标志应清晰齐全、外观无损伤变形，母线绝缘电阻符合设计要求。

（4）检查发现设备及附件不符合设计和质量要求时，必须进行妥善处理，经过设计认

可后再进行安装。

2. 支架的制作和安装

支架的制作和安装应按设计与产品技术文件的规定制作及安装,如设计和产品技术文件无规定时,按下列要求制作和安装。

(1) 支架制作

① 根据施工现场结构类型,支架应采用角钢或槽钢制作。应采用"一"字形、"L"字形、"U"字形、"T"字形 4 种形式。

② 支架的加工制作按选好的型号、测量好的尺寸断料制作,断料严禁气焊切割,加工尺寸最大误差 5mm。

③ 型钢架的煨弯宜使用台虎钳用榔头打制,也可使用油压煨弯器用模具顶制。

④ 支架上钻孔应用台钻或手电钻钻孔,不得用气焊割孔,孔径不得超过固定螺栓直径 2mm。螺杆套扣应用套丝机或套丝板加工,不许断丝。

(2) 支架的安装

① 封闭插接母线的拐弯处以及与箱(盘)连接处必须加支架。

② 直段插接母线支架的距离不应大于 2m。浇注支架用水泥砂浆,灰砂比为 1:3,选用 425 号及以上水泥,应注灰饱满、严实,不高出墙面,埋深不少于 80mm。

③ 膨胀螺栓固定支架不少于两条。一个吊架应用两根吊杆,固定牢固,螺扣外露 2~4 扣,膨胀螺栓应加平垫和弹簧垫,吊架应用双螺母夹紧。

④ 支架及支架与埋件焊接处刷防腐油漆应均匀,无漏刷,不污染建筑物。

3. 封闭式母线的安装

(1) 一般要求如下所述。

① 封闭插接母线应按设计和产品技术文件规定进行组装,组装前应对每段进行绝缘电阻的测定,测量结果应符合设计要求,并做好记录。

② 母线槽固定距离不得大于 2.5m,水平敷设距地高度不应小于 2.2m。

③ 母线槽的端头应装封闭罩,如图 3-37 所示。各段母线槽外壳的连接应是可拆的,外壳间有跨接地线,两端应可靠接地。母线与设备连接采用软连接,如图 3-38 所示。母线紧固螺栓应由厂家配套供应,应用力矩扳手紧固。

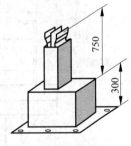

图 3-37 母线槽的端头装封闭罩

(2) 母线槽沿墙水平安装如图 3-39 所示。安装高度应符合设计要求,无要求时距地不应小于 2.2m,母线应可靠地固定在支架上。

(3) 母线槽悬挂吊装。如图 3-40 和图 3-41 所示,吊杆直径应与母线槽重量相适应,螺母应能调节。

(4) 封闭式母线的落地安装如图 3-42 所示。安装高度应按设计要求,设计无要求时应符合规范要求。立柱可采用钢管或型钢制作。

(5) 封闭式母线垂直安装。沿墙或柱子处应做固定支架,过楼板处应加装防震装置,并做防水台,如图 3-43 所示。

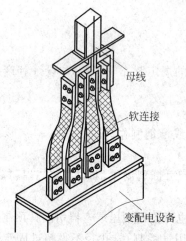

图 3-38 母线与设备连接采用软连接

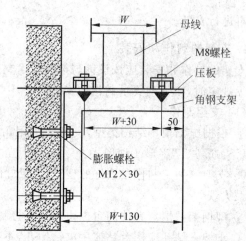

图 3-39 母线槽沿墙水平安装

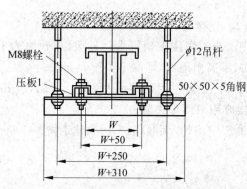

图 3-40 母线槽悬挂吊装

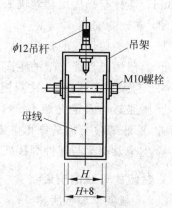

图 3-41 吊杆、吊架结构尺寸

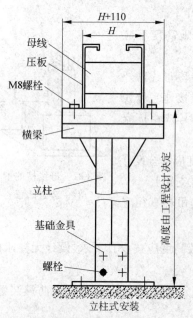

图 3-42 封闭式母线的落地安装

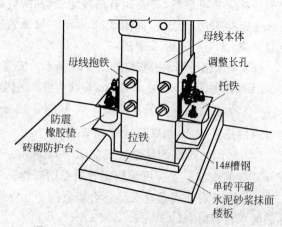

图 3-43 封闭式母线垂直安装过楼板处做法

(6) 封闭式母线敷设长度超过 40m 时,应设置伸缩节,跨越建筑物的伸缩缝或沉降缝处宜采取适当的措施,如图 3-44 所示。设备订货时,应提出此项要求。

(7) 封闭式母线插接箱安装应可靠固定,垂直安装时,安装高度应符合设计要求,设计无要求时,插接箱底口宜为 1.4m,如图 3-45 所示。

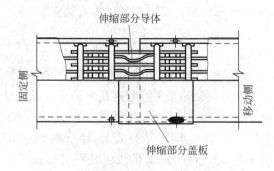

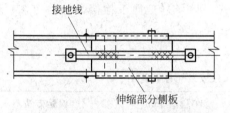

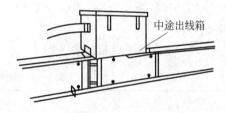

图 3-44　跨越建筑物的伸缩缝或沉降缝处做法　　　图 3-45　封闭式母线插接箱的安装

(8) 封闭式母线垂直安装距地 1.8m 以下应采取保护措施(电气专用竖井、配电室、电机室、技术层等除外)。

(9) 封闭式母线穿越防火墙、防火楼板时,应采取防火隔离措施。

4. 试运行、验收

(1) 试运行条件：变配电室已达到送电条件,土建及装饰工程及其他工程全部完工,并清理干净。与插接式母线连接设备及连线安装完毕,绝缘良好。

(2) 对封闭式母线进行全面的整理,清扫干净,接头连接紧密,相序正确,外壳接地良好。绝缘摇测符合设计要求,并做好记录。

(3) 送电空载运行 24h 无异常现象,办理验收手续,交建设单位使用,同时提交验收材料。

(4) 验收材料包括交工验收单、变更洽商记录、产品合格证、说明书、测试记录、运行记录等。

四、注意事项

(1) 本实训为 0.4kV 室内封闭插接母线安装。

(2) 封闭插接母线应有出厂合格证、安装技术文件。技术文件应包括额定电压、额定容量、试验报告等技术数据。型号、规格、电压等级应符合设计要求。

(3) 各种规格的型钢应无明显锈蚀,卡件、各种螺栓、垫圈应符合设计要求,应是热镀锌制品。

(4) 其他材料如防腐油漆、面漆等应有出厂合格证。

(5) 作业条件。

① 施工图纸及产品技术文件齐全。

② 封闭插接母线安装部位的建筑装饰工程全部结束。暖卫通风工程安装完毕。

③ 电气设备安装完毕,且检验合格。

(6) 质量标准。

① 保证项目:封闭插接母线外壳地线连接紧密、无遗漏、母线绝缘电阻值符合设计要求。检验方法:观察检查和检查绝缘测试记录。封闭插接母线的连接必须符合规范要求和产品技术文件规定。检验方法:观察检查和检查合格证明文件。

② 基本项目:支架安装应位置正确,横平竖直,固定牢固,成排安装,应排列整齐,间距均匀,刷油漆均匀,无漏刷。检验方法:观察检查。封闭插接母线组装和卡固位置正确,固定牢固,横平竖直,成排安装应排列整齐,间距均匀,便于检修。检验方法:观察检查。

(7) 允许偏差项目如表 3-21 所示。

表 3-21 封闭插接母线安装允许偏差

序号	项　　目	允许偏差/mm	检验方法
1	两米段垂直	4	实测,查看记录
2	全长垂直(按楼层)	5	
3	成排间距(每段内)	5	

(8) 成品保护。

① 封闭插接母线安装完毕,暂时不能送电运行,其现场设置明显标志牌,以防损坏。

② 封闭插接母线安装完毕,如有其他工种作业应对封闭插接母线加保护,以免损伤。

(9) 封闭插接母线安装应注意的质量问题如表 3-22 所示。

表 3-22 常见产生的质量问题及防治措施

序号	容易产生的质量问题	防 治 措 施
1	设备及零部件缺少、损坏	开箱清查要仔细,与供货商协商解决,加强保管
2	接地保护线遗漏或连接不紧密	认真作业,加强自检、互检和专检
3	刷油漆遗漏或污染其他设备	加强自检、互检,对其他工种设备认真保护

(10) 质量记录。

① 产品合格证。

② 设备材料检验记录。

③ 绝缘摇测记录。

④ 自互检记录。

⑤ 预检记录。

⑥ 质量评定记录。

⑦ 设计变更洽商记录。

五、实训成绩评定

考核及评分标准如表 3-23 所示。

表 3-23 考核及评分标准

序号	考核项目	考核要求	评分标准	配分	扣分	得分
1	设备点件检查	认真核对数量	不认真核对数量扣 5 分	5		
2		认真检查质量	不认真检查质量扣 5 分	5		
3		认真核对型号、规格	不认真核对型号、规格扣 5 分	5		
4	支架制作和安装	规范制作支架	制作支架不规范扣 10 分	20		
5		规范安装支架	安装支架不规范扣 10 分	20		
6	母线安装	规范安装母线	母线安装不规范扣 20 分	30		
7	验收	各单证齐全	各单证不齐全扣 10 分	15		
8	其他	安全文明生产，工时不限	违反安全文明生产每处扣 5 分，总分扣完为止			
合　　计				100		

习题

3-1 简述导线连接的形式。

3-2 简述导线与绝缘子绑扎的形式。

3-3 简述电缆干包头的制作过程。

3-4 简述电缆热缩头的制作过程。

3-5 简述电缆冷缩头的制作过程。

3-6 简述室外架空线路的登高作业的注意事项。

3-7 简述导线穿金属导管线路的施工过程。

3-8 简述塑料线槽明敷线路施工过程。

3-9 简述金属线槽明敷线路施工过程。

3-10 简述室内桥架电缆线路施工过程。

3-11 简述室内封闭插接母线线路施工过程。

第4章

CHAPTER 4

工厂变配电所

【学习目标】
掌握工厂变配电所的任务、类型及组成；
了解工厂变配电所的所址、总体布置和结构；
掌握工厂变配电所主要电气设备的结构、工作原理、操作及图形符号；
掌握工厂变配电所常见的高低压主接线方案；
能读懂工厂变配电所常规的二次系统电路图。

4.1 工厂变配电所概述

4.1.1 工厂变配电所的任务、类型及组成

1. 变配电所的任务

变配电所是电能供应、分配的中心，是供配电系统的核心，在供配电系统中占有非常重要的地位。作为各类工厂电能供应的中心，变电所担负着从电力系统受电，经过变压，然后配电的任务；配电所担负着从电力系统受电，然后直接分配电能的任务。

2. 变配电所的类型

(1) 工厂变配电所按其电压和作用，可分为总降压变电所、6~10kV 高压配电所、(6~10)/0.4kV 变配电所和(6~10)/0.4kV 车间变电所。

① 总降压变电所通常是将 35~110kV 的电源电压降至 6~10kV，再送至附近的车间变电所或某些 6~10kV 的高压用电设备。用户是否要设置总降压变电所是由地区供电电源的电压等级和用户负荷的大小以及分布情况来确定的。一般来讲，大型用户和某些电源进线电压为 35kV 及以上的中型用户设总降压变电所，中小型用户不设总降压变电所。

② 6~10kV 高压配电所用于将 1 路或 2 路 6~10kV 电源进线分配为多路，然后送给车间变电所。配电所进高压出高压，进线电压与出线电压完全相同，只是进出线路数不同。

③ (6~10)/0.4kV 变配电所用于将 1 路或 2 路 6~10kV 电源进线分配为多路，其中若干路送给车间变电所，剩余的几路送给本所的几台变压器。变配电所既配又变，进高压配出高压，同时也出低压。这种形式又称为 10kV 高压配电所附设车间变电所。

④ (6~10)/0.4kV车间变电所将1路或2路6~10kV电源进线送至本所的1台或2台变压器,然后送出多路0.38kV至设备。车间变电所进高压出低压。

(2) 按照安装地点的不同,变配电所可分为独立式、车间附设式、楼上式、地下式、露天或半露天式以及杆上变电台等。

① 独立变配电所是指整个变电所设在与车间或其他建筑物有一定距离的单独建筑物内。它不受车间各种因素的影响,但建筑费用较高。

② 车间附设变配电所包括车间内附式、车间外附式和车间内变配电所。车间内、外附设变配电所的一面墙或几面墙与车间的墙共用,变压器的大门朝车间外开。内附式变配电所要占用一定的车间面积,但因其在车间内部,故对车间外观没有影响。外附式变配电所在车间外部,不占用车间面积,便于车间设备的布局,而且安全性也比内附式要高一些。车间内变配电所的变压器室位于车间内的单独房间中。它占用车间内的面积,但处于负荷中心,因而可以减少线路上的电能损耗和有色金属的消耗。由于设在车间内其安全性要差一些,因此这种变电所适用于负荷较大的多跨厂房,在大型冶金企业中比较多见。

③ 楼上变电所指整个变电所设置在顶楼之上。这种变电所适用于高层建筑物,要求结构尽可能轻便、安全。其变压器通常采用干式变压器,也可采用成套变电所。

④ 地下变电所指整个变电所设置在地下。这种变电所通风散热条件较差,湿度较大,但相对安全,且不影响美观。高层建筑、地下工程和矿井常采用这种类型的变电所。

⑤ 露天(或半露天)变电所。变压器安装在车间外面预留的水泥台上,变压器上方没有任何遮蔽物,故称为露天变电所;变压器上方设有顶板或挑檐的,则称为半露天变电所。该类型变电所比较简单经济,通风散热好,但安全可靠性较差。因此只要周围环境条件允许,无腐蚀性、爆炸性气体和粉尘,不靠近易燃易爆的厂房就可以采用。这种形式的变电所在小型用户中较为常见。

⑥ 杆上变电台指变压器装在室外的电杆上,也称杆上变电所。杆上变电所最为简单经济,一般用于容量在315kV·A及以下的变压器,多用于生活区供电。

工厂变配电所的类型如图4-1所示。

(3) 按照是否可动,变配电所分为固定式和移动变配电所。

① 固定式变配电所是指变配电设备被固定在建筑物内外的一大类变配电所,它是移动变电所以外的所有变配电所的统称。

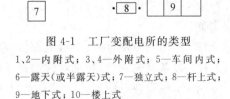

图4-1 工厂变配电所的类型
1,2—内附式;3,4—外附式;5—车间内式;
6—露天(或半露天)式;7—独立式;8—杆上式;
9—地下式;10—楼上式

② 移动变电所是指整个变电所装设在可移动的车上,它适用于坑道作业及临时施工现场的供电。

(4) 按照设备结合方式的不同,变配电所分为组装式和组合式成套变电所等。

① 组装式变配电所是相对于成套变电所而言的,组装式变配电所的变压器、开关柜等设备到位后各设备之间必须按照设计图纸提供的接线方案现场连接、调试。它是成套

变电所以外的所有变配电所的统称。

② 组合式成套变电所一般又称箱式变电所，是由电器制造厂按一定接线方案整体全部安装到位，到现场后只需连接进出线即可的变电所，这种变电所安装或迁移比较方便。某型号箱式变电所的外形结构如图 4-2 所示。

图 4-2　某型号箱式变电所的外形结构

3. 变配电所的组成

按照担负任务的不同，变配电所一般由一次系统和二次系统组成。一次系统又称主系统，它由一次设备及其电路构成。一次电路是供配电系统中担负输送和分配电能任务的电路，也称主电路、主回路。一次电路中的所有电气设备，称为一次设备。二次系统由二次设备及其电路构成。二次电路是供配电系统中用来控制、指示、监测和保护一次电路及其电气设备运行的电路，又称二次回路。二次回路中的所有电气设备，称为二次设备。

按照设备的不同形式，变配电所主要由电力变压器、高压开关柜、低压配电屏、二次回路屏(台)等组成。

4.1.2　工厂变配电所的所址、总体布置和结构

1. 工厂变配电所的所址

变配电所位置的优劣关系到供电系统电能质量的好坏、系统损耗的大小、运行费用的高低等指标。根据 GB 50053—1994《10kV 及以下变电所设计规范》规定，确定变配电所的所址时，一般应考虑以下因素。

(1) 尽量接近或深入负荷中心，以降低线路的电能损耗和有色金属的消耗量，提高电能质量。

(2) 进出线方便，尽量靠近电源侧，避免高压线路跨越其他设备和建筑物。

(3) 设备运输方便，特别是大型设备，如电力变压器、高低压开关柜的运输要方便。

(4) 不应设在有剧烈震动或高温的场所，不应设在多尘或有腐蚀性气体的场所，不应设在正常积水场所的正下方，且不宜和浴室、厕所或其他经常积水的场所相邻，不应设在有爆炸危险环境的正上方或正下方。

(5) 高层建筑的变配电所宜设置在地下层或首层。设在地下层时，宜选择在通风、散热条件较好的场所。

(6) 在无特殊防火要求的多层建筑中，装有可燃性油的电气设备的变配电所可设置

在底层靠外墙部位,但不应设在人员密集场所的上方、下方、贴邻或疏散出口的两旁。

(7) 不应妨碍工厂或车间的发展,并应适当考虑今后扩建的可能。

影响变配电所位置选择的因素有很多,如厂区建筑、车间布置、供电部门的要求等。因此,应结合实际情况,进行技术、经济比较,选择较为理想的变配电所位置。

2. 工厂变配电所的总体布置

(1) 变配电所布置的总体要求

① 室内布置应合理紧凑,便于值班人员运行、维护和检修,所有带电部分离墙和离地的尺寸以及各室维护操作通道的宽度均应符合有关规程,以确保运行安全。值班室应尽量靠近高低压配电室,且有门直通。

② 应尽量利用自然采光和通风,电力变压器室和电容器室应避免日晒,控制室和值班室应尽量朝南。

③ 应合理布置变配电所内各室的相对位置,高压配电室与电容器室、低压配电室与电力变压器室应相互邻近,且便于进出线,控制室、值班室及辅助房间的位置应便于值班人员的工作管理。

④ 变配电所内不允许采用可燃材料装修,不允许各种水管、热力管道和可燃气体管道从变配电所内通过。高低压配电室和电容器室的门应朝值班室开或朝外开,变压器室的大门应单独开设且朝外开,但应避免朝西开。高压电容器组一般应装设在单独的房间内,低压电容器组在数量较少时可装设在低压配电室内。

⑤ 高低压配电室和电容器室均应设置防止雨、雪以及蛇、鼠等小动物从采光窗、通风窗、门和电缆沟等进入室内的设施。

⑥ 室内布置应经济合理,电气设备用量少,节省有色金属和电气绝缘材料,节约土地和建筑费用,降低工程造价。另外,还应考虑今后发展和扩建的可能。高低压配电室内均应留有适当数量开关柜(屏)的备用位置。

(2) 变配电所的布置方案

变配电所的布置形式有户内式、户外式和混合式 3 种。户内式变配电所将变压器、配电装置安装在室内,工作条件好,运行管理方便;户外式变配电所将变压器、配电装置全部安装在室外;混合式的设备则部分安装在室内,部分安装在室外。变配电所通常由变压器室、高压配电室、低压配电室、监控室、值班室等组成。需要进行高压侧功率因数补偿时,还应设置高压电容器室。工厂供配电系统的变配电所一般采用户内式。户内式又分为单层布置和双层布置,采用哪种视投资和土地情况而定。

图 4-3 所示为 35/10kV 双层布置的总降压变电所的布置方案。

图 4-4 所示为 10kV 高压配电所和附设车间变电所的布置方案。

图 4-5 所示为 (6~10)/0.4kV 变电所的布置方案。

3. 工厂变配电所的结构

(1) 变压器室的结构

变压器室的结构形式取决于变压器的形式、容量、放置方式、主接线方案及进出线方式和方向等诸多因素,并且还应考虑运行维护的安全以及通风、防火等问题。另外,考虑

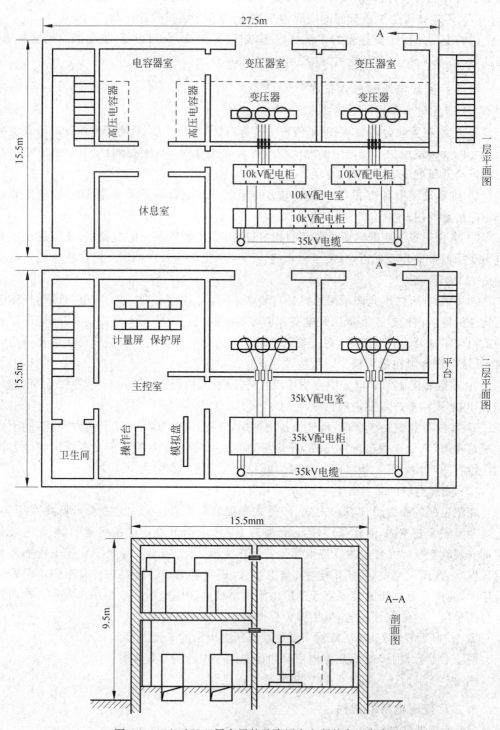

图 4-3 35/10kV 双层布置的总降压变电所的布置方案

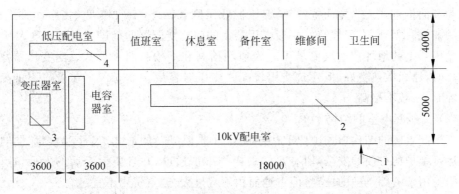

图 4-4 10kV 高压配电所和附设车间变电所的布置方案
1—10kV 电缆进线；2—10kV 高压开关柜；3—10/0.4kV 变压器；4—380V 低压配电屏

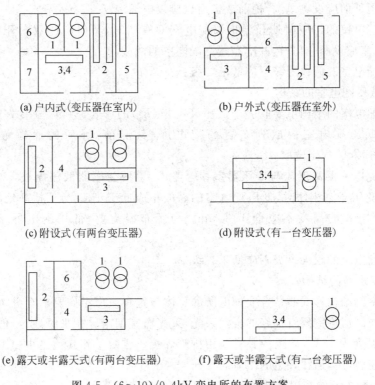

图 4-5 (6～10)/0.4kV 变电所的布置方案
1—变压器室或露天(或半露天)变压器装置；2—高压配电室；3—低压配电室；
4—值班室；5—高压电容器室；6—维修间或工具间；7—休息室或生活间

到发展，变压器室宜有更换大一级容量的可能性。

变压器室一般采用自然通风，室内只设通风窗而不设采光窗。进风窗设在变压器室前门的下方，出风窗设在变压器室的上方，并应设置防止雨、雪以及蛇、鼠等小动物从门、窗和电缆沟等进入室内的设施。夏季的排风温度不宜高于 45℃，进风和排风的温度差不宜大于 15℃。通风窗应采用非燃烧材料。

变压器室的门要向外开。变压器室的布置方式按变压器的推进方向可分为宽面推进式和窄面推进式。当宽面推进时,变压器低压侧宜朝外,室门较宽;当窄面推进时,变压器的油枕宜朝外,室门较窄。一般变压器室的门比变压器的推进方向的宽度大 0.5m。

变压器室的地坪按通风要求可分为地坪抬高和不抬高两种形式。当变压器室的地坪抬高时,通风散热更好,但建筑费用较高。变压器容量在 630kV·A 及以下的变压器室地坪时,一般不抬高。

(2) 高压配电室的结构

高压配电室的结构形式主要取决于高压开关柜(屏)的形式、尺寸和数量,同时还要考虑运行维护的方便和安全,留有足够的操作维护通道,并且要为今后的发展留有适当数量的备用开关柜(屏)的位置,但占地面积不宜过大,建筑费用不宜过高。

高压配电室的高度与开关柜的形式及进出线的情况有关。采用架空进出线时,高度为 4.2m 以上;采用电缆进出线时,高压开关室高度为 3.5m。为了布线和检修的需要,高压开关柜下面应设电缆沟,柜前或柜后也应设电缆沟。

高压配电室的门应向外开。相邻配电室间有门时,其门应能双向开启。长度大于 7m 的配电室应设两个出口,并应布置在配电室的两端。

高压配电室的耐火等级不应低于二级。

(3) 低压配电室的结构

低压配电室的结构主要取决于低压开关柜(屏)的形式、数量、安装方式及布置方式等因素。低压配电室内成列布置的配电屏,其屏前、屏后的通道最小宽度应按 GB 50053—1994 规定选取。

低压配电室的高度应与变压器室综合考虑,以便变压器低压出线。当配电室与抬高地坪的变压器室相邻时,低压配电室的高度不应低于 4m;与不抬高地坪的变压器室相邻时,配电室的高度不应低于 3.5m。为了布线需要,低压配电屏下面也应设电缆沟。

低压配电室的耐火等级不应低于三级。

(4) 值班室的结构

值班室的结构形式要结合变配电所的总体布置和值班工作要求全盘考虑,以利于运行值班工作。值班室要有良好的自然采光,采光窗宜朝南。在采暖地区,值班室应采暖,采暖计算温度为 18℃,采暖装置宜采用排管焊接。在蚊子和其他昆虫较多的地区,值班室应装纱窗、纱门,通往外边的门应向外开。

(5) 变配电所的布置及结构示例

图 4-6 所示为某高压配电所及其附设车间变电所的平面图和剖面图。高压配电室中的开关柜为双列布置时,按 GB 50060—1992《3~110kV 高压配电装置设计规范》规定,操作通道的最小宽度为 2m,这样运行维护更为安全方便。这里变压器室的尺寸按所装设变压器容量增大一级来考虑,以适应变电所在负荷增长时需改换大一级容量变压器的要求。高低压配电室也都留有一定的余地,供将来添设高低压开关柜之用。

由图 4-6 所示变电所平面布置方案可以看出以下几点。

① 值班室紧靠高低压配电室,而且有门直通,因此运行维护方便。

② 高、低压配电室和变压器室的进出线都较方便。

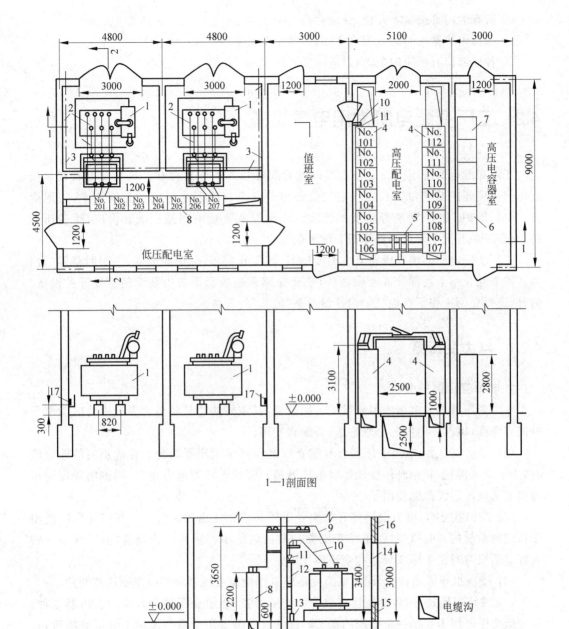

图 4-6 某高压配电所及其附设车间变电所的平面图和剖面图

1—S9-800/10 型变压器；2—PEN 线；3—接地线；4—GG-1A(F)型高压开关柜；5—GN6 型高压隔离开关；6—GR-1 型高压电容器柜；7—GR-1 型高压电容器的放电互感器柜；8—PGL2 型低压配电屏；9—低压母线及支架；10—高压母线及支架；11—电缆头；12—电缆；13—电缆保护管；14—大门；15—进风口(百叶窗)；16—出风口(百叶窗)；17—接地线及其固定钩

③ 所有大门都按要求开设,保证运行安全。
④ 高压电容器室与高压配电室相邻,既安全又配线方便。
⑤ 各室都留有一定的余地,以适应发展的要求。

4.2 工厂变配电所常用电气设备

工厂变配电所常用电气设备主要以成套配电装置的形式存在。成套配电装置是按照电气主接线的要求,把一、二次电气设备组装在全封闭或半封闭的金属柜中,完成受电、馈电、保护、监控、测量等功能的装置。成套配电装置由制造厂成套供应,除变压器外,有高压成套配电装置和低压成套配电装置之分。

工厂变配电所的成套设备有电力变压器、高压开关柜、低压配电屏、二次回路屏(台)等。本节除介绍上述部分成套设备外,还要介绍某些成套设备内装设的主要开关设备。另外,还要介绍一些不在柜(屏)内装设而是"散装"的设备。

4.2.1 电力变压器

1. 电力变压器的分类

电力变压器是变电所中最关键的一次设备,其主要功能是将电力系统中的电能电压升高或降低,以利于电能的合理输送、分配和使用。

(1) 按功能分类,电力变压器有升压变压器和降压变压器两种。在远距离传输电能时,为了减少损耗,利用升压变压器将电压升高;而对于各类电力用户,则采用降压变压器将电网电压逐级降低使用。

(2) 按相数分类,电力变压器有单相变压器和三相变压器两种。三相变压器广泛用于供配电系统的变电所中,而单相变压器一般供电给小容量的单相设备,但特殊场合的大容量系统有时也采用 3 只单相变压器变压。

(3) 按绕组导体的材质分类,电力变压器有铜绕组变压器和铝绕组变压器两种。

(4) 按绕组形式分类,变压器有双绕组变压器、三绕组变压器和自耦式变压器 3 种。双绕组变压器用于变换一个电压的场所;三绕组变压器用于需交换两个电压的场所,它有一个一次绕组和两个二次绕组;自耦式变压器大多在实验室中作调压用,电力系统有时也采用自耦式变压器。

(5) 按容量系列分类,有大型、中型和小型电力变压器之分。容量在 500kV·A 以下为小型变压器,630～6300kV·A 为中型变压器,8000kV·A 以上为大型变压器。

(6) 按电压调节方式分类,电力变压器有无载调压变压器和有载调压变压器两种。无载调压变压器为必须断开负载才能调压的变压器;有载调压变压器为带负载就能调压的变压器。

(7) 按冷却方式和绕组绝缘分类,电力变压器有油浸式、干式和充气式等。其中,油浸式变压器分为油浸自冷式、油浸风冷式、油浸水冷式和强迫油循环冷却方式等,而干式变压器分为浇注式、开启式、封闭式等。

油浸式变压器具有较好的绝缘和散热性能,且价格较低,便于检修,因此得到了广泛采用。但由于油具有可燃性,因此不便用于易燃易爆和安全要求较高的场所。

干式变压器结构简单,体积小,质量轻,且防火、防尘、防潮,价格较同容量的油浸式变压器贵,主要用于在安全防火要求较高的场所,尤其是大型建筑物内的变电所、地下变电所和矿井内变电所等。

充气式变压器是利用填充的气体(SF_6)进行绝缘和散热,具有优良的电气性能,主要用于安全防火要求较高的场所,并常与其他充气电器配合组成成套装置。

(8) 按安装地点分类,电力变压器有户内式和户外式两种。

2. 电力变压器的结构及型号

(1) 电力变压器的结构

电力变压器是利用电磁感应原理进行工作的,因此其基本结构包括绕组和铁芯两部分。变压器的绕组包括与电源连接的一次绕组和与负载连接的二次绕组;变压器的铁芯由铁轭和铁芯柱组成,绕组套在铁芯柱上。为了减少变压器的涡流和磁滞损耗,一般采用表面有绝缘漆膜的硅钢片交错叠成铁芯。

图 4-7 所示为 S9M、S11 系列三相油浸式全密封电力变压器的外形结构。

它主要由油箱、高低压套管、分接开关等组成。与传统油浸式电力变压器相比,它取消了储油柜,由波纹油箱的波翅作为散热元件。波纹油箱由优质冷轧薄钢板在专用生产线上制造,波翅可以随变压器油体积的胀缩而胀缩,从而使变压器内部与大气隔绝,防止和减缓油的劣化和绝缘受潮,增强了运行的可靠性,达到正常运行免维护。

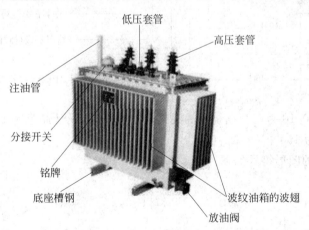

图 4-7 三相油浸式全密封电力变压器的外形结构

10kV 级 SC9、SC10 型环氧树脂浇注干式变压器,可作为油浸式配电变压器的更新换代产品,特别适用于城市电网、高层建筑、商务中心、剧院、医院、宾馆、隧道、地铁、地下电站、实验室、车站、码头、机场、组合变电站等重要场所。

图 4-8 所示为 SC9、SC10 三相树脂浇注绝缘干式电力变压器的外形结构。

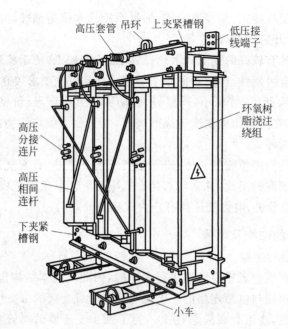

图 4-8 三相树脂浇注绝缘干式电力变压器的外形结构

(2) 电力变压器的型号及图形符号

国产电力变压器型号的含义如下。

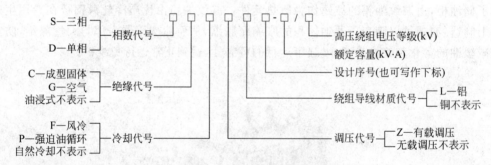

例如，S9-1000/10 为三相铜绕组油浸式电力变压器，设计序号为 9，高压绕组电压为 10kV，额定容量为 1000kV·A。

电力变压器的图形符号如下。

3. (6～10)/0.4kV 电力变压器的联结组别

(6～10)/0.4kV 电力变压器有 Y,yn0 和 D,yn11 两种常用的联结组别。

(1) Y,yn0 联结组别的一次绕组为星形联结，二次绕组为带中性线的星形联结，其线路中可能有的 3n 次谐波电流会注入公共的高压电网中并且规定其中性线的电流不能超过相线电流的 25%。因此，负荷严重不平衡或 3n 次谐波比较突出的场合不宜采用这种联结。但该联结组别的变压器一次绕组的绝缘强度与 D,yn11 比较要求较低，因而造价比 D,yn11 型的稍低。在 TN 和 TT 系统中，由单相不平衡电流引起的中性线电流不超过二次绕组额定电流的 25%，且任一相的电流在满载时都不超过额定电流，这种情况下可选用 Y,yn0 联结组别的变压器。

(2) D,yn11 联结组别一次绕组为三角形联结，3n 次谐波电流在其三角形的一次绕组中形成环流，不致注入公共电网，有抑制高次谐波的作用；其二次绕组为带中性线的星形联结。按规定，中性线电流容许达到相电流的 75%，因此其承受单相不平衡电流的能力远远大于 Y,yn0 联结组别的变压器。对于现代供电系统中单相负荷急剧增加的情况，尤其在 TN 和 TT 系统中，D,yn11 联结的变压器已得到大力的推广和应用。

4. 电力变压器的实际容量及过载能力

(1) 电力变压器的额定容量与实际容量

电力变压器的额定容量(铭牌容量)是指它在规定的环境温度条件下，室外安装时，在规定的使用年限(一般规定为 20 年)内所能连续输出的最大视在功率，单位为 kV·A。

电力变压器正常使用的最高年平均气温为 +20℃。如果变压器安装地点年平均气温每升高 1℃，变压器的容量就相应减小 1%。

(2) 电力变压器的正常过负荷能力

电力变压器在运行中，其负荷总是在变化。就一昼夜来说，很大一部分负荷都低于最大负荷，而变压器容量又是按最大负荷来选择的，因此变压器运行时实际上并没有充分发挥其负荷能力。从维持变压器规定的使用年限来考虑，变压器在必要时完全可以过负荷运行。对于油浸式电力变压器，其允许过负荷包括以下两部分。

① 由于昼夜负荷不均匀而考虑的过负荷。
② 由于夏季欠负荷而在冬季考虑的过负荷。

同时考虑以上两点，油浸式电力变压器总的正常过负荷系数不得超过下列数值：室内变压器为 20%，室外变压器为 30%。

干式电力变压器一般不考虑正常过负荷。

5. 电力变压器型号的确定

确定电力变压器的型号应遵循以下原则。

(1) 一般应优先采用低损耗变压器。

(2) 在多尘或有腐蚀性气体以致严重影响变压器安全运行的场所，应选用密闭式电力变压器。

(3) 对于高层建筑、地下建筑、化工单位等对消防要求较高的场所，宜采用干式变压器。

(4) 对电网电压波动较大的场所，为了改善电能质量，应采用有载调压电力变压器。

6. 变电所变压器台数的确定

确定变压器台数时应考虑下列原则。

(1) 应满足用电负荷对供电可靠性的要求。有大量一、二级负荷的变电所宜采用两台变压器,当一台变压器发生故障或检修时,另一台变压器能对一、二级负荷继续供电。只有二级而无一级负荷的变电所也可以只采用一台变压器,但必须在低压侧铺设与其他变电所相连的联络线作为备用电源。

(2) 对季节性负荷或昼夜负荷变动较大且要求采用经济运行方式的变电所,可考虑采用两台变压器。

(3) 除上述情况外,一般车间变电所宜采用一台变压器。但是负荷集中而容量相当大的变电所,虽为三级负荷,也可以采用两台或两台以上变压器。

(4) 在确定变电所主变压器台数时,应适当考虑负荷的发展并留出一定的余地。

4.2.2 高压开关柜

高压开关柜是按一定的线路方案将一、二次设备组装而成的一种高压成套配电装置。在变配电所中,高压开关柜主要用来接受和分配电能。高压开关柜中安装有高压开关设备、保护电器、监测仪表和母线、绝缘子等。

高压开关柜按其主要设备元件(如高压断路器)的安装方式可分为固定式和移开式(手车式)两大类;按开关柜隔室结构可分为铠装式、间隔式、箱式和半封闭式等;按其母线结构可分为单母线、单母线带旁路母线和双母线等;按功能作用可分为受电柜、馈线柜、电压互感器柜、电能计量柜、高压环网柜等。

高压开关柜必须具有"五防"功能:①防止误跳、误合断路器;②防止带负荷拉、合隔离开关;③防止带电挂接地线;④防止带接地线闭合隔离开关;⑤防止人员误入开关柜的带电间隔。高压开关柜通过装设机械或电气闭锁装置来实现"五防"功能,从而防止电气误操作和保障人身安全。

国产新系列高压开关柜全型号的表示及含义如下。

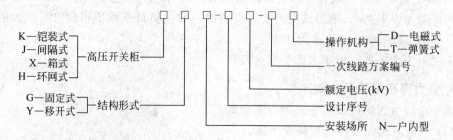

1. 固定式高压开关柜

固定式高压开关柜的主要设备(如断路器、互感器和避雷器等)都固定安装在不能移动的台架上。这种开关柜具有构造简单、制造成本低、安装方便等优点。但当内部主要设备发生故障时,必须断电检修或更换。

我国设计生产的固定式高压开关柜有 XGN 系列(交流金属箱型固定式封闭高压开关柜)、KGN 系列(交流金属铠装固定式高压开关柜)和 HXGN 系列(固定式高压环网柜)等。

图 4-9 所示为 XGN2-10 型固定式金属封闭高压开关柜外形结构及 01 柜一次方案。

XGN2-10 型固定式金属封闭开关设备，适用于 6～10kV 三相交流 50Hz 系统中作为接受与分配电能，其母线系统为单母线，并可派生出单母线带旁路和双母线结构。采用 ZN28 系列真空断路器及 SN10-10 系列少油断路器，配用 CT19、CT17 型弹簧操纵机构和 CD10 型电磁操纵机构，隔离开关采用 GN24-10 大电流隔离开关。开关设备体积小、结构紧凑，且运行安全可靠。

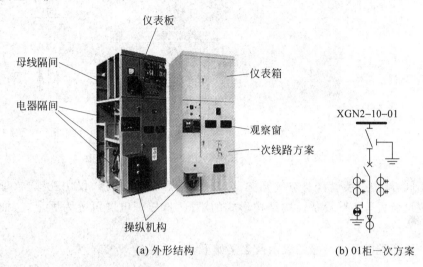

图 4-9　XGN2-10 型固定式金属封闭高压开关柜

2. 手车式(移开式)高压开关柜

手车式高压开关柜的主要设备(如断路器、电压互感器和避雷器等)装设在可以拉出和推入开关柜的手车上。这些设备需要检修试验时，可将其手车拉出，再推入同类备用手车，即可恢复供电，停电时间很短，从而大大提高了供电可靠性。手车式开关柜较之固定式开关柜具有检修安全、供电可靠性高等优点，但制造成本较高。

国产手车式高压开关柜的主要产品有 KYN 系列、JYN 系列等。图 4-10 所示为 KYN 28A-12 金属铠装移开式高压开关柜外形结构及 001 柜一次方案。该开关柜由金属板分隔成断路器手车室、母线室、电缆室和继电器仪表室，每一个单元的金属外壳均独立接地。手车室内配有真空断路器。因为有"五防"连锁，所以只有当断路器处于分闸位置时，手车才能抽出或插入。手车在工作位置时，一、二次回路都接通；手车在试验位置时，一次回路断开，二次回路仍接通；手车在断开位置时，一、二次回路都断开。断路器与接地开关有机械连锁，只有当断路器处于跳闸位置时，手车抽出，接地开关才能合闸。当接地开关在合闸位置时，手车只能推到试验位置，从而有效防止接地线合闸。当设备损坏或检修时可以随时拉出手车，再推入同类型备用手车即可恢复供电。因此，该开关柜具有检修方便、安全、供电可靠性高等优点。

4.2.3　低压配电屏

低压配电屏在低压配电系统中起着受电、馈电以及功率因数补偿等作用。根据应用

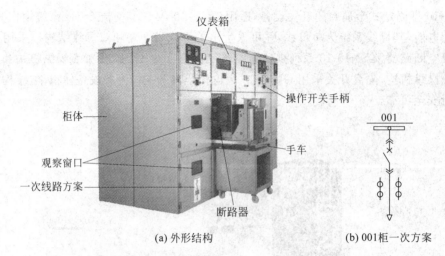

(a) 外形结构　　(b) 001柜一次方案

图 4-10　KYN 28A-12 金属铠装移开式高压开关柜

场合的不同,屏内可装设自动空气开关、刀开关、接触器、熔断器、仪用互感器、母线以及信号和测量装置等不同设备。按结构形式的不同,低压配电屏可分为固定式、抽屉式等形式。

国产低压配电屏全型号的表示及含义如下。

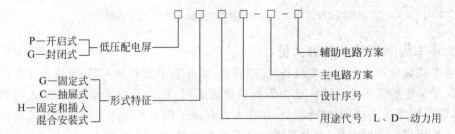

1. 固定式低压配电屏

固定式低压配电屏将一、二次设备均固定安装在柜中。柜面上部安装测量仪表,中部安装刀开关的操作手柄,柜下部为外开的金属门。母线装在柜顶,自动空气开关和电流互感器都装在柜后。国产固定式低压配电屏有 GGD 和 GGL 型。GGD 型固定式低压开关柜的外形结构及 54 柜一次方案如图 4-11 所示。该型低压开关柜采用 DW15 型或更先进的断路器,具有分断能力高、动稳定性好、组合灵活方便、结构新颖和安全可靠等特点。

2. 抽屉式低压配电屏

抽屉式低压配电屏为封闭式结构,主要设备均放在抽屉内或手车上。当回路故障时,可更换备用手车或抽屉,迅速恢复供电,以提高供电的可靠性。抽屉式低压配电屏还具有布置紧凑、占地面积小、检修方便等优点,但结构复杂,钢材消耗多,价格较贵。国产抽屉式低压配电屏有 GCL、GCS、GCK、GHT1、MNS 型等。

GCS 型抽屉式低压开关柜外形结构及 11 柜一次方案如图 4-12 所示。

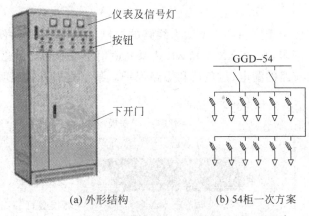

(a) 外形结构　　　　(b) 54柜一次方案

图 4-11　GGD 型固定式低压开关柜

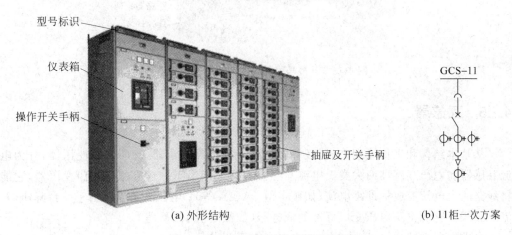

(a) 外形结构　　　　(b) 11柜一次方案

图 4-12　GCS 型抽屉式低压开关柜

4.2.4　动力和照明配电箱

低压动力和照明配电箱是车间和民用建筑负载直接获取电能的成套设备。

动力和照明配电箱的种类很多,按其安装方式可分为靠墙式、悬挂式和嵌入式。靠墙式是靠墙落地安装,悬挂式是挂在墙壁上明装,嵌入式是嵌在墙壁里暗装。

动力和照明配电箱全型号的一般表示和含义如下。

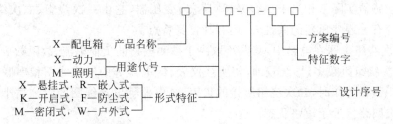

动力配电箱主要用于动力配电和控制,但也可用于照明的配电与控制。常用的动力配电箱有 XL、XF、BGL、BGM 型等,其中,BGL 和 BGM 型多用于高层建筑的动力和照明

配电。

照明配电箱主要用于照明和小型动力线路的控制、过负荷和短路保护。照明配电箱的种类和组合方案繁多，其中，XXM 和 XRM 系列适用于工业和民用建筑的照明配电，也可用于小容量动力线路的漏电、过负荷和短路保护。某型号嵌入式照明配电箱外形结构如图 4-13 所示。

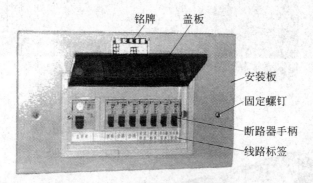

图 4-13　某型号嵌入式照明配电箱外形结构

4.2.5　互感器

从基本结构和工作原理来说，互感器就是一种特殊变压器，又叫仪用变压器，分为电流互感器和电压互感器两大类。电流互感器实际上相当于一台升压（降流）变压器，它能将线路的大电流变成标准小电流（如额定值 5A、1A 等）；电压互感器相当于一台降压（升流）变压器，它能将高电压变成标准的低电压（如额定值 100V 等）。

在供配电系统中，互感器的功能主要有以下两点。

(1) 将一次回路的高电压和大电流变为二次回路的标准低电压和小电流，扩大了仪表、继电器等二次设备的应用范围，并使测量仪表和保护装置标准化、小型化，便于安装。

(2) 用来使仪表、继电器等二次设备与主电路绝缘，这既可避免主电路的高电压直接引入仪表、继电器等二次设备，又可防止仪表、继电器等二次设备的故障影响主电路，从而提高了一、二次电路的安全性和可靠性。

1. 电流互感器（简称 TA）

(1) 电流互感器的结构特点

电流互感器实际上相当于一台升压（降流）变压器，它由一次绕组、二次绕组和铁芯组成。除具有普通变压器的共性外，还有其自身特点。

① 一次绕组串联在电路中，其电流取决于被测电路的负荷电流，故匝数少、导线粗。

② 二次绕组匝数多、导线较细，与所接仪表、继电器等的电流线圈相串联，形成一个闭合回路。正常工作时，二次绕组所接的仪表、继电器等电流线圈的阻抗很小，因此电流互感器二次回路接近于短路状态。

③ 电流互感器变比是指其一次额定电流 I_{1N} 与其二次额定电流 I_{2N}（如额定值 5A、1A 等）之比。

（2）电流互感器的图形符号和接线方案

电流互感器的图形符号如下。

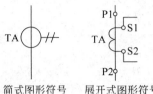

简式图形符号　　展开式图形符号

电流互感器在三相电路中有 4 种常用的接线方案，如图 4-14 所示。

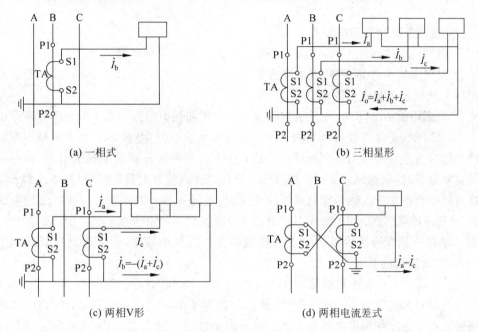

图 4-14　电流互感器的接线方案

① 一相式接线。如图 4-14(a)所示，只在负载平衡的三相电路中的某一相装设电流互感器以反映三相各相电流。

② 三相星形接线。如图 4-14(b)所示，三相电路中的每一相都装设电流互感器以反映三相各相电流。该接线方式广泛用于三相负荷不论平衡与否的三相四线制或三相三线制系统中，作测量或继电保护用。

③ 两相 V 形接线。如图 4-14(c)所示，这种接线也叫做两相不完全星形接线。在继电保护中，这种接线又称为两相两继电器接线。其特点为：电流互感器虽装于 A、C 两相，但由图 4-15 所示的相量图可知，其二次侧公共线上的电流正好反映 B 相电流，即反映未接电流互感器那一相的相电流。这种接线广泛用于 35kV 及以下中性点不接地的三相三线制电路中，作测量或继电保护用。

④ 两相电流差式接线。如图 4-14(d)所示，这种接线又叫做两相一继电器接线。由图 4-16 所示的相量图可知，流过继电器线圈电流的量值是相电流的 $\sqrt{3}$ 倍。这种接线适用于中性点不接地的三相三线制系统，只用于继电保护。

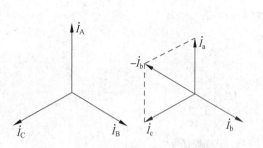
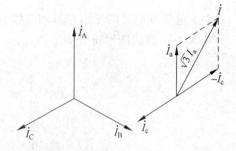

图 4-15　两相 V 形接线一、二次侧电流相量图　　图 4-16　两相电流差式接线一、二次侧电流相量图

(3) 电流互感器的类型和型号

① 根据一次电压的不同,电流互感器可分高压和低压两大类。

② 根据安装地点的不同,电流互感器可分为户内式和户外式。35kV 以下制成户内式,35kV 及以上多制成户外式。

③ 根据用途的不同,电流互感器可分为测量用和保护用两大类。测量用电流互感器有 0.1、0.2、0.5、1、3、5 准确度等级;保护用电流互感器有 5P 和 10P 准确度级。在实验室进行精确测量时多选用 0.1 级或 0.2 级;在工程上用于连接功率表或电能表,并以此计量收取电费时,应选用 0.5 级;在运行中只作监视或估算电量用时,可选 1、3 级;供辨别被测值是否存在或大致估算仪表所用电流时,应选 5 级;供一般保护装置用的电流互感器,可选用准确度级为 5P 或 10P 级;对差动保护用的电流互感器,则应选用 0.5(或 D)级。如果一只电流互感器既要供给仪表又要供给保护装置,则可以选择具有两个铁芯、不同准确度级的电流互感器。

常用高压 10kV 电流互感器有 LA、LAJ、LQJ、LQJC 型等。图 4-17 所示为 LQJ-10 型电流互感器的外形结构。LQJ-10 型是目前常用于 10kV 高压开关柜中的户内线圈式环氧树脂浇注绝缘加强型电流互感器。它有两个铁芯和两个二次绕组,分别为 0.5 级和 3 级,0.5 级用于测量,3 级用于继电保护。

低压电流互感器有 LMZ1、LMZJ1、LMZB1、LMK1、LMKJ1、LMKB1 型等。图 4-18 所示为 LMZJ1-0.5 型电流互感器的外形结构。LMZJ1-0.5 型广泛用于低压配电屏和其他低压电路中的户内母线式环氧树脂浇注绝缘加大容量的电流互感器。它本身无一次绕组,穿过其铁芯的母线就是一次绕组。

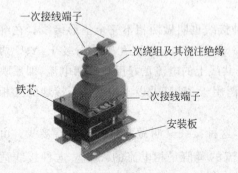
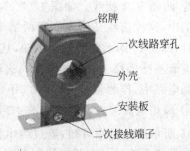

图 4-17　LQJ-10 型电流互感器的外形结构　　图 4-18　LMZJ1-0.5 型电流互感器的外形结构

国产电流互感器型号含义如下。

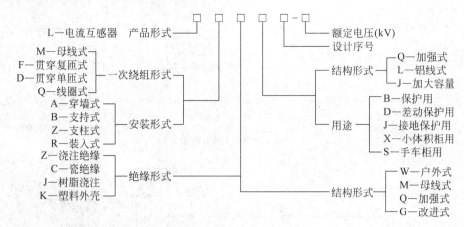

(4) 电流互感器使用注意事项

① 电流互感器在工作时二次侧不得开路,因此,绝不允许在二次回路中接入开关或熔断器。因为电流互感器为升压变压器,如果开路,则二次侧可能会感应出危险的高电压,危及人身和设备安全。

② 为了防止一、二次绕组间绝缘击穿时一次侧高电压窜入二次侧危及设备和人身的安全,电流互感器二次侧有一端必须接地。

③ 电流互感器在接线时,要注意其端子的极性,其一、二次侧绕组端子分别用 P1、P2 和 S1、S2 标注(旧式为 L1、L2 和 K1、K2),即严格按照图 4-14 接线。

2. 电压互感器(简称 TV)

(1) 电压互感器的结构特点

电压互感器也是由一次绕组、二次绕组和铁芯组成。其结构特点如下。

① 一次绕组并接在一次电路中,而二次绕组接仪表、继电器等的电压线圈。

② 由于仪表、继电器等的电压线圈的阻抗很大,因此电压互感器在工作时二次绕组接近于空载状态。

③ 电压互感器的变比是指其一次额定电压 U_{1N} 与其二次额定电压 U_{2N}(如额定值 100V 等)之比。

(2) 电压互感器的图形符号和接线方案

电压互感器的图形符号如下。

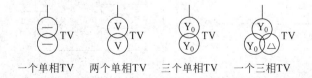

电压互感器在三相电路中有 4 种常见的接线方案,如图 4-19 所示。

① 一个单相电压互感器的接线,如图 4-19(a)所示。这种接线方案只能测量某两相之间的线电压,故适用于电压对称的三相电路,应用不多。

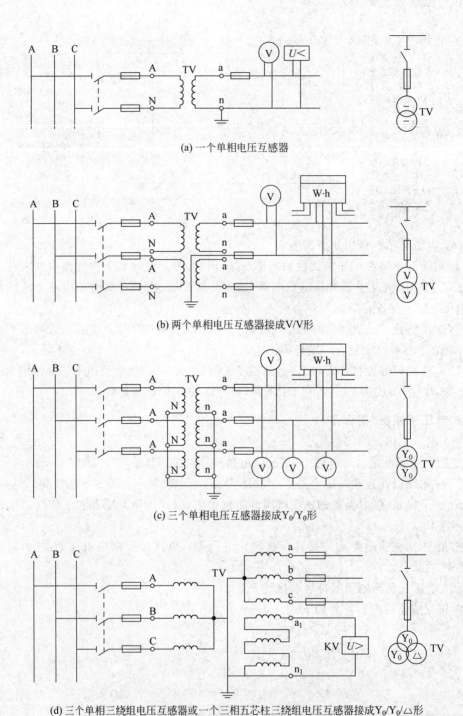

(a) 一个单相电压互感器

(b) 两个单相电压互感器接成V/V形

(c) 三个单相电压互感器接成Y_0/Y_0形

(d) 三个单相三绕组电压互感器或一个三相五芯柱三绕组电压互感器接成$Y_0/Y_0/\triangle$形

图 4-19 电压互感器的接线

② 两个单相电压互感器接成 V/V 形,如图 4-19(b)所示。这种接线方案可供仪表和继电器接于三相三线制电路的各个线电压。

③ 三个单相电压互感器接成 Y_0/Y_0 形,如图 4-19(c)所示。在小电流接地系统中,这种接线方案既可供电给要求线电压又可供电给要求相电压的仪表和继电器。

④ 三个单相三绕组电压互感器或一个三相五芯柱三绕组电压互感器接成 $Y_0/Y_0/\triangle$ 形,如图 4-19(d)所示。接成 Y_0 的二次绕组供电给线电压仪表、继电器及绝缘监视用电压表;辅助二次绕组接成开口三角形,用来连接电压继电器,测量零序电压。当一次电压正常时,由于三个相电压对称,因此开口三角形两端电压接近于零。当某一相接地时,开口三角形两端将出现 100V 左右的零序电压,使电压继电器动作,发出信号。

3~35kV 电压互感器一般经隔离开关和熔断器接入高压电网。

(3) 电压互感器的类型与型号

① 根据安装地点的不同,电压互感器可分为户内式和户外式。

② 根据相数的不同,电压互感器可分为单相式和三相式。

③ 按绝缘方式的不同,电压互感器可分为干式、浇注式、油浸式等。

④ 按一次侧使用电压的不同,电压互感器可分为高压式和低压式。

⑤ 按用途和准确度分,一般计量用 0.5 级以上,一般测量用 1.0~3.0 级;当用于保护时,其准确度较低,一般有 3P 级和 6P 级,其中用于小接地系统电压互感器(如三相五芯柱式)的辅助二次绕组其准确度级规定为 6P 级。

⑥ 按结构原理电压互感器可分为电容分压式和电磁感应式。

高压 6~10kV 电压互感器常用的有 JDZ、JDZJ、JDJ、JSJB、JSJW 型油浸式或浇注式等。10kV 电压互感器的外形结构如图 4-20 所示。

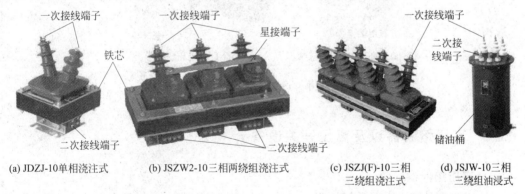

(a) JDZJ-10 单相浇注式　　(b) JSZW2-10 三相两绕组浇注式　　(c) JSZJ(F)-10 三相三绕组浇注式　　(d) JSJW-10 三相三绕组油浸式

图 4-20　10kV 电压互感器的外形结构

电压互感器全型号的表示和含义如下。

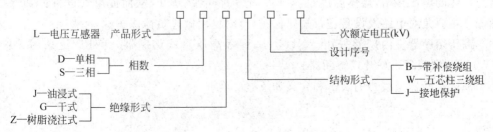

(4) 使用注意事项

① 由于电压互感器为降压变压器,所以在工作时其二次侧不得短路,因此电压互感器的一、二次侧必须装设熔断器以进行短路保护。

② 为了防止一、二次绕组间的绝缘击穿时一次侧的高电压窜入二次侧危及人身和设备的安全,电压互感器的二次侧有一端必须接地。

③ 电压互感器在连接时,也要注意其端子的极性,依图 4-19 接线。

3. 电流、电压变换器

电力系统使用的电流互感器,其输出为 5A 或 1A,电压互感器输出为 100V。为了和微机继电保护装置接口,必须首先变换成 mA(或 0~5V)级的小电流信号,再通过电流—电压变换成 A/D 转换器可以接受的弱电压信号。完成这一变换任务的设备就是电流、电压变换器。

电流、电压变换器的一次侧通常接于电流互感器、电压互感器的二次侧,其二次侧接微机继电保护装置接口。

常见的电流变换器型号有 XCT、NDLF、TA 等;电压变换器型号有 NDLX 等。电流变换器、电压变换器的外形结构如图 4-21 所示。

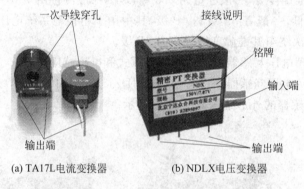

(a) TA17L电流变换器　　(b) NDLX电压变换器

图 4-21　电流变换器、电压变换器的外形结构

4.2.6　高压熔断器以及高压开关设备

1. 高压熔断器

熔断器是最简单也是最早使用的一种过电流保护电器。它串联在电路中,当正常工作时,熔体流过的电流小于其额定电流,熔体不会熔断。当所在电路发生短路或过载时,流过熔体的电流猛增,熔体温度迅速升高而熔断,电路断开,从而使电气设备得到保护。熔断器主要是对电路及设备进行短路保护,有时也用做过负荷保护。

高压熔断器室内广泛采用 RN1、RN2 型等高压管式熔断器,室外广泛采用 RW4、RW10(F)型等高压跌开式熔断器。

高压熔断器全型号的表示和含义如下。

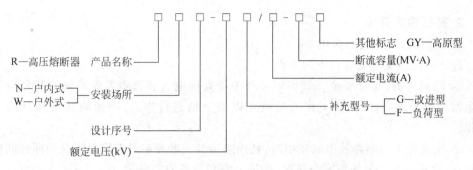

(1) RN 系列户内高压管式熔断器

目前,户内 6～35kV 供电系统中常用的高压熔断器有 RN3、RN4、RN5、RN6 等管式熔断器,其外形如图 4-22(a)所示。它们均为填充石英砂的限流型熔断器,其中 RN3 型用于高压电力线路与变压器的短路和过载保护;RN4 和 RN5 作为电压互感器的短路保护;RN6 主要作为高压电动机的短路保护。熔体熔断后,熔断指示帽弹出,连带熔管整体更换。

(2) RW 系列户外高压跌开式熔断器

RW 系列跌开式熔断器,被广泛用于正常环境的室外小电流场所。其作为 6～10kV 线路和设备的短路保护,熔体为铅锡合金。熔体熔断后,熔管自动翻落,断开电路。正常情况下如需断开电路,可直接用高压绝缘棒(俗称"令克棒")来操作熔管的分合。跌开式熔断器通常只能通断小容量负荷。分断线路时,先拉开中间相,后拉开两边相;闭合线路时相反。

常见户外跌开式熔断器型号有 RW4-10(G)、RW10-10(F)、RW11 型等,选用时应认真阅读说明书。

图 4-22(b)所示为 RW10-10(F)户外高压跌开式熔断器的外形结构。

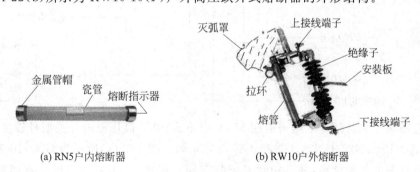

(a) RN5 户内熔断器   (b) RW10 户外熔断器

图 4-22　高压管式熔断器的外形结构

(3) 熔断器的图形符号

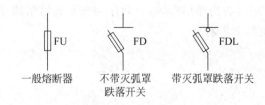

2. 高压隔离开关

(1) 高压隔离开关的作用

高压隔离开关主要有以下两个作用。

① 隔离电源，保证安全。利用隔离开关将高压电气装置中需要检修的部分与其他带电部分可靠地隔离，这样工作人员就可以安全地进行作业，不影响其余部分的正常工作。

② 隔离开关与断路器串联使用时，利用隔离开关断开后具有明显可见的断开间隙这一特点，提示操作人员线路开合情况，保证人身和设备的安全。

需要注意的是，高压隔离开关没有专门的灭弧装置，只能通断一定的小电流，如励磁电流不超过 2A 的空载变压器、电容电流不超过 5A 的空载线路以及电压互感器和避雷器电路等。在任何情况下，均不能接通或切断负荷电流和短路电流，并应设法避免可能发生的误操作。

当隔离开关与断路器配合操作时，其顺序应为：断电时，先断开断路器，再断开隔离开关；送电时相反。

(2) 高压隔离开关的类型和型号

高压隔离开关按装设地点的不同，可分为户内式和户外式两种；按极数可分为单极式和三极式；按操纵机构可分为手动式、电动式、气动式和液压式等。

高压隔离开关全型号的表示和含义如下。

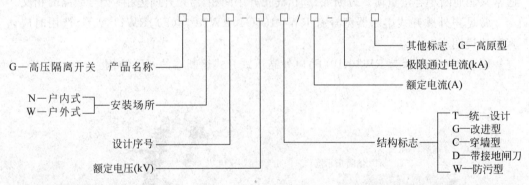

户内隔离开关其额定电压一般在 35kV 以下。10kV 高压隔离开关型号较多，常用的有 GN8、GN19、GN22、GN24、GN28、GN30 等系列。图 4-23(a) 所示为 GN8-10 型户内式高压隔离开关的外形结构，其三相闸刀安装在同一底座上，闸刀均采用垂直回转运动方式，采用手动操动机构进行操作。图 4-23(b) 所示为 GW9-10F 型户外式高压 10kV 单极隔离开关的外形结构。GW9-10F 型户外隔离开关用于污秽地区，使用时由 3 个单极开关组合成一台隔离开关，用绝缘钩棒操作，操作顺序与跌开式熔断器相同。

(3) 高压隔离开关的图形符号

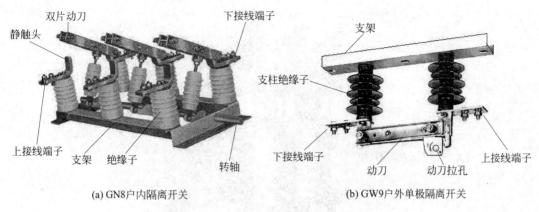

图 4-23　10kV 高压隔离开关的外形结构

3. 高压负荷开关

（1）高压负荷开关的功能

高压负荷开关具有简单的灭弧装置，因而能通断一定的负荷电流和过负荷电流，但不能断开短路电流，它必须与高压熔断器串联使用，以借助熔断器来切断短路故障。负荷开关断开后，与隔离开关一样具有明显可见的断开间隙，因此，负荷开关也具有隔离电源、保证安全检修的功能。

（2）高压负荷开关的分类和型号

高压负荷开关按安装地点的不同可分为户内式和户外式；按灭弧方式的不同可分为产气式、压气式、油浸式、真空式和 SF_6 式。

高压负荷开关全型号的表示和含义如下。

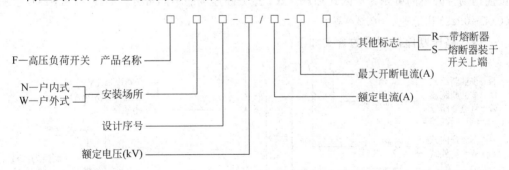

目前高压负荷开关主要用于 6～10kV 配电系统中，常用型号有户内压气式 FN3-10RT、FN5-10 型，户外产气式 FW5-10 型及户内高压真空式 FZN21-10 型等。图 4-24 所示为 FZN25-12RD 户内真空式高压负荷开关的外形结构。负荷开关一般配用 CS 型手动操动机构来进行操作。

（3）高压负荷开关的图形符号

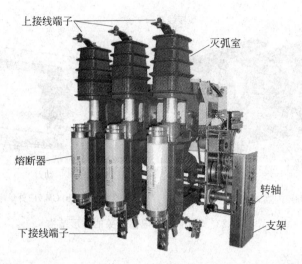

图 4-24　FZN25-12RD 户内真空式高压负荷开关的外形结构

4. 高压断路器

(1) 高压断路器的功能

高压断路器是高压输配电线路中最为重要的电气设备,它的性能直接关系到线路运行的安全性和可靠性。高压断路器具有完善的灭弧装置,既可分合正常线路电流,又可在保护装置的作用下自动断开短路电流,将故障部分设备或线路从电网中迅速切除。

(2) 高压断路器的分类及型号

高压断路器按灭弧介质的不同可分为油断路器、真空断路器和六氟化硫(SF_6)断路器;按使用场合的不同可分为户内式和户外式;按分断速度的不同可分为高速($<0.01s$)、中速($0.1 \sim 0.2s$)和低速($>0.2s$)等。

国产高压断路器型号的含义如下。

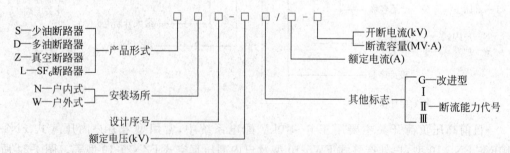

① 油断路器。它采用变压器油作为灭弧介质。按油量的大小,可分为多油断路器和少油断路器。多油断路器的油量多,兼有灭弧和绝缘的双重功能;少油断路器的油只作为灭弧介质使用。少油断路器具有用油量少、体积小、重量轻、运输安装方便等特点,在不需要频繁操作且要求不高的高压电网中应用较广泛。10kV 户内配电装置中常用的少油断路器有 SN10-10 型,按断流容量又分为Ⅰ、Ⅱ和Ⅲ型。Ⅰ型断流容量为 300MV·A;Ⅱ型断流容量为 500MV·A;Ⅲ型断流容量为 750MV·A。SN10-10 型高压少油断路器的外形结构如图 4-25 所示。

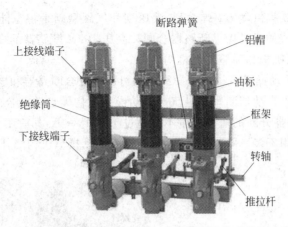

图 4-25 SN10-10 型高压少油断路器的外形结构

② 真空断路器。它是采用真空作为灭弧和绝缘介质的断路器。该断路器的动静触头密封在真空灭弧室内。其特点有不爆炸、噪声低、体积小、寿命长、结构简单、可靠性高等。真空断路器主要用于频繁操作的场所。常用的真空断路器有 ZN3-10、ZN12-12、ZN28A-12 型。ZN3-10 型高压真空断路器的外形结构如图 4-26 所示。

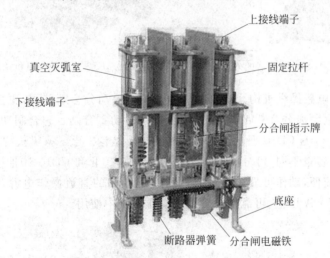

图 4-26 ZN3-10 型高压真空断路器的外形结构

③ 六氟化硫(SF_6)断路器。它是利用 SF_6 气体作为灭弧和绝缘介质的断路器。SF_6 断路器具有灭弧能力强，绝缘强度高，开断电流大，燃弧时间短，检修周期长，断开电容电流或电感电流时，无重燃，过电压低等优点。但是 SF_6 断路器要求加工精度高，密封性能要求严，价格相对较高。SF_6 断路器主要用于需频繁操作且有易燃易爆危险的场所，特别适用于全封闭组合电器。LN2-12 型 SF_6 断路器的外形结构如图 4-27 所示。

真空断路器、六氟化硫(SF_6)断路器将取代油断路器，应用越来越广泛。

(3) 断路器的操纵机构

断路器的操纵机构是操作断路器分、合闸的专门机构。按使用能源的不同分为手动型、电磁型、弹簧型、液压型、气动型等多种类型。手动型需借助人的力量完成合闸；电磁型则依靠合闸电磁铁提供动力；弹簧型、液压型和气压型则是将电能经转换设备和储能装置转换为其他形式的能量操纵断路器合闸。高压10kV断路器的操纵机构主要有手动操纵机构、电磁操纵机构和弹簧操纵机构3种。

① CS系列的手动操纵机构。该操纵机构可手动分合断路器和电磁分断断路器。该机构配合保护装置可自动切断短路电流。手动操纵机构无自动重合闸功能，且操作速度有限，所操作的断路器开断的短路容量不宜超过100MV·A，其应用受到很大限制，作为断路器操纵机构应用不多。图4-28所示为CS2型手动操纵机构的外形结构。

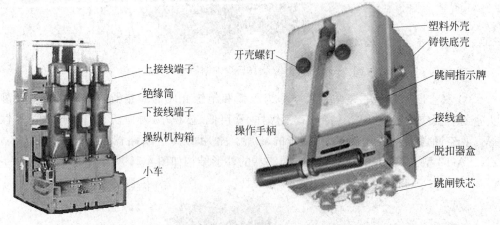

图4-27　LN2-12型SF$_6$断路器的外形结构　　图4-28　CS2型手动操纵机构的外形结构

② CD系列电磁操纵机构。该操纵机构不仅可手动分合断路器，更主要的是可通过其跳、合闸线圈远距离分合断路器，而且还可进行自动重合闸。它合闸功率大，但需直流操作电源。图4-29是CD10型电磁操纵机构的外形结构。电磁操纵机构CD10根据所操作断路器的断流容量不同，可分为CD10-10Ⅰ、CD10-10Ⅱ和CD10-10Ⅲ这3种。电磁机构分、合闸操作简便，动作可靠，但结构较复杂，需专门的直流操作电源，因此，一般在变压器容量630kV·A以上、可靠性要求高的高压开关中使用。

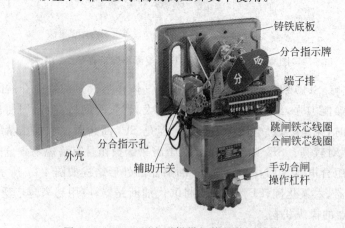

图4-29　CD10型电磁操纵机构的外形结构

③ CT 系列弹簧储能操纵机构。该操纵机构既可手动分合断路器,又能在储能弹簧的配合下远距离电磁分合闸,还可实现一次重合闸。操作电源交、直流均可,因而其保护和控制装置可靠、简单。虽然结构复杂,价格较贵,但其应用已越来越广泛。

CT19 型弹簧操纵机构的外形结构如图 4-30 所示。CT19 型弹簧操纵机构用来操作 10kV 手车柜中 ZN28 型高压真空断路器以及与之相当的其他高压断路器分合闸。机构合闸弹簧的储能方式有电动机储能和手动储能两种。合闸操作有合闸电磁铁及手动按钮操作两种。分闸操作有分闸电磁铁、过电流脱扣电磁铁及手动按钮操作 3 种。

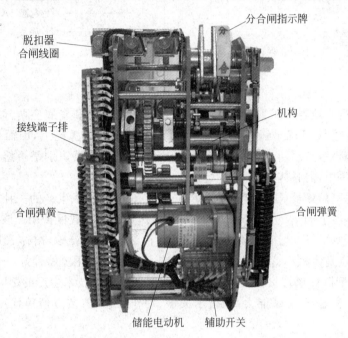

图 4-30 CT19 型弹簧操纵机构的外形结构

SN10-10 型断路器可配 CS 型手动操纵机构、CD10 型电磁操纵机构或 CT 型弹簧操纵机构;真空断路器可配 CD 型电磁操纵机构或 CT 型弹簧机构;SF_6 断路器主要采用弹簧、液压操纵机构。

(4) 高压断路器的图形符号

4.2.7 低压熔断器以及低压开关设备

1. 低压熔断器

低压供配电系统中,熔断器的功能主要是实现短路保护。但由于熔断器作为动力负荷保护设备时的保护特性整体不太理想,故其应用将越来越少。

低压熔断器的类型很多,国产的有磁插式(RC)、螺旋式(RL)、密封管式(RM)、有填料封闭管式(RT)以及引进技术生产的有填料管式 gF、aM 系列和具有高分断能力的 NT 系列等。低压供配电系统中用得最多的是 RT0 有填料封闭管式熔断器，其次是 RM10 密闭管式熔断器。

国产低压熔断器全型号的表示和含义如下。

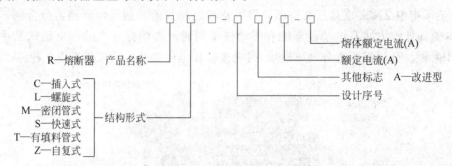

(1) RT0 型有填料封闭管式熔断器主要由方形瓷熔管和瓷底座两部分组成。熔管内装有铜熔体(栅状)和石英砂。这种熔断器具有较强的灭弧能力，因而属限流式熔断器。当熔体熔断后，其熔断红色指示帽弹出，以方便工作人员识别是否熔断。熔体熔断后的熔管不能再用，需整体更换。

(2) NT 系列熔断器(国产型号为 RT16 系列)是引进技术生产的一种具有高分断能力的熔断器，应用于 660V 及以下低压开关柜中，作短路和过载保护用。该系列熔断器外形结构与 RT0 型相似。熔管为高强度陶瓷管，内装优质石英砂，熔体采用优质材料制成。其主要特点是体积小、重量轻、功耗小、分断能力高以及限流特性好。

(3) gF 系列圆柱形管状有填料管式熔断器也属于引进技术生产的熔断器，这种熔断器具有体积小、密封好、分断能力高、指示灵敏、动作可靠、安装方便等优点，适用于低压供配电系统。

有填料封闭管式熔断器的外形结构如图 4-31 所示。

熔断器的图形符号与高压一般熔断器的图形符号相同。

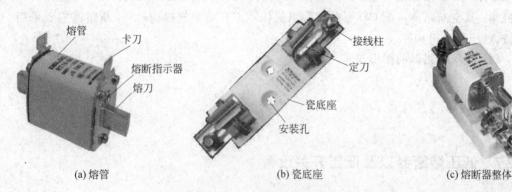

(a) 熔管　　　　　(b) 瓷底座　　　　　(c) 熔断器整体

图 4-31　有填料封闭管式熔断器的外形结构

2. 低压刀开关

低压刀开关按其操作方式可分为单投和双投刀开关；按其极数可分为单极、双极和三极刀开关；按其灭弧结构可分为不带灭弧罩和带灭弧罩刀开关。

不带灭弧罩的刀开关只能在无负荷下操作，作为隔离开关使用；带有灭弧罩的刀开关虽然能通断一定量较小的负荷电流，但一般也作为隔离开关使用。常用的低压刀开关为 HD 系列以及 HS 系列等。

刀开关全型号的表示及含义如下。

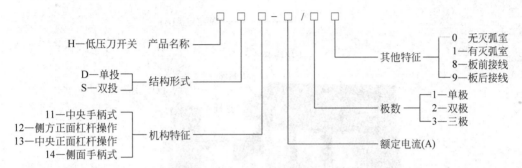

图 4-32 所示为 HD13 型低压刀开关的外形结构。

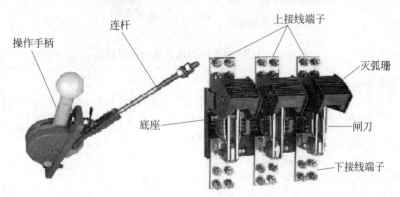

图 4-32　HD13 型低压刀开关的外形结构

低压刀开关的图形符号如下。

3. 低压刀熔开关

低压刀熔开关又称熔断器式刀开关，是一种由低压刀开关与低压熔断器组合而成的低压开关电器。常见的低压刀熔开关型号有 HR3、HR5 等型。其熔断器配以有填料封闭管式熔断器，如 RT0、RT16 型熔断器。刀熔开关具有刀开关和熔断器的双重功能。HR5 型较之 HR3 型的主要区别是用 RT16 或 NT 型低压高分断熔断器取代了 RT0 型熔断器作短路保护。

图 4-33 所示为 HR3 型低压刀熔开关的外形结构。

低压刀熔开关全型号的表示和含义如下。

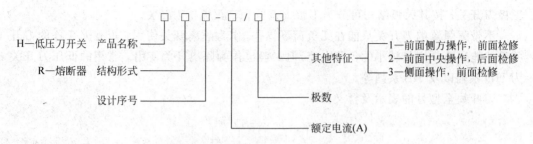

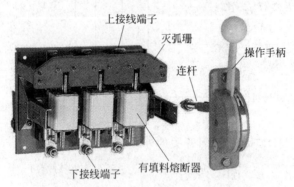

图 4-33　HR3 型低压刀熔开关的外形结构

低压刀熔开关的图形符号如下。

4. 低压断路器

低压断路器又称空气开关，是低压供配电系统中最重要的电器元件。低压断路器不仅能带负荷接通和切断电路，而且能在电路发生短路、过负荷甚至失压状态时自动跳闸，切断故障电路，还可根据需要配备远距离控制的电动操动机构，有的智能型低压断路器还可实现联网控制。

低压断路器的工作原理示意图可用图 4-34 来说明。当线路上出现短路故障时，其过流脱扣器动作，使开关跳闸。当出现过负荷时，串联在一次线路中的加热电阻丝被加热，使得双金属片弯曲，从而使开关跳闸。当线路电压严重下降或电压消失时，其欠压或失压脱扣器动作，同样使开关跳闸。如果按下分励脱扣按钮，将使分励脱扣器通电，则可使开关远距离跳闸。

断路器中安装有不同的脱扣器，其作用如下所述。

① 热脱扣器：用于线路或设备长时间过负荷保护，当线路电流出现较长时间过载时，金属片将受热变形，使断路器跳闸。

② 过流脱扣器：主要用于短路保护，当电流大于动作电流时自动断开断路器。过流脱扣器的动作特性有瞬时、短延时和长延时 3 种。

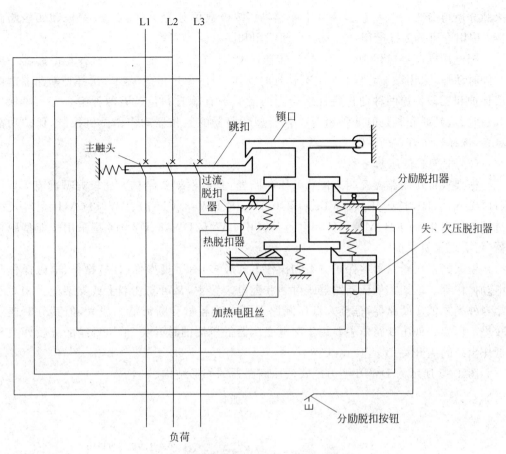

图 4-34 低压断路器的工作原理示意图

③ 复式脱扣器：既有热脱扣器又有过流脱扣器的功能。

④ 分励脱扣器：用于远距离跳闸（远距离合闸操作可采用电磁铁或电动储能合闸）。

⑤ 失压或欠电压脱扣器：用于失电压（零压）或欠电压保护，当电源电压消失或低于定值时自动断开断路器。

(1) 低压断路器的型号

国产低压断路器全型号的表示和含义如下：

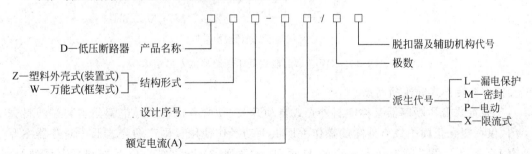

(2) 低压断路器的类型

低压断路器的类型很多，按结构可分为框架式（万能式）和装置式（塑料外壳式）；按灭弧介质可分为空气断路器和真空断路器；按极数可分为单极、双极、三极和四极断路器；按用途可分为配电用、电动机用、照明用和漏电保护用等。

配电用断路器按保护性能可分为非选择型、选择型和智能型。非选择型断路器一般为瞬时动作，只用做短路保护；也有长延时动作，只用做过负荷保护。选择型断路器由两段保护和三段保护两种动作特性组合。两段保护有瞬时和长延时两种组合。三段保护有瞬时、短延时和长延时3种组合。智能型断路器的脱扣器动作由微机控制，保护功能更多，选择性更好。

（3）框架式低压断路器

框架式低压断路器又叫万能式低压断路器，具有框架式结构。比较典型的有DW15(H)、DW16、DW17(ME)、DW18、DW40、DW45、DW48(CB11)、DW914(AH)型等及引进国外技术生产的H、ME、AH系列等。其中DW45、DW48、DW914型采用智能型脱扣器，可实现微机保护。

框架式低压断路器的保护方案和操作方式较多，有手柄操作、杠杆操作、电磁操作和电动操作等。框架式低压断路器既可装在配电装置中，又可安在墙上或支架上。相对于塑料外壳式低压断路器，框架式低压断路器的电流容量和断流能力较大，但其分断速度较慢。框架式低压断路器主要用于配电变压器低压侧的总开关、低压母线的分段开关和低压出线的主开关。

图4-35所示为DW16型万能式低压断路器的外形结构。

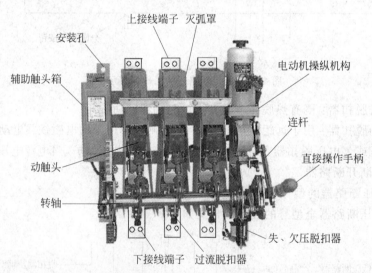

图4-35 DW16型万能式低压断路器的外形结构

（4）装置式低压断路器

装置式低压断路器又称塑料外壳式自动开关，其所有机构及导电部分均装在塑料壳内，仅在塑壳正面中央有外露的操作手柄供手动操作使用。国产塑壳式低压断路器主要有DZ系列及引进国外技术生产的H系列、S系列、3VL系列、TO系列和TG系列等。其中DZ23、DZ47、S等小型断路器采用不可开盖的铆接形式。

塑壳式低压断路器主要有热脱扣器保护和过流脱扣器保护两种，一般采用直接手动操作，其电流容量和断流容量较小，但分断速度较快（断路时间一般不大于 0.02s），结构紧凑，体积小，重量轻，操作简便，封闭式外壳的安全性好。因此，它被广泛用做容量较小的配电支线的负荷端开关、不频繁启动的电动机开关、照明控制开关和漏电保护开关等。

图 4-36 所示为 DZ20 和 DZ47 型塑料外壳式低压断路器的外形结构。

塑料外壳式低压断路器的操作手柄有 3 个位置。

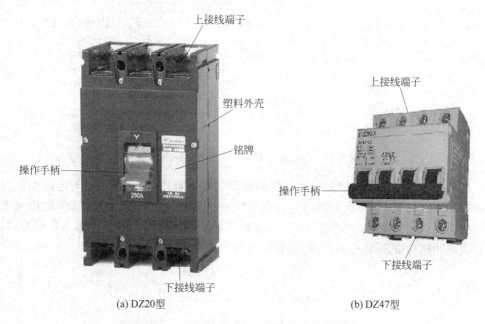

图 4-36　塑料外壳式低压断路器的外形结构

(5) 带漏电保护的断路器

带漏电保护功能的断路器相当于把漏电保护器和断路器组合起来的一种电器设备。

漏电保护器又称"剩余电流保护器"，简称 RCD(residual current protective device)。漏电保护器是在规定条件下，当漏电电流（又叫剩余电流）达到或超过规定值（例如 30mA）时，能自动断开电路的一种开关电器。它用来对低压配电系统中的漏电和接地故障进行安全防护，防止发生人身触电事故。

漏电保护器按照反应动作的信号可分为电压动作型和电流动作型两类，后者应用较多。电流动作型漏电保护器按脱扣机构的结构又可分为电磁脱扣型和电子脱扣型两类。

电磁脱扣型漏电保护器的原理示意图如图 4-37 所示。它由一个关键器件，即零序电流互感器（线圈）TAN，以及电磁铁和脱扣器组成。当线圈内导线不与线圈外线路或地接触时，穿过零序电流互感器 TAN 的各导线电流相量和为零，零序电流互感器 TAN 二次侧不产生感应电动势，因此磁化电磁铁 YA 的线圈中没有电流，其衔铁靠永久磁铁的磁力保持在吸合位置，使断路器主触头维持在合闸状态。当线圈内导线通过人体或设备与线圈外的地接触发生漏电时，有零序电流穿过互感器 TAN 的铁芯，使其二次侧感生电动势,继而电磁铁 YA 线圈中有交流电流通过,电磁铁衔铁克服弹簧力吸合,作用于脱扣机构,使开关跳闸,从而起到漏电保护的作用。

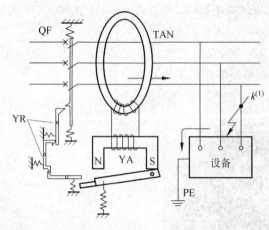

图 4-37　电磁脱扣型漏电保护器的原理示意图

电流动作的电子脱扣型漏电保护器的原理示意图如图 4-38 所示。与电磁脱扣型漏电保护器不同的是,电子放大器 AV 加微型电磁铁替代了较大电磁铁,其他机构基本相同。当发生漏电故障时,互感器 TAN 二次侧感生的电信号经电子放大器 AV 放大后,接通自由脱扣机构 YR,使开关跳闸,起到漏电保护的作用。

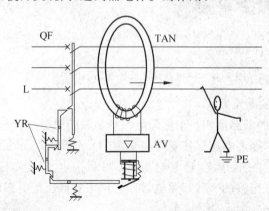

图 4-38　电子脱扣型漏电保护器的原理示意图

根据零序电流互感器的工作原理,某一瞬间"流入"电流互感器电流的矢量与"流出"电流互感器电流的矢量和为零时,零序电流互感器就不会有感应电流出现。所以,不管穿过零序电流互感器铁芯有几根导线,电流(负载电流或其他电流)只要在这些导线之间流动,即使是这几根导线之间的相间短路或是这几根导线之间的相线与零线之间的短路,零序电流互感器都不会有感应电流出现;只有当穿过零序电流互感器铁芯的导线与未穿过零序电流互感器铁芯的导线或大地等之间有电流(即漏电流)存在时,零序电流互感器才会有感应电流出现,当"漏电流"达到一定量时,断路器就会因"漏电"而跳闸。

需要注意以下几点:

① 为确保人身安全,任何时候都不得将 PE 线接入断路器。

② 根据保护原理,带漏电保护的断路器下方只要有单相负荷(即使是220V信号指示灯),就必须将零线接入断路器。因此,只有单相负荷时,断路器可为单极两线或两极两线或三极四线或四极四线;只有三相负荷或两相负荷时,可为三极三线;既有三相负荷又有单相负载时,其极数必须是三极四线或四极四线。

③ 需要多极装设带漏电保护的断路器时,线路末端装设的RCD通常为瞬动型,动作电流通常取为30mA;其前一级RCD最长动作时间为0.15s,动作电流则为300～500mA,以保证前后RCD动作的选择性。

(6) 智能断路器

智能型万能式断路器用于交流50Hz,额定工作电压为380V或660V的配电网络中,主要用来分配电能和保护线路及电源设备免受过负荷、欠电压、短路、单相接地等故障的危害。智能断路器具有智能化保护功能,选择性保护精确,能提高供电可靠性,避免不必要的停电,并带有开放式通信接口,可实现遥控、遥调、遥测、遥信,以满足集控中心和自动化系统的要求。

按安装方式分,智能型万能式断路器有固定式和抽屉式;按极数分有三极和四极;按操作方式分有电动和手动(检修和维护时用)。

智能型万能式断路器型号含义如下。

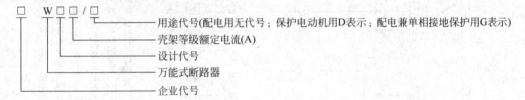

图4-39所示为NLW1(DW45)智能型万能式断路器的外形结构。

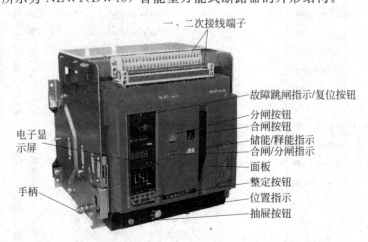

图4-39 NLW1(DW45)智能型万能式断路器的外形结构

NLW1系列额定电流为630～3200A,产品符合IEC 60947—2标准。该断路器二次接线如图4-40所示。

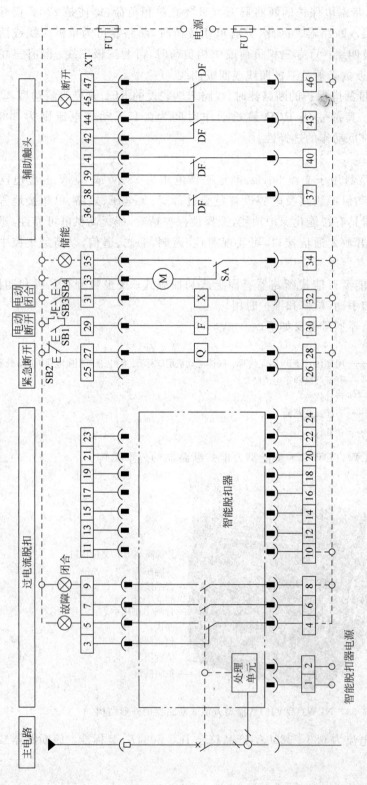

图 4-40 NLW1 智能型万能式断路器二次接线

SB3—合闸按钮；SB4—电机储能按钮；Q—欠电压（瞬时或延时）脱扣器；F—分励脱扣器；X—闭合电磁铁；M—储能电机；SA—电动机行程开关；XT—接线端子；33—可直接接电源（自动预储能）；虚线部分由用户自接；若 Q、F、X 与智能脱扣器额定电压不同时，可分别接电源，智能脱扣器为直流时，1 为正极，2 为负极；FU—熔断器（用户自备）；J—继电器常开（用户自备）；远距离控制断路；DF—辅助触头；10—RS-232(通信)输出；11—RS-232(通信)输入；12—RS-232(通信)地线；13—瞬时脱扣器信号输出；14—短延时脱扣信号输出；15—长延时脱扣信号输出；16—接地故障脱扣信号输出；17—卸负载 1 信号输出；18—卸负载 2 信号输出；19—信号输出地线；20—脱扣器故障信号输出；21—脱扣器信号（可供执行元件）；SB1—分励按钮；SB2—失压按钮

(7) 低压断路器的图形符号

4.3 工厂变配电所的主接线

表示变配电所电能输送和分配路线的接线图称为变配电所的电气主接线,也称为一次接线图、主电路图或一次电路图。主电路当中的设备称一次设备。用来保护、控制、指示、测量主电路及其设备运行的电路称为二次电路。

电气主接线通常按单线制绘制,即用一根线表示三相电路,有必要时,只在个别区域采用展开画法,即一根线表示一相电路。

电气主接线的绘制应符合以下基本要求。

(1) 安全性。应符合国家标准和有关技术规范的要求,能充分保证人身和设备的安全。

(2) 可靠性。应满足各级用电设备对供电可靠性的要求,主接线方案应与负荷级别相适应。

(3) 灵活性。应能适应各种不同的运行方式,便于操作和检修,并能适应负荷发展。

(4) 经济性。在满足上述要求的前提下,尽可能使主接线简单,投资少,运行费用低。

按照一次设备安装方式的不同,变配电所主接线有无柜"散装"开关式接线和有柜式接线之分;按照母线的不同形式,可分为无母线和有母线两种。有母线又包括单母线、双母线、单母线带旁路母线和双母线带旁路母线等接线;而单、双母线又有分段和不分段之分。双电源或双回路无母线主要有桥形接线,桥形接线又有内桥式和外桥式之分。

4.3.1 高压主接线方案

1. (6~10)/0.4kV 车间变电所高压侧主接线

(1) 无柜"散装"开关式接线

采用此种接线方式的车间变电所,通常只有一台小型变压器,而且容量在500kV·A以下。根据具体情况,变压器可安装在室内或室外。高压侧无需开关柜,采用一些"散装"开关如高压隔离开关、高压跌开式熔断器等,这些开关安装在墙上或固定的支架上。对于紧挨着高压配电所的变电所,有时其高压侧甚至连开关都没有。该接线方式适合于小容量不重要的三级负荷供配电系统。图4-41所示为常见的车间变电所"散装"开关式接线。

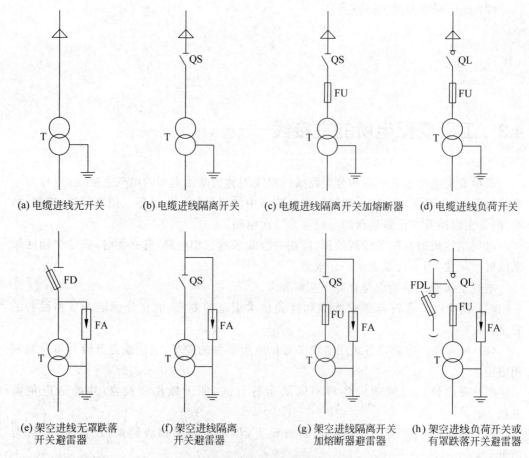

图 4-41 常见的车间变电所"散装"开关式接线

以上几种接线方式中,较常见的是高压侧采用跌开式熔断器的方式。采用隔离开关和跌开式熔断器接线方式的室外杆上变电台结构如图 4-42 所示。

(2) 单柜式接线

单柜式接线高压侧采用一电源一柜式接线,柜中主要设置断路器 QF,如图 4-43 所示。这种主接线由于采用了高压断路器,因此变电所的停、送电操作十分灵活方便。由于高压断路器可配置继电保护,因此,在本级或下一级发生过电流时能瞬时或延时自动跳闸,在短路故障消除后,可迅速合闸,从而提高了供电可靠性。如果该接线只有一路电源进线(图 4-43(a)),一般只用于三级负荷;当变电所采用两路电源进线(图 4-43(b)),供电可靠性得到相应提高时,可供电给二级负荷或少量一级负荷。

(3) 有柜单母线式接线

① 单母线不分段接线。图 4-44 所示为采用 XGN2-12 固定式开关柜的单母线不分段接线(未画计量柜、TV 柜),此接线方式适用于一路电源进线的情况。其特点是:整个变电所只有一组母线,电源进线和所有出线都接在同一组母线上。

单母线接线简单,操作方便,投资少,便于扩建,但可靠性和灵活性较差。进线开关检修或故障时,各支路都必须停止工作;出线的断路器检修时,该支路要停止供电。因

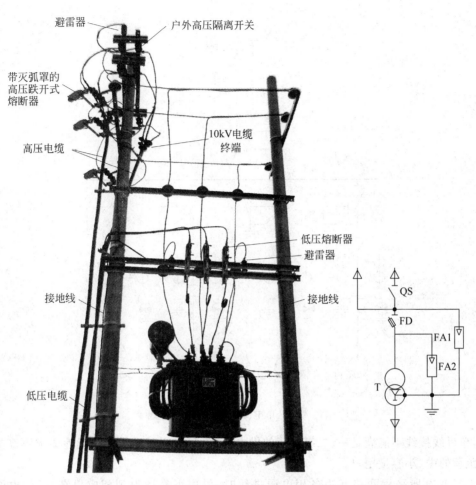

图 4-42　采用隔离开关和跌开式熔断器接线方式的室外杆上变电台结构

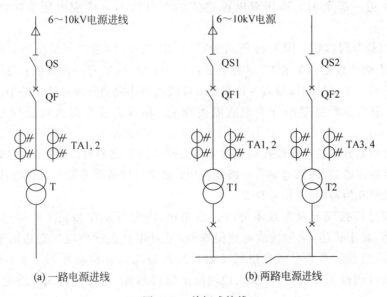

(a) 一路电源进线　　　　　(b) 两路电源进线

图 4-43　单柜式接线

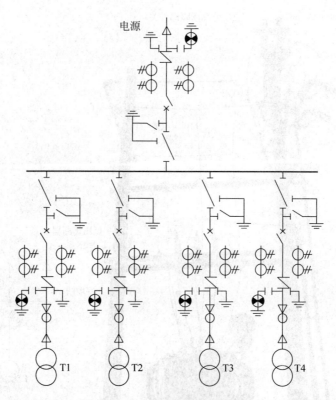

图 4-44 单电源单母线不分段接线

此，单母线接线不能满足一、二级负荷的供电要求，只适用于对供电连续性要求不高的三级负荷的中、小容量用户。

当变电所采用两路互为备用电源进线时，供电可靠性得到相应提高，可供电给二级负荷或少量一级负荷。高压双电源进线的单母线不分段变电所主接线如图 4-45 所示。

② 单母线分段接线。图 4-46 所示为采用 XGN2-12 固定式开关柜的双电源单母线分段接线（未画计量柜、TV 柜）。其特点是：有一个电源，就有一段母线；每段母线各设一个计量柜和一个 TV 柜以及若干出线柜；母线之间用隔离开关或带断路器的母联柜连接；进线可采用带断路器的开关柜或隔离开关；出线负荷尽最大可能均分到每段母线上。

采用断路器分段的单母线接线在正常运行时分段断路器可以投入，也可以断开。如果分段断路器接通，则两路电源有一路作备用；如果分段断路器断开，则两路电源同时工作。两段母线互为备用，又相互独立。

单母线分段接线与单母线不分段接线相比，供电可靠性和灵活性得到大大提高，且调度灵活，易于扩建，除母线故障或检修外，可对用户连续供电。它适用于两路电源进线，出线回路数较多的车间变电所。如果装设备用电源自动投切装置（APD），以及分段断路器自动投入装置，还可极大地提高供电可靠性，该接线方式可供电给一、二级负荷。

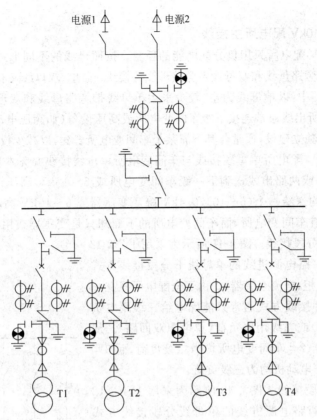

图 4-45 双电源单母线不分段接线

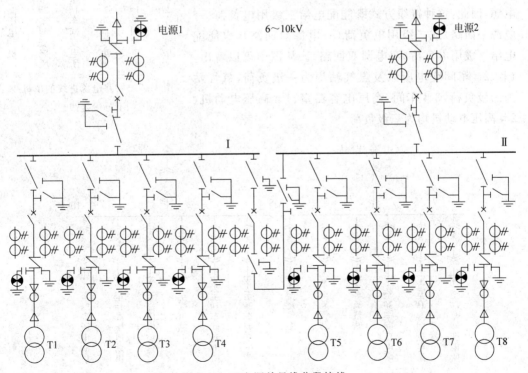

图 4-46 双电源单母线分段接线

2. 工厂 6~10kV 配电所主接线

工厂 6~10kV 配电所只担负分配电能的任务。按照母线的不同形式,可分为单母线、双母线、单母线带旁路母线和双母线带旁路母线等接线;而单、双母线又有分段和不分段之分。在中小型工厂中,以单母线为主,较少采用单母线带旁路母线和双母线接线方式。工厂 6~10kV 配电所出线通常连接下级车间变电所或高压设备(如高压电动机等),工厂 6~10kV 配电所很少独立建设,通常与其下属某个车间变电所合建,以减少投资和运行费用。

工厂 6~10kV 配电所单母线接线与车间变电所单母线接线并无本质差异,所不同的是,配电所的一路或两路出线送到下一级车间变电所或 6~10kV 高压设备,而车间变电所的每一路出线均送给一个(6~10)/0.4kV 降压变压器或 6~10kV 高压设备。换言之,配电所的下面还有车间变电所,而车间变电所的下面却只是变压器或用电设备。

① 单母线不分段接线。图 4-47 所示为采用 JYN2-12 移开式开关柜的一路电源进线的单母线不分段接线方式(未画计量柜、TV 柜、电流互感器)。由于全配电所只有一个电源,所以,这种接线方式通常只能配电给三级用电负荷(单电源单回路)或二级用电负荷(单电源双回路)。从图中可以看出,1#、2# 车间变电所均为二级负荷,而 3# 车间变电所和高压电动机均为三级负荷。

② 单母线分段接线。图 4-48 所示为采用 JYN2-12 移开式开关柜的两路电源进线的单母线分段接线方式(未画计量柜、TV 柜、电流互感器)。由于配电所有两个电源,因此,这种接线方式既能配电给三级用电负荷(一电源一回路)或二级用电负荷(一电源双回路),也能配电给一级用电负荷(双电源双回路)。从图中可以看出,1#、2# 车间变电所以及煤气站均为一级负荷,氧气站为二级负荷,3# 车间、高压电容器室、1# 高压电动机、2# 高压电动机均为三级负荷。

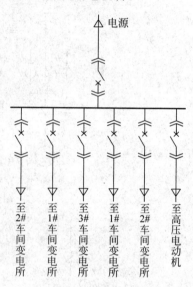

图 4-47 一路电源进线的单母线不分段接线

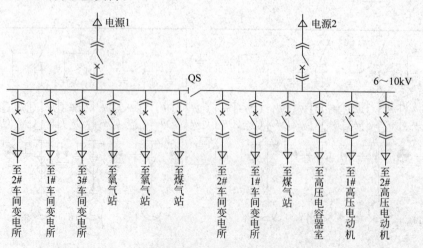

图 4-48 两路电源进线的单母线分段接线

3. 工厂 35kV 总降压变电所主接线

35kV 及以上进线的大中型工厂，一般先经工厂总降压变电所将 35kV 及以上电压降为 6～10kV，然后经车间变电所再降为 220/380V。35kV 总降压变电所有室外型和室内型两种。室外型采用无柜"散装"开关，而室内则采用开关柜（如 GBC-40.5 型手车柜）的形式。下面是 35kV 室外"散装"开关型总降压变电所较常见的主接线方案。

（1）一路电源进线、一台主变压器的总降压变电所主接线

一路电源进线、一台主变压器的总降压变电所主接线如图 4-49 所示。变电所 35kV 侧不设母线，采用高压断路器作为主开关。其特点是简单经济，但供电可靠性不高，适用于三级负荷的工厂。

（2）两路电源进线、两台主变压器的总降压变电所主接线

① 35kV 侧采用内桥接线的总降压变电所主接线如图 4-50 所示。该主接线 35kV 侧的高压断路器 QF10 跨接在两路电源进线之间，而且处于断路器 QF11 和 QF12 靠近变压器一侧。这种接线的运行灵活性较好，供电可靠性较高，适用于一、二级负荷的工厂。正常运行时，QF10 断开，各路供给各自变压器。如果某一路电源停电检修或发生故障时，则先断开该路断路器，投入 QF10 即可恢复供电。

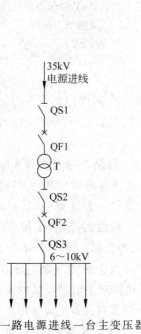

图 4-49　一路电源进线一台主变压器的总降压变电所主接线

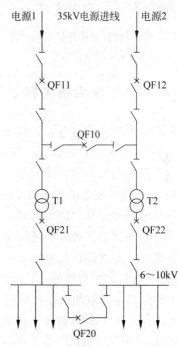

图 4-50　35kV 侧采用内桥接线的总降压变电所主接线

② 35kV 侧采用外桥接线的总降压变电所主接线如图 4-51 所示。这种主接线 35kV 侧的高压断路器 QF10 也跨接在两路电源进线之间，但处于断路器 QF11 和 QF12 靠近电源进线一侧。该主接线的运行灵活性和供电可靠性与内桥接线相同，适用于一、二级负荷的工厂。

③ 35kV 侧采用单母线分段的总降压变电所主接线如图 4-52 所示。这种主接线兼

有上述两种桥式接线运行灵活的优点,但所用高压开关设备较多,投资较大,可对一、二级负荷供电,适用于一、二次侧进出线均较多的场所。

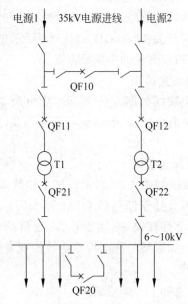

图 4-51　35kV 侧采用外桥接线的总降压变电所主接线

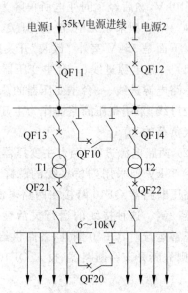

图 4-52　35kV 侧采用单母线分段的总降压变电所主接线

4.3.2　6～10kV 配电所主接线示例

高压配电所担负着从电力系统接受电能并向各车间变电所及高压用电设备配电的任务。图 4-53 所示为某中型工厂 10kV 配电所采用 KYN28-12 开关柜的主接线(与其合建的 2 号车间变电所的主接线如图 4-57 所示)。

图 4-53 中高压配电所共设有 14 面高压开关柜、两路电源进线和 6 路高压出线,各个设备和导线电缆的型号规格均已标注于图中。该高压配电所的两路 10kV 电源进线均为电缆进线。在两路电源进线的进线开关柜之前各装设一台计量柜,其中的电压互感器和电流互感器只用来连接计费电能表。进线采用高压断路器控制,使得切换操作非常灵活方便,配合继电保护和自动装置后使供电可靠性大为提高。图中 10kV 母线,采用带高压断路器的母线联络柜联络的单母线分段制。每段母线上设置一面电压互感器柜,进线和出线上均串接电流互感器,满足了测量、监视、保护和控制主电路设备的需要。两路进线既可独立运行,又可互为备用。独立运行时联络柜断路器打开;互为备用运行时联络柜断路器闭合。如果一路电源进线发生故障或进行检修,则在切除该进线后,投入另一路电源即可使整个配电所恢复供电。如果采用备用电源自动投切装置(APD),则供电可靠性可得到进一步提高。为了防止雷电过电压侵入配电所时击毁其中的电气设备,各段母线上都装设了避雷器。避雷器与电压互感器同装在一个高压柜内。该高压配电所共有 6 路高压出线:两段母线各配出 1 路给 2 号车间变电所;左段母线的另外两路分别配电给 1♯车间变电所和 1♯高压电动机,右段母线的另外两路分别配电给 3♯车间变电所和 2♯高压电动机。

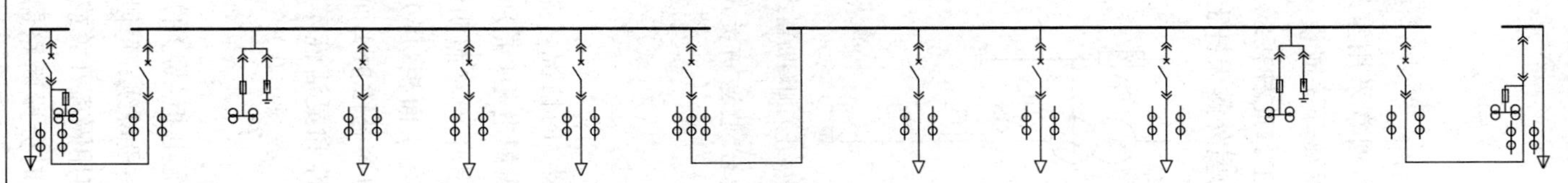

方案编号	070	009	042	001	001	011	053	001	001	001	042	007	071
一次接线方案													
主要设备元件	真空断路器(VD4或VS1)	1			1	1	1		1	1	1		1	
	电流互感器LZZBJ9	2	2		2	2	3		2	2	2		2	2
	电压互感器JDZ10	JDZ10×2		JDZ10×2								JDZ10×2		JDZ10×2
	高压熔断器RN2-10	3		3								3		3
	接地开关JN15			3								3		
	避雷器HY5WS2-17/50													
电缆		YJ22-10-3×120			YJ22-10-3×35	YJ22-10-3×35			YJ22-10-3×35	YJ22-10-3×35	YJ22-10-3×35			YJ22-10-3×120
回路名称		计量	进线1	电压测量	馈电1	馈电2	馈电3	母线联络	母线联络	馈电4	馈电5	馈电6	电压测量	进线2	计量
回路走向		供电局201线			至1#高压电动机	至2#变电所1#变	至3#变电所1#变			至2#变电所2#变	至3#变电所2#变	至2#高压电动机			至供电局203线

图 4-53 某中型工厂 10kV 配电所主接线

4.3.3 车间变电所低压主接线方案

1. 无屏"散装"开关式接线

某些用电量很小且为三级负荷的小型工厂,通常采用室外露天杆上变电台的形式为车间供电。其低压侧只随杆装设低压熔断器或隔离开关或设一总开关箱,箱内安装低压断路器作为低压侧总开关。配电方式以树干式为主。此种接线方式通常只有一台小型变压器,而且容量在 315kV·A 以下。图 4-54 所示为室外露天杆上变电台"散装"开关式接线。

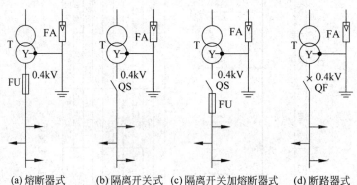

图 4-54 室外露天杆上变电台"散装"开关式接线

2. 单母线式接线

(1) 单母线不分段接线

单母线不分段接线适合于 1 路电源(变压器)的情况。柜(屏)中主要设置低压断路器或刀熔开关,图 4-55 所示为采用 GCK 抽屉式配电柜(屏)的单母线不分段接线。图中有 1 路架空电源进线(1 台变压器);7 路出线,其中 4 路照明线(3 互感器式),3 路动力线(1 互感器式);另有若干补偿电容器。全所共有 4 面柜(屏):GCK-02 进线柜(屏)1 面;GCK-14、GCK-24 出线柜(屏)各 1 面;GCK-15 电容补偿柜 1 面。

单母线接线简单、操作方便,投资少,可靠性和灵活性不太高,适用于对供电连续性要求不高的中、小容量用户。

(2) 单母线分段接线

图 4-56 所示为采用 GGD2 型固定式低压配电柜(屏)的双电源单母线分段接线(未画电容补偿柜)。其特点是:有一个电源,就有一段母线;每段母线各设一个进线柜(屏)和若干出线柜(屏)以及若干电容补偿柜;母线之间用隔离开关或带断路器的母联柜连接。

采用断路器分段的单母线接线在正常运行时分段断路器可以投入,也可以断开。如果分段断路器接通,则两路电源有一路作备用;如果分段断路器断开,则两路电源同时工作。两段母线互为备用,又相互独立。

单母线分段接线与单母线不分段接线相比,供电可靠性和灵活性得到大大提高,它适用于两路电源进线(两个变压器),出线回路数较多的车间变电所。该接线方式可供电给一、二级低压负荷。

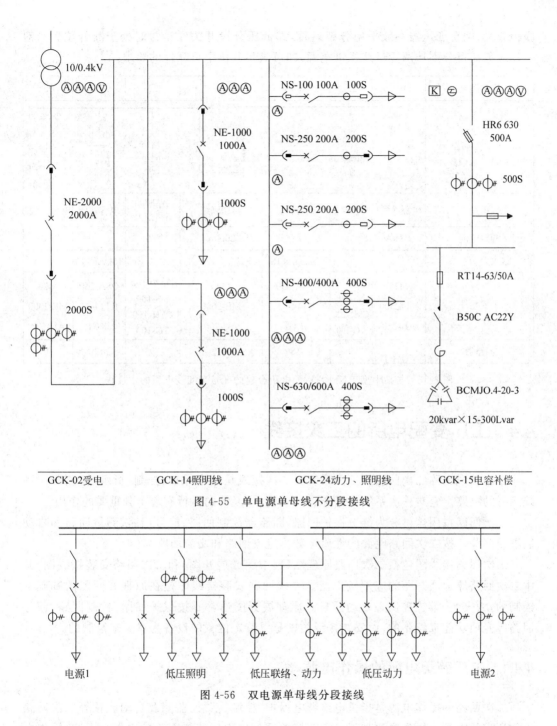

图 4-55 单电源单母线不分段接线

图 4-56 双电源单母线分段接线

4.3.4 低压主接线示例

图 4-57 为与图 4-53 某中型工厂 10kV 配电所合建的 2 号车间变电所的主接线。

图 4-57 所示 2 号车间变电所设有 2 台配电变压器、7 面低压配电柜和 18 路低压出线。各个元件设备和母线的型号规格都在图中做了详细的标注。低压侧采用单母线母

联柜分段,两台变压器一般采用分裂运行,即低压分段开关在正常时处于断开位置。对于一级负荷可分别从两段母线提供电源,即可满足其供电可靠性的要求。

方案编号	05	22	15	11	22	15	05
一次方案图	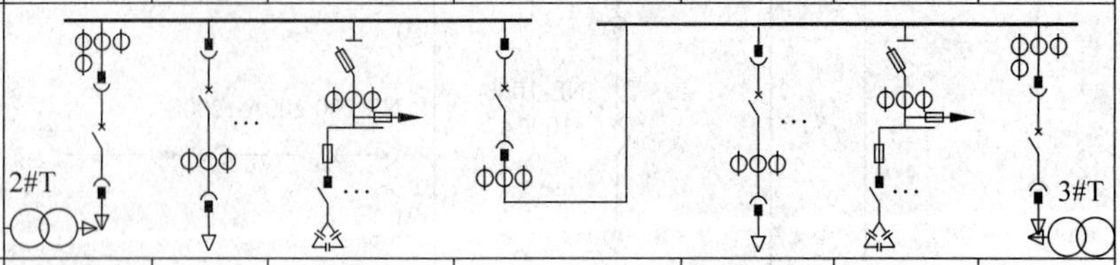 2#T	…			…		3#T
用途	电源进线1	9路动力	电容补偿	母线联络	4路照明 5路动力	电容补偿	电源进线2
额定电流	2500A	100A		2000A	100A		2000A
最大无功补偿			20kvar×15			15kvar×12	
主要元件	M25 ME-2500 AH-250	DZ20-100 NS-100 CM1-100 TG-100	QSA-630 RT14-63 JKC1	M20 ME-2000 AH-200	DZ20-100 NS-100 CM1-100 TG-100	QSA-250 RT14-23 JKC1	M20 ME-2000 AH-200
回路数	1	9	15		9	12	1

图 4-57 与某中型工厂 10kV 配电所合建的 2 号车间变电所的主接线

4.4 工厂变配电所的二次接线

二次接线也称二次回路或二次系统。二次接线是用来保护、控制、指示、监测一次系统运行的电路。它对一次系统的安全、可靠、优质、经济的运行有着十分重要的作用。

二次回路按用途可分为继电保护回路、断路器控制回路、信号回路、测量回路和自动装置回路等。按二次回路电源的性质可分为直流回路和交流回路。

二次回路接线图包括二次回路原理图(集中图或展开图)和二次回路安装接线图,其中二次回路原理展开图的应用较广泛。二次回路安装接线图是在原理展开图的基础上绘制的,为安装、维护提供必要的信息。原理展开图通常是按保护回路、控制回路、信号回路等专项功能来绘制的,而安装接线图则是以特定位置的设备为对象来绘制的。

4.4.1 工厂变配电所的操作电源

二次回路的操作电源是指供电给继电保护、控制、信号、监测及自动装置等二次回路工作所需的电源。操作电源是否可靠直接关系到二次回路能否正常工作。因此,操作电源必须安全可靠,不受供电系统运行情况的影响,能保持不间断供电;其次容量要足够大,应能够满足供电系统正常运行和事故处理所需要的容量。

操作电源有直流和交流两大类。直流操作电源工作稳定,可靠性较高,一般用于大、中型变配电所;交流操作电源工作稳定性和可靠性较差,一般用于小型变配电所。

1. 直流操作电源

工厂变配电所的直流操作电源有带镉镍电池的硅整流直流系统和带电容储能装置的硅整流直流系统两种类型，均以直流电源屏形式安装于变配电所。屏内装置以模块化结构设计，便于安装调试。

（1）带镉镍电池的硅整流直流系统

变配电所常用的镉镍电池直流系统有多种方案，一般由镉镍电池组、硅整流设备和直流配电设备组成，其接线如图 4-58 所示。该系统由一组镉镍电池、两套硅整流装置、一套微机控制的监控装置、闪光装置、直流母线以及两路交流电源进线自动切换装置等组成。

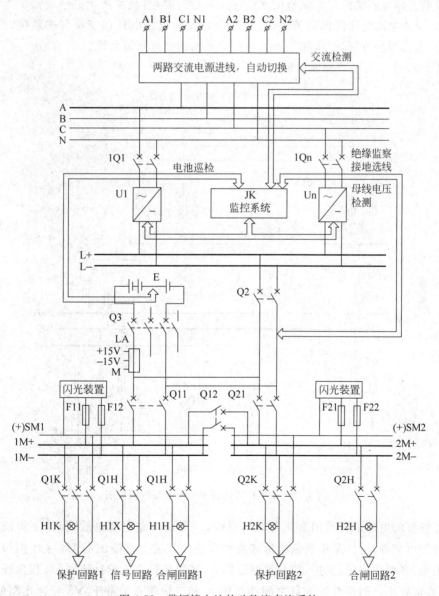

图 4-58　带镉镍电池的硅整流直流系统

正常情况下，硅整流器有直流电压输出，电池组接入直流母线以浮充方式工作。交流电源失电时，蓄电池释放电能用以向控制等回路临时供电。由单片机组成的监控系统负责蓄电池的巡检、整流器的自动投切、直流母线电压检测、绝缘监察等工作。绝缘监察装置用来监测正负母线或直流回路对地绝缘电阻。当某一母线对地绝缘电阻降低时动作并发出信号。闪光装置主要提供灯光闪光电源。

带镉镍电池的硅整流直流系统不受供电系统运行情况的影响，其可靠性高、使用寿命长、大电流放电性好，但投资相对较大。这种形式的直流操作电源一般用于相对重要用户的变配电所。

（2）带电容储能装置的硅整流直流系统

带电容储能装置的硅整流直流系统在正常运行时，直流系统由硅整流器供电。当系统故障、交流电源电压降低或消失时，由电容储能装置放电从而使得保护跳闸。该系统投资少，运行维护方便，但可靠性不如带蓄电池的硅整流直流系统。

图4-59所示为电容储能的硅整流直流系统原理图。

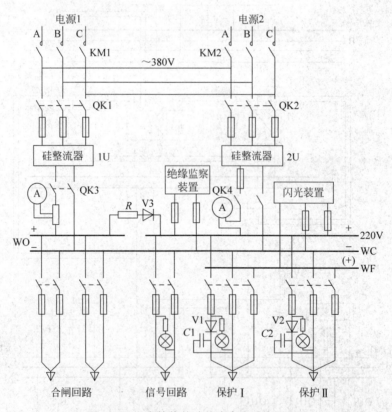

图 4-59 电容储能的硅整流直流系统原理图

硅整流的电源来自所用变压器低压母线，一般设一路电源进线，但为了保证直流操作电源的可靠性，可以采用两路电源和两台硅整流装置。硅整流器 U1 主要用做断路器合闸电源，并可向控制、保护、信号等回路供电，其容量较大。硅整流器 U2 仅向操作母线供电，容量较小。两组硅整流器之间用电阻 R 和二极管 V3 隔开，V3 起逆止阀的作用，它只允许从合闸母线向控制母线供电而不能反向供电,以防在断路器合闸或合闸母线侧发生短路时,引起控制母线的电压严重降低,进而影响控制和保护回路供电的可靠性。电阻 R 用于限制在控制母线侧发生短路时流过硅整流器 U1 的电流,起保护 V3 的作用。在硅整流器 U1 和 U2 前,也可以用整流变压器来实现电压调节。整流电路一般采用三相桥式整流电路。在这种系统的直流操作电源的母线上引出若干条线路,分别向各回路供电,如合闸回路、信号回路、保护回路等。在保护供电回路中,C1、C2 为储能电容器组,电容器所储存的电能仅在事故情况下用做继电保护回路和跳闸回路的操作电源。逆止元件 V1、V2 的主要作用是在事故情况下,当交流电源电压降低引起操作母线电压降低时,禁止向操作母线供电,而只向保护回路放电。

在变配电所中,保护、控制和信号系统设备按各自功能分设于继保屏、控制屏、信号屏等当中,并在屏顶安装合闸回路、信号回路、保护回路操作电源小母线排,分别向各回路供电。屏顶小母线的电源由直流电源屏提供。

2. 交流操作电源

交流操作电源通常取自所用变压器或电流互感器及电压互感器。交流操作电源可分为电流源和电压源两种。电流源取自电流互感器,主要供电给继电保护和跳闸回路。电压源取自变配电所的所用变压器或电压互感器。交流操作的断路器操动机构应采用交流操作电源,相应的断路器的保护继电器、控制设备、信号装置及其他二次元件均应采用交流形式。

继电保护回路操作电源有两部分,启动继电器(电流继电器)线圈回路由电流互感器提供,其余回路的操作电源由电压源(来自于所用变压器或能提供 220V 电压的电压互感器)提供。高压断路器分合闸回路、信号回路、自动装置等的操作电源也由所用变压器或能提供 220V 电压的电压互感器(如 JSZV 型)提供。由所用变压器提供操作电源的,所用变压器应装设于主电路进线首端,以确保事故状态下可靠运行。采用微机保护的二次系统,如使用交流操作电源,则微机装置应自备直流开关电源。

采用交流操作电源的二次回路简单,投资小,维护方便,在中小型变电所中应用较广。但其可靠性较低,不便储能,不适用较复杂的二次系统。

4.4.2 工厂供配电系统的继电保护

1. 继电保护的任务和要求

(1) 继电保护装置的任务

继电保护装置是在电力系统发生故障和异常状态时,能及时报警并作用于断路器跳闸以切断故障回路的电气装置。按照使用电气装置的不同,有常规继电器型和微机型两种。随着微机继电保护性价比的不断提高,10kV 系统中微机继电保护已经成为主流。不论是采用传统继电器,还是微机,继电保护的基本任务是相同的。

① 故障时作用于断路器使其跳闸,并报警。当供电系统发生故障时,保护装置作用于前方最近的断路器,使其自动、迅速、有选择地将故障部分切除,并保证该系统中正常部分迅速恢复正常运行。

② 异常状态时发出报警信号,但不跳闸。当供电系统出现不正常运行状态时,保护装置发出报警信号,提醒值班人员及时处置,以免发展为故障。

(2) 对继电保护的基本要求

① 选择性:是指当供配电系统发生故障时,离故障点前方(电源方向)最近的保护装置动作,切除故障,以保证无故障设备继续运行。满足这一要求的动作特性,称为继电保护的选择性。通俗地讲,就是"该谁动谁动"。例如,图 4-60 中 k_2 点发生短路故障时,按照选择性的要求,应由距短路点最近的前方保护装置 4 立即动作,使断路器 QF4 立即跳闸以切除故障。如果断路器 QF4 还未等动作,其他断路器如 QF3 先行跳闸,则称为失去选择性动作,也即断路器 QF3 越级跳闸。

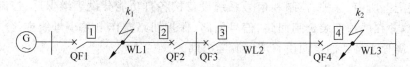

图 4-60 继电保护装置选择性示意图

② 可靠性:是指当供配电系统发生故障时,相应保护装置应可靠动作,不应拒动。通俗地讲,就是"该动时动"。例如,图 4-60 中 k_2 点发生短路故障时,保护装置 4 应立即动作,使断路器 QF4 立即跳闸。这时如果保护装置 4 未动作,或未发生故障时就已动作,就是保护装置 4 不满足可靠性。

③ 速动性:是指过电流保护装置的动作速度要快。通俗地讲,就是"要动就快动"。快速切除故障可以提高供配电系统运行的稳定性,加速系统电压的恢复,避免事故进一步扩大。

④ 灵敏性:是指保护装置对其保护范围内的故障或不正常运行状态的反映能力。通俗地讲,就是"对微小故障反应灵敏"。

2. 继电保护装置的接线方式

继电保护装置的接线方式是指继电保护装置与电流互感器之间的连接方式。10kV 电力系统继电保护装置的接线方式通常有两相两继电器接线、两相一继电器接线和三相三继电器接线 3 种形式,如图 4-61 所示。这 3 种接线方式原理在本书 4.2.5 小节中(图 4-14)已作过介绍,这里只将 3 种接线方式的优缺点作一比较。

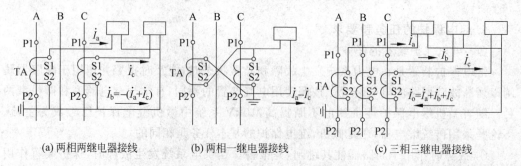

图 4-61 继电保护装置的接线方式

两相两继电器不完全星形接线不能反应单相短路。这种接线方式主要用于小接地电流系统的相间短路保护。

两相一继电器电流差接线能反应各种相间短路故障,但保护灵敏度有所不同,有的甚至相差一倍,因此不如两相两继电器不完全星形接线。但两相一继电器电流差接线少用一个继电器,较为简单经济。这种接线主要用于高压电动机保护。

三相三继电器完全星形接线方式有设备多、接线杂、投资大等缺点,但其灵敏度不会因故障类别不同而变化,故这种接线方式主要用于大接地电流系统的相间短路保护及发电机、变压器的保护接线。

3. 继电保护装置

(1) 继电保护用传统继电器

常用的保护继电器有 DL 型电磁式电流继电器、DZ 型电磁式中间继电器、DS 型电磁式时间继电器、DX 型电磁式信号继电器、DJ 型电磁式欠电压继电器、GL 型感应式电流继电器等。

DL 型电磁式电流继电器的工作原理是:当流过线圈的电流超过整定电流时,常开触点立即闭合,常闭触点立即断开;线圈失电或流过线圈的电流小于整定电流时,常开触点恢复断开,常闭触点恢复闭合。DL 型电磁式电流继电器的线圈有两种连接方法,一种是串联,一种是并联。采用串联时,整定臂所指数值即为整定值;采用并联时,整定臂所指数值的 2 倍为整定值。电磁式电流继电器的图形符号如图 4-62(a)所示。

DZ 型电磁式中间继电器的工作原理是:当加在线圈上的电压达到工作电压时,衔铁被吸引,常开触点立即闭合,常闭触点立即断开;当加在线圈上的电压消失后,常开触点恢复断开,常闭触点恢复闭合。电磁式中间继电器的图形符号如图 4-62(b)所示。

DS 型电磁式时间继电器的工作原理是:当加在线圈上的电压达到工作电压时,衔铁被吸引,定时机构开始工作,延时闭合瞬时断开的常开触点延时到整定的时间后闭合,延时断开瞬时闭合的常闭触点延时到整定的时间后断开;当加在线圈上的电压消失后,延时闭合瞬时断开的常开触点立即恢复断开,延时断开瞬时闭合的常闭触点立即恢复闭合。电磁式时间继电器的图形符号如图 4-62(c)所示。

DX 型电磁式信号继电器的工作原理是:当加在线圈上的电压(电压型)或电流(电流型)达到工作电压或电流时,衔铁被吸引,指示牌掉下,常开触点立即闭合;当加在线圈上的电压或电流消失后,常开触点不会自行断开,需要人工复归。电磁式信号继电器的图形符号如图 4-62(d)所示。

DJ 型电磁式欠电压继电器的工作原理与 DL 型电磁式电流继电器相似,不同的是测定的物理量不同,一个是电流另一个是电压;另一个不同是欠电压继电器在正常情况下,线圈获得的是工作电压,常闭触点断开。当线圈电压降低到整定电压以下时,常闭触点才恢复闭合。电磁式欠电压继电器的图形符号如图 4-62(e)所示。

GL 型感应式电流继电器用于反时限过电流保护,其工作原理是:当流过线圈的电流超过反时限整定电流一定范围时,铝盘前移并转动,带动蜗杆以一定速度上升,推动常开触点先行闭合,常闭触点后断开;流过线圈的电流越大,蜗杆上升速度越快,触点动作时间越短;当流过线圈的电流不超过整定电流时,铝盘虽然转动但不前移,蜗杆不被带动上升,常开、常闭触点不动作;当流过线圈的电流超过速断整定电流时,常开、常闭触点不经蜗杆推动而由衔铁直接带动动作,完成速断保护。感应式电流继电器的图形符号如图 4-62(f)所示。

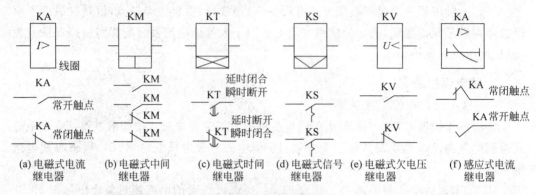

图 4-62　保护继电器图形符号

(2) 电力微机继电保护装置

电力微机继电保护装置较之传统继电器继电保护装置,可获得更好的保护特性和更高的技术指标,电力微机继电保护在电力系统保护中已成为主流。电力微机继电保护装置由硬件与软件两个基本部分构成。图 4-63 所示为某型号电力微机继电保护装置的外形结构。

图 4-63　某型号电力微机继电保护装置的外形结构

① 电力微机继电保护装置的基本硬件结构。电力微机继电保护装置通常由机箱、面板及箱内若干模块插件组成。面板用来实现各种参数的设定、修改、显示、监控等功能。机箱背后有各种输入/输出插孔。模块插件一般包括 4 部分:电源模块插件;CPU 模块插件;辅助变换(TA/TV 变换)模块插件;I/O 模块(继电器组件)插件。

电力微机继电保护装置的硬件由数据采集系统、CPU 主系统、开关量输出和输入系统及外围设备组成。其硬件构成框图如图 4-64 所示。

电源插件采用隔离屏蔽和冗余设计的措施,既可防止外部的干扰,又能降低电源系统的温升。一般输入电压为 DC 220V、DC 110V 或 AC 220V,具体由用户向提供商订购,输出分别为+5V/5A、±12V/0.8A、24V/1A,供给 CPU 插件和 I/O 插件。

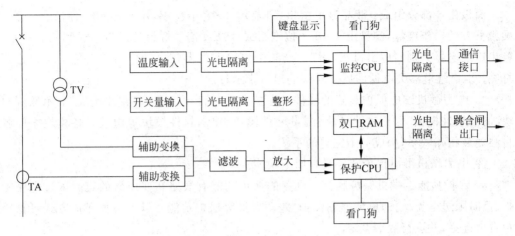

图 4-64 电力微机继电保护装置硬件构成框图

I/O 插件采用隔离措施，内有若干路继电器输出，同时还有防跳继电器和合闸保持继电器构成的开关操作回路，用于防跳、跳合闸保持。继电器的控制由 CPU 插件的逻辑输出来实现。CPU 插件通过光电隔离芯片实现与 I/O 板的隔离。I/O 插件通过出口继电器的空接点与外部电路的隔离。

CPU 插件是整个装置的核心，它包括若干模拟量输入和若干开关量输入、若干继电器输出驱动、屏幕显示、4~8 各按键和一路光电隔离的通信接口。板内有两个高速 16 位 CPU 芯片及切换器件。采用双 CPU 系统，一套为保护 CPU 系统，另一套为监控 CPU 系统。保护 CPU 系统只完成装置所要求的所有保护功能；监控 CPU 系统有两个任务，其一为装置的监控测量工作，其二为与上位机的通信管理。采用双 RAM 实现两个 CPU 之间数据共享，两个 CPU 工作互无影响。当保护动作时，通过双口 RAM 将相应的保护动作信息传给监控 CPU 系统，监控 CPU 系统将所接收到的数据送显示，同时发送给上位机。系统故障自诊断：保护 CPU 定时向双口 RAM 某地址写入巡检数据，供监控 CPU 查询。当保护 CPU 系统出现故障时，则双口 RAM 中巡检数据不变，当监控 CPU 在 20ms 内查询巡检数据不变时，认为保护 CPU 系统出现故障。同时告知上位机系统并实施后备功能。当监控 CPU 系统故障或通信故障时，上位机接收不到装置的信息，发出装置退出运行信号。看门狗自复位：两个 CPU 系统均有掉电存储芯片，存储各系统定值，同时具有看门狗功能，当程序跑飞或死机时，能自动复位。模拟量采集：电流电压模拟量通过 TA/TV 板上的辅助变换器隔离、放大，分别进入两个 CPU 系统的采样回路，各 CPU 采集所需模拟量。同时采用数字滤波器对各模拟量滤波。开关量采集：开关量输入采用光电隔离芯片与 CPU 插件的隔离，并进行波形整形后，进入 CPU 口。同时程序具有防抖功能。开关量输出：两个 CPU 输出的控制信号经过与门、光电隔离、驱动后进入 I/O 板。串口通信：CPU 插件采用带光电隔离的通信接门芯片以实现与总线网的隔离。

TA/TV 插件上安装辅助变换器（小电流互感器和小电压互感器）。电流互感器采用穿孔的安装方式能有效避免断线故障，实现了强电和弱电的隔离。

面板由3部分组成：液晶显示窗口，可显示4×8个汉字，用来显示各种信息；位于面板下方的操作键盘，键盘由4~8个按键组成；LED信号灯包括出口信号和状态指示。各出口继电器分别对应出口指示灯。当某个出口继电器带电动作后其对应的出口指示灯亮；出口继电器失电返回后其对应的出口指示灯熄灭。

② 电力微机继电保护装置的软件由保护算法软件模块、通信软件模块、显示软件模块、滤波软件模块、保护软件模块、测量软件模块、控制软件模块等组成。各模块之间各自独立又相互联系，构成一个完整的系统。

③ 电力微机继电保护装置具有以下功能。

a. 保护功能。微机保护装置可设置的保护功能有线路和变压器的定时限过电流保护、反时限过电流保护、电流速断保护、差动保护等保护功能。以上各种保护方式可供用户自由选择，并进行数字设定。

b. 测量功能。正常运行时，微机保护装置不断地测量三相电流，并在LCD液晶显示器上显示。

c. 自动重合闸功能。在上述保护功能动作、断路器跳闸后，该装置能自动发出合闸信号，即具有自动重合闸功能，以提高供电的可靠性。自动重合闸功能可以为用户提供自动重合闸的重合次数、延时时间及自动重合闸是否投入运行的选择和设定。

d. 人机对话功能。通过LCD液晶显示器和简捷的键盘，微机保护能提供如下功能：良好的人机对话界面，即保护功能和保护定值的选择和整定；正常运行时各相电流显示；自动重合闸功能和参数的选择和设定；发生故障时，故障性质及参数的显示；自检通过或自检报警。

e. 自检功能。为了保证装置能可靠地工作，微机保护装置具有自检功能，能对装置的有关硬件和软件进行开机自检和运行中的动态自检。

f. 事件记录功能。微机保护能将发生事件的所有数据如日期、时间、电流有效值、保护动作类型等都保存在存储器中，事件包括事故跳闸事件、自动重合闸事件、保护定值设定事件等，可保存多达30个事件，并不断更新。

g. 报警功能。报警功能包括自检报警、故障报警等。

h. 断路器控制功能。断路器控制功能包括各种保护动作和自动重合闸的开关量输出，控制断路器的跳闸和合闸。

i. 通信功能。微机保护装置能与中央控制室的监控微机进行通信，接受命令和发送有关数据。

j. 实时时钟功能。实时时钟功能能自动生成年、月、日和时、分、秒，最小分辨率为ms，有对时功能。

④ 微机保护具有精度高、灵活性大、可靠性高、调试、维护方便、易获取附加功能、易于实现综合自动化等特点。

4. 6~10kV电力线路的继电保护

(1) 保护的配置

按照GB 50062—1992《电力装置的继电保护和自动装置设计规范》规定，对3~66kV

电力线路,应装设相间短路保护、单相接地保护和过负荷保护。工厂 6～10kV 电力线路线路较短,容量不是很大,因此继电保护装置通常比较简单。相间短路保护应动作于跳闸,以切除短路故障;单相接地保护和过负荷保护只报警不跳闸。

作为线路的相间短路保护,电力线路保护主要采用带时限的过电流保护和瞬时动作的电流速断保护。图 4-65 所示为 6～10kV 配电所及其(6～10)/0.4kV 车间变电所相间短路保护设置示意图。图中 6～10kV 配电所出线 WL1 电力线路相间短路保护装置 2 设置有带时限的过电流保护 $\boxed{\dfrac{I3}{t3}}$ 和电流速断保护 $\boxed{I2}$。其中②和③段(本段)线路设定为其三相短路速断保护区段。由于各保护均以三相短路电流的二次电流作为整定值,因此,当③段发生两相短路时,速断保护将不会动作(两相短路电流为三相短路电流的 0.866 倍),即该段为保护装置 2 速断保护"死区"。为了消除这一保护"死区",通常采用带时限的过电流保护作为该"死区"的主保护。保护装置 2 设置的带时限的过电流保护,为④段(下一段)线路或设备三相短路的后备保护,即当④段线路或设备发生三相短路时,在保护装置 3 拒动、QF4 不跳闸的情况下,保护装置 2 延时动作,使得断路器 QF2 跳闸。综上可知,保护装置 2 设置的带时限的过电流保护,不仅作为下一段三相短路的后备保护,而且也作为本段两相短路保护"死区"的保护。

图 4-65 中 6～10kV 配电所进线一般装设限时电流速断保护 $\boxed{\dfrac{I1}{t1}}$ 和定时限过电流保护 $\boxed{\dfrac{I2}{t2}}$。图中限时电流速断保护主要对①段(进线柜的本段),特别是高压母线进行三相短路保护。当①段发生两相短路时,限时电流速断保护将起不到保护作用。为此,采用定时限过电流保护来保护①段两相短路。另外,定时限过电流保护还作为②、③段(进线柜的下一段)三相短路的后备保护。即②、③段发生三相短路,而保护装置 2 速断保护拒动、QF2 不跳闸时,由保护装置 1 的定时限过电流保护延时动作,QF1 跳闸切除故障。为什么保护装置 1 保护①段三相短路不采用无时限速断保护,而采用限时电流速断保护呢?这是因为线路 WL1 首端(TA2 附近)距离①段首端(TA1 附近)仅有数米距离,①段三相短路电流与②段首端三相短路电流基本相同,如果保护装置 1 保护①段三相短路采用无时限速断保护,则当②段首端发生三相短路时,保护装置 1 的无时限速断保护和保护装置 2 的无时限速断保护将同时动作,违反了保护选择性原则,使得 QF1 和 QF2 同时跳闸,扩大了停电范围。采用限时电流速断保护虽可消除这一弊端,但对①段母线或设备在发生三相短路时,相当于延长了短路时间,因而在选择和校验母线和设备的短路热稳定度以及短路动稳定度时,其短路假想时间应相应延长。

车间变电所高压进线保护装置 3 的相间短路保护设置与设定与高压配电所保护装置 1 类似;高压出线保护装置 4 的相间短路保护设置与设定与高压配电所保护装置 2 类似,不同的是被保护对象一个是线路,另一个是变压器。变压器相间短路保护的配置,除带时限的过电流保护和瞬时动作的电流速断保护外,还有其他保护,详情在后续内容中叙述。

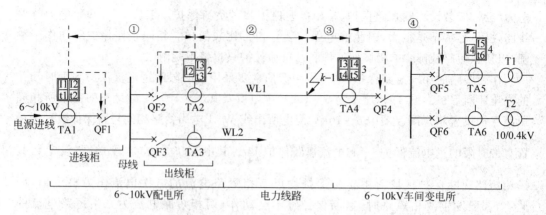

图 4-65　6~10kV 配电所及其(6~10)/0.4kV 车间变电所相间短路保护设置示意图

工厂电力线路的单相接地保护有以下两种方式。

① 绝缘监视装置。装设在变配电所的高压母线上，动作于电压表、电铃和光字牌等信号，显示系统某相发生单相接地。

② 零序电流单相接地保护装置。一般动作于电铃和光字牌等信号，但当单相接地危及人身和设备安全时，则应动作于跳闸。显示所有出线的某路发生单相接地。

工厂 6~10kV 变配电所在出线回路数不多或线路很短，短时间即可找到故障回路的情况下，只装设绝缘监视装置。

工厂 6~10kV 变配电所出线采用电缆且经常出现过负荷时，才装设过负荷保护。

(2) 直流操作电源、继电器式定时限过电流保护和电流速断保护

带时限的过电流保护按其动作时间特性可分为定时限过电流保护和反时限过电流保护两种。定时限过电流保护是指保护装置的动作时间按整定的动作时间固定不变，与故障电流大小无关；反时限过电流保护是指保护装置的动作时间与故障电流的大小成反比关系，故障电流越大，动作时间越短。电流速断保护是一种瞬时动作的过电流保护。

① 线路的定时限过电流保护和电流速断保护原理电路图如图 4-66 所示。图中 KA1、KA2 与 KT、KS1、KM 组成定时限过电流保护，而 KA3、KA4 与 KS2、KM 组成电流速断保护。当电流速断保护范围（本段）内出现相间短路故障时，电流继电器 KA3、KA4 启动，KA3、KA4 触点闭合，启动信号继电器 KS2 和中间继电器 KM，KM 常开触点闭合，使得跳闸线圈 YR 得电（跳闸回路断路器辅助常开触点 QF 随主电路断路器 QF 的通断而通断），断路器跳闸切断故障电路。由于作为下一段三相短路或本段两相短路"死区"的定时限过电流保护电流整定值小于电流速断保护电流整定值，所以，电流继电器 KA3、KA4 启动的同时，电流继电器 KA1、KA2 也被启动，KA1、KA2 常开触点闭合，接通时间继电器 KT 线圈。但时间继电器 KT 延时闭合瞬时断开的常开触点还未来得及闭合，电流速断保护回路已使本段断路器断开，电流继电器 KA1、KA2、KA3、KA4 常开触点全部复位断开。即电流继电器 KA1、KA2 触点的闭合未起到任何效果。

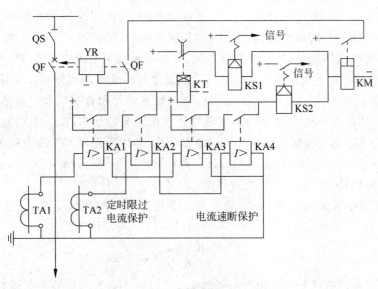

(a) 集中图

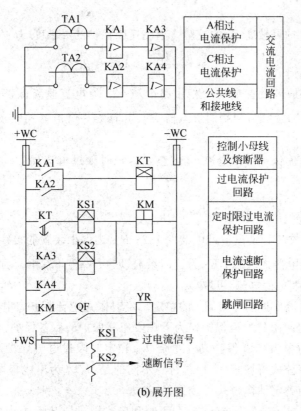

(b) 展开图

图 4-66 线路的定时限过电流保护和电流速断保护原理电路图

当定时限过电流保护范围（下一段三相短路或本级两相短路"死区"）内发生短路时，电流继电器 KA1、KA2 得电，KA1、KA2 常开触点闭合，接通时间继电器 KT 线圈，经过整定的时限后，KT 延时闭合瞬时断开的常开触点闭合，接通电流型信号继电器 KS1 和中间继电器 KM 线圈回路，KM 常开触点闭合，使得跳闸线圈 YR 得电（跳闸回路断路器辅助常开触点 QF 随主电路断路器 QF 的通断而通断），断路器跳闸切断故障电路。KS1 动作后，其指示牌掉下，同时接通信号回路，给出灯光信号和音响信号。短路故障被切除后，继电保护装置除 KS1 外的其他继电器均自动返回起始状态，KS1 手动复位。如果故障发生在下一段，在电流继电器 KA1、KA2 启动后，本段断路器 QF 还未跳闸前，下一段断路器已经跳闸的，电流继电器 KA1、KA2 常开触点立即复位，由闭合状态立刻断开，时间继电器也自动复位。本段出线照常供电。

② 电流速断保护速断电流 I_{qb} 的整定。电流速断保护速断电流 I_{qb} 的整定计算公式为

$$I_{qb} = \frac{K_{rel}K_W}{K_i}I_{k.max} \tag{4-1}$$

式中，K_{rel} 为可靠系数，DL 型电流继电器取 1.2～1.3；K_W 为保护装置的接线系数，两相两继电器式取 1，两相一继电器式取 $\sqrt{3}$；K_i 为电流互感器的电流比；$I_{k.max}$ 为本段末端三相短路电流。

③ 电流速断保护灵敏度 S_p 的校验。电流速断保护的灵敏度 S_p 必须满足

$$S_p = \frac{K_W I_k^{(2)}}{K_i I_{qb}} \geqslant 1.5 \sim 2 \tag{4-2}$$

式中，$I_k^{(2)}$ 为速断保护区段首端的两相短路电流；I_{qb} 为电流速断保护速断电流整定值；K_W 为保护装置的接线系数，两相两继电器式取 1，两相一继电器式取 $\sqrt{3}$；K_i 为电流互感器的电流比。

④ 定时限过电流保护动作电流 I_{op} 的整定。定时限过电流保护动作电流 I_{op} 的整定计算公式为

$$I_{op} = \frac{K_{rel}K_W}{K_{re}K_i}I_{L.max} \tag{4-3}$$

式中，K_{rel} 为可靠系数；DL 型电流继电器取 1.2；K_W 为保护装置的接线系数，两相两继电器式取 1，两相一继电器式取 $\sqrt{3}$；K_{re} 为返回系数，取 0.8～0.85；K_i 为电流互感器的电流比；$I_{L.max}$ 为线路最大负荷电流，可取 $(1.5\sim3)I_{30}$。

⑤ 定时限过电流保护动作时间 t 的整定。定时限过电流保护动作时间 t 应按"阶梯原则"进行整定。定时限过电流保护作为下一段速断保护的后备保护，可取 0.5s。

⑥ 进线柜限时电流速断保护动作电流 I_{qb1} 和定时限过电流保护动作电流 I_{op1} 的整定。I_{qb1} 的整定计算公式可按式（4-1）进行。不同的是，$I_{k.max}$ 为出线柜电流互感器附近三相短路电流。I_{op1} 的整定计算公式可按式（4-3）进行。

⑦ 进线柜限时电流速断保护动作时间 t_1 和定时限过电流保护动作时间 t_2 的整定。t_1 可取 0.35～0.6s；t_2 可取 1.0s。

⑧ 低电压闭锁的过电流保护及其动作电流 I_{op} 的整定。当过电流保护装置的灵敏系

数达不到要求时,可采用低电压继电器闭锁的过电流保护装置来提高灵敏度。如图 4-67 所示,在线路过电流保护的电流继电器常开触点回路中,串入欠电压继电器 KV 的常闭触点,KV 的线圈电压取自电压互感器 TV。启动回路由欠电压继电器和过电流继电器共同组成。只有当两个继电器都动作时,保护装置才会启动。在系统正常运行时,母线电压接近于额定电压,欠电压继电器 KV 的触点是断开的,即使电流继电器触点闭合,保护装置也不会跳闸。因此,在整定电流继电器的动作电流时,只需按躲过线路的计算电流 I_{30} 来整定。其动作电流的整定计算公式为

$$I_{op} = \frac{K_{rel}K_w}{K_{re}K_i}I_{30} \tag{4-4}$$

式中,各系数的取值与式(4-3)相同。

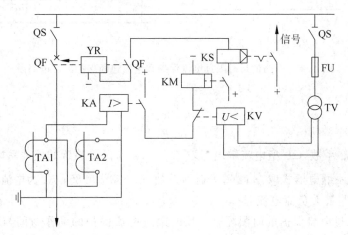

图 4-67　低电压闭锁的过电流保护原理电路图

(3) 感应电流继电器式反时限过电流保护和电流速断保护

① 线路的反时限过电流保护和电流速断保护原理电路图如图 4-68 所示。当线路发生相间短路时,电流继电器 KA1 或 KA2 动作或 KA1、KA2 均动作,经过一定延时后其常开触点先闭合,随后其常闭触点断开。这时断路器跳闸线圈 YR1 或 YR2 得电,或 YR1、YR2 均得电,而使断路器跳闸,从而切除了短路故障部分。同时,GL 型电流继电器信号牌自动掉下,指示保护装置已经动作。在短路故障被切除后,继电器将自动返回,其信号牌靠手动复位。图中的电流继电器常开触点与跳闸线圈串联,其目的是防止电流继电器的常闭触点在一次电路正常运行时由于外界振动等偶然因素使之断开而导致断路器误跳闸的事故。增加这对动合触点后,即使动断触点偶然断开,也不会造成断路器误跳闸。

当本段内出现相间短路故障时,感应电流继电器的电磁元件(活动铁芯)来直接实现电流速断保护,而不经过转盘机构。其电路原理为:本段内出现相间短路故障时,KA1、KA2 的常开触点立即闭合,常闭触点立即断开。YR1 或 YR2 或二者立即得电,断路器跳闸。

由于感应式电流继电器兼有电磁式电流继电器、时间继电器、信号继电器和中间继电器的功能,可用于过电流保护以及电流速断保护,从而大大简化了继电保护的接线。

② 反时限过电流保护动作电流 I_{op} 的整定。定时限过电流保护动作电流 I_{op} 的整定

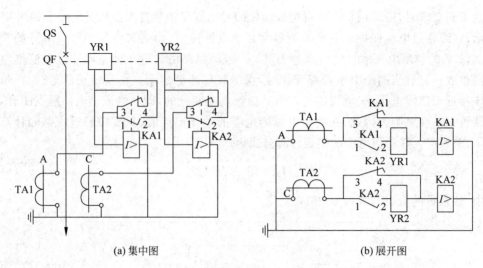

图 4-68 线路的反时限过电流保护和电流速断保护原理电路图

计算公式为

$$I_{op} = \frac{K_{rel} K_W}{K_{re} K_i} I_{L.max} \tag{4-5}$$

式中，K_{rel} 为可靠系数，GL 型电流继电器取 1.3；K_W 为保护装置的接线系数，两相两继电器式取 1，两相一继电器式取 $\sqrt{3}$；K_{re} 为返回系数，取 $0.8 \sim 0.85$；K_i 为电流互感器的电流比；$I_{L.max}$ 为线路最大负荷电流，可取 $(1.5 \sim 3) I_{30}$。

③ 反时限过电流保护的时限配合。反时限过电流保护的动作时间与故障电流的大小成反比。在反时限过电流保护中，由于 GL 型电流继电器的时限调节机构是按 10 倍动作电流的动作时间来标度的，因此反时限过电流保护的动作时间要根据前后两级保护的 GL 型继电器的动作特性曲线来整定。

假设如图 4-69 所示的线路中，后一级保护 KA2 的 10 倍动作电流的动作时间已经整定为 t_2，现在要根据如图 4-70 所示反时限过电流保护的动作特性曲线确定前一级保护 KA1 的 10 倍动作电流的动作时间 t_1。其整定计算的步骤如下。

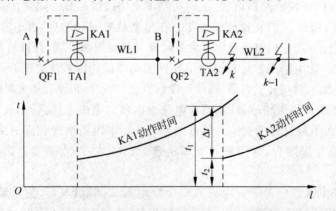

图 4-69 反时限过电流保护的动作时间整定示意图

a. 计算下一段线路 WL2 首端的三相短路电流 I_k 反应到下一段保护继电器 KA2 中的电流值，即

$$I_k'^{(2)} = \frac{I_k K_W^{(2)}}{K_i^{(2)}} \tag{4-6}$$

式中，$K_W^{(2)}$ 为 KA2 与电流互感器相连的接线系数；$K_i^{(2)}$ 为电流互感器 TA2 的变流比。

b. 计算 $I_k'^{(2)}$ 对 KA2 的动作电流 $I_{op}^{(2)}$ 的倍数，即

$$n_2 = \frac{I_k'^{(2)}}{I_{op}^{(2)}} \tag{4-7}$$

c. 确定 KA2 的实际动作时间。在图 4-70 所示的 KA2 的动作特性曲线的横坐标轴上，找出 n_2，然后向上找到该曲线上的 a 点，该点所对应的动作时间 t_2' 就是 KA2 在通过 $I_k'^{(2)}$ 时的实际动作时间。

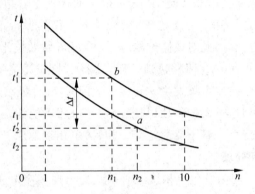

图 4-70 反时限过电流保护的动作特性曲线
t—动作时间；n—动作电流倍数

d. 计算 KA1 的实际动作时间。根据保护装置选择性的要求，KA1 的实际动作时间 $t_1' = t_2' + 0.7\text{s}$。

e. 计算 WL2 始端的三相短路电流 I_k 反应到 KA1 中的电流值，即

$$I_k'^{(1)} = \frac{I_k K_W^{(1)}}{K_i^{(1)}} \tag{4-8}$$

式中，$K_W^{(1)}$ 为 KA1 与电流互感器相连的接线系数；$K_i^{(1)}$ 为电流互感器 TA1 的变流比。

f. 计算 $I_k'^{(1)}$ 对 KA1 的动作电流 $I_{op}^{(1)}$ 的倍数，即

$$n_1 = \frac{I_k'^{(1)}}{I_{op}^{(1)}} \tag{4-9}$$

g. 确定 KA1 的 10 倍动作电流的动作时间。从图 4-70 所示的 KA1 的动作特性曲线的横坐标轴上，找出 n_1，从纵坐标轴上找出 t_1'，然后找到 n_1 与 t_1' 相交的坐标 b 点。b 点所在曲线对应的 10 倍动作电流的动作时间 t_1 即为所求。

反时限过电流保护装置的动作电流及灵敏度的计算公式与定时限过电流保护的相同。

定时限过电流保护的优点是保护装置的动作时间不受短路电流大小的影响，动作时限比较准确，整定计算简单；其缺点是所需继电器数量较多，接线复杂，且需直流操作电

源,靠近电源处的保护装置其动作时限较长。反时限过电流保护的优点是继电器数量大为减少,而且可同时实现电流速断保护,因此投资少,接线简单,适于交流操作;其缺点是动作时限的整定比较麻烦,继电器动作的误差较大,当短路电流较小时,其动作时间较长。反时限过电流保护在中小型工厂简单供配电系统中应用广泛。

④ 电流速断保护速断电流倍数 n_{qb} 的整定。电流速断保护速断电流倍数 n_{qb} 的整定计算公式为

$$n_{qb} = \frac{I_{qb}}{I_{op}} \tag{4-10}$$

式中,I_{qb} 为电流速断保护速断电流;I_{op} 为反时限过电流保护动作电流。

(4) 单相接地保护

当小接地电流系统发生单相接地时,只有很小的接地电容电流,故障相的对地电压为零,非故障相的对地电压升高为线电压,三相线电压仍然保持不变。由于非故障相的对地电压要升高为线电压,因此对线路绝缘是一种威胁,如果长此下去,可能会引起非故障相的对地绝缘击穿,进而导致两相接地短路,这将引起开关跳闸,线路停电。因此,我国规程规定,当中性点不接地系统发生一相接地故障时,允许继续运行1~2h。在系统发生单相接地故障时,必须通过无选择性(只能测定某一相不能测定某一路)的绝缘监视装置或有选择性(只能测定某一路不能测定某一相)的单相接地保护装置发出报警信号,以便值班人员及时发现和处理。

① 绝缘监视装置。利用发生单相接地时系统会出现零序电压这一特征而组成的绝缘监视装置,可方便地测得中性点不接地系统某相发生单相接地。其原理是通过母线上连接的三相五柱式电压互感器二次侧接成开口三角形来进行检测。如图4-71所示,当系统发生单相接地故障时,开口三角形端将出现将近100V的零序电压,使过电压继电器动作,启动中央信号回路的电铃和光字牌,配合相电压表和线电压表读数,值班人员就可以判定接地的相别。如要查寻哪一路发生单相接地,运行人员可依次断开各出线回路,根据零序电压信号是否消失来找到故障线路。

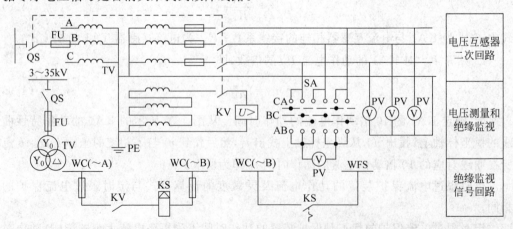

图 4-71　6~10kV 系统绝缘监视装置电路图

② 零序电流单相接地保护装置。零序电流单相接地保护是利用单相接地所产生的零序电流使保护装置动作，发出信号或跳闸。图 4-72 所示为利用零序电流互感器实现的有选择单相接地保护结构和接线示意图。零序电流互感器套在电缆的外面，其一次绕组是从铁芯窗口穿过的电缆，二次侧输出零序电流信号，可接入零序电流继电器或其他测量部件。在每一路电缆出线口均装设这样的保护装置，即可有选择地发出报警信号，从而使值班运行人员准确获知哪一回路出线发生单相接地故障。

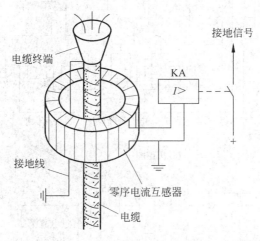

图 4-72　零序电流互感器实现的有选择单相接地保护结构和接线示意图

在电力系统正常运行及发生相间短路时，由于穿过零序电流互感器的电流向量和为零，所以零序电流互感器二次侧无感应电流，电流继电器 KA 就不会动作。当某一路发生单相接地时，其零序电流从无到有，电流继电器 KA 就会动作，发出信号。非故障线路的零序电流为零，保护将不动作。因此零序电流保护是有选择性的。

5. (6～10)/0.4kV 电力变压器的继电保护

(1) (6～10)/0.4kV 电力变压器的继电保护配置

电力变压器的故障可分为油箱内绕组的相间短路、绕组的匝间短路、绕组的接地短路及铁芯烧损与油箱外绝缘套管和引出线上发生的相间短路与接地短路。

电力变压器的异常运行状态主要有过负荷、外部短路引起过电流、外部接地短路引起中性点过电压以及油箱的油面降低等。

(6～10)/0.4kV 电力变压器通常装设带时限的过电流保护和电流速断保护；容量在 800kV·A 及以上的油浸式变压器应装设瓦斯保护；当电流速断保护灵敏度不满足要求时，宜改为装设差动保护；当数台并列运行或单独运行并作为其他负荷的备用电源时，应装设过负荷保护。带时限的过电流保护、电流速断保护、瓦斯保护中的重瓦斯故障、差动保护均作用于断路器跳闸，并发出信号，轻瓦斯故障和过负荷保护只报警不跳闸。

(2) 变压器的定时限过电流保护、电流速断保护以及过负荷保护

① 变压器的定时限过电流保护、电流速断保护以及过负荷保护原理电路图如图 4-73 所示。图中变压器的定时限过电流保护及电流速断保护的组成和原理与线路定时限过

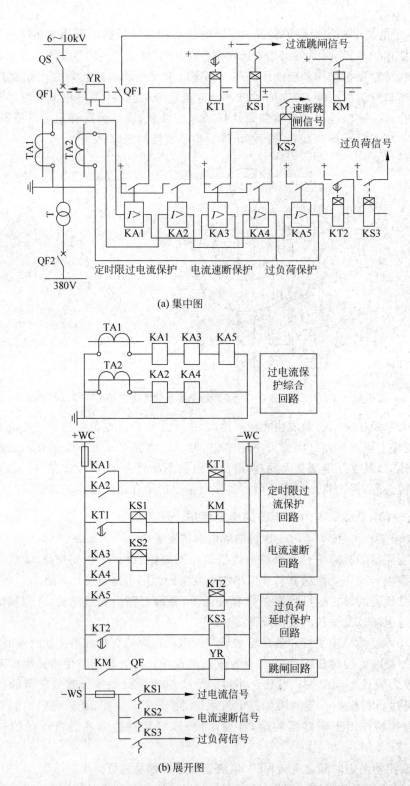

图 4-73 变压器的定时限过电流保护、电流速断保护以及过负荷保护原理电路图

电流保护和电流速断保护的组成和原理相同，此处不再赘述。变压器过负荷时，电流继电器 KA5 常开触点闭合，接通 KT2 线圈，经延时后，KT2 的延时闭合瞬时断开的常开触点闭合，接通信号继电器 KS3，发出报警信号。

② 电流速断保护速断电流 I_{qb} 的整定。电流速断保护速断电流 I_{qb} 的整定计算公式为

$$I_{qb} = \frac{K_{rel}K_W}{K_i}I_{k.max} \tag{4-11}$$

式中，K_{rel} 为可靠系数，DL 型电流继电器取 1.2～1.3；K_W 为保护装置的接线系数，两相两继电器式取 1，两相一继电器式取 $\sqrt{3}$；K_i 为电流互感器的电流比；$I_{k.max}$ 为变压器低压侧母线三相短路电流换算到高压侧的电流值。

③ 电流速断保护灵敏度 S_p 的校验。电流速断保护的灵敏度 S_p 必须满足

$$S_p = \frac{K_W I_k^{(2)}}{K_i I_{qb}} \geqslant 1.5 \tag{4-12}$$

式中，$I_k^{(2)}$ 为速断保护区段首端的两相短路电流；I_{qb} 为电流速断保护速断电流整定值；K_W 为保护装置的接线系数，两相两继电器式取 1，两相一继电器式取 $\sqrt{3}$；K_i 为电流互感器的电流比。

④ 定时限过电流保护动作电流 I_{op} 的整定。定时限过电流保护动作电流 I_{op} 的整定计算公式为

$$I_{op} = \frac{K_{rel}K_W}{K_{re}K_i}I_{1NT} \tag{4-13}$$

式中，K_{rel} 为可靠系数，DL 型电流继电器取 1.2；K_W 为保护装置的接线系数，两相两继电器式取 1，两相一继电器式取 $\sqrt{3}$；K_{re} 为返回系数，取 0.8～0.85；K_i 为电流互感器的电流比；I_{1NT} 为变压器额定一次电流。

⑤ 定时限过电流保护动作时间 t 的整定。定时限过电流保护动作时间 t 应按"阶梯原则"进行整定，可取 0.5s。

⑥ 变压器过负荷保护的动作电流 $I_{op(OL)}$ 和动作时间 t 的整定。变压器过负荷保护的动作电流 $I_{op(OL)}$ 的整定计算公式为

$$I_{op(OL)} = (1.2 \sim 1.5)I_{1NT}/K_i \tag{4-14}$$

式中，I_{1NT} 为变压器额定一次电流；K_i 为电流互感器的电流比。

过负荷保护的动作时间 t 一般取 10～15s。

(3) 电力变压器的瓦斯保护

油浸式变压器油箱内发生短路故障时，短路点电弧会使变压器油及其他绝缘材料分解，产生气体并从油箱向油枕流动，根据这种气流而动作的保护称为瓦斯保护。瓦斯保护采用的继电器为气体继电器。气体继电器有上下两对触点，平时都是断开的。当变压器油箱内部发生轻微短路故障时，将产生少量气体(轻瓦斯)，使上触点接通信号回路，发出音响和灯光信号；当变压器油箱内部发生严重短路故障时，由于故障产生的气体很多(重瓦斯)，使下触点接通跳闸回路，同时发出音响和灯光信号；如果变压器油箱漏油，先是气体继电器的上触点接通，发出轻瓦斯报警信号，随后下触点接通，动作于跳闸，切除

变压器，同时发出重瓦斯动作信号。

变压器瓦斯保护的接线图如图 4-74 所示。当变压器内部发生轻微故障（轻瓦斯）时，气体继电器 KG 的上触点 1、2 将闭合，发出报警信号。当变压器内部发生严重故障（重瓦斯）时，KG 的下触点 3、4 将闭合，经过信号继电器 KS 将发出跳闸信号，同时经中间继电器 KM，使断路器跳闸。

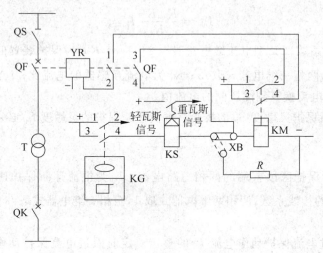

图 4-74 变压器瓦斯保护的接线图

为了防止气体继电器下触点在重瓦斯故障时产生抖动，使断路器能够足够可靠地跳闸，可利用具有自保持触点的中间继电器 KM。为了防止变压器在换油或进行气体继电器实验时误动作，可通过连接片 XB 将重瓦斯暂时接到信号回路运行。

（4）变压器的纵联差动保护

差动保护分为纵联差动保护和横联差动保护，纵联差动保护用于单回路，横联差动保护用于双回路。差动保护利用故障时产生的不平衡电流来动作，保护灵敏度很高，而且动作迅速。根据 GB 50062—1992 规定，10000kV·A 及以上的单独运行变压器和 6300kV·A 及以上的并列运行变压器，应装设纵联差动保护；6300kV·A 及以下单独运行的重要变压器，也可装设纵联差动保护。当电流速断保护灵敏度不符合要求时，亦宜装设纵联差动保护。变压器纵联差动保护，主要用来保护变压器内部以及引出线和绝缘套管的相间短路，也可用来保护变压器内部的匝间短路，其保护区在变压器一、二次侧所装电流互感器之间。

图 4-75 所示为变压器纵联差动保护的单相原理电路图。在变压器正常运行或在变压器差动保护的保护区外 $k-1$ 点发生短路时，如果电流互感器 TA1 的二次电流 I_1' 与 TA2 的二次电流 I_2' 相等或相差很小时，则流入继电器 KA（或差动继电器 KD）的电流 $I_{KA}=I_1'-I_2'\approx 0$，继电器 KA（或 KD）不会动作。而在差动保护的保护区内 $k-2$ 点发生短路时，对于单端供电的变压器来说，$I_2'=0$，$I_{KA}=I_1'$，超过 KA（或 KD）所整定的动作电流 $I_{op(d)}$，使 KA（或 KD）瞬时动作，然后通过出口继电器 KM 使断路器 QF 跳闸，切除短路故障，同时由信号继电器 KS 发出信号。

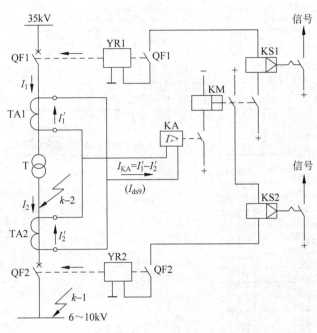

图 4-75 变压器纵联差动保护的单相原理电路图

6. 电力线路和变压器的微机继电保护

(1) 线路微机保护

① 线路微机保护原理接线图。现以 ND8011 微机线路保护测控装置为例,介绍线路微机保护。该设备是由南京电力设备自动化设备三厂生产的微机线路保护测控装置,它适用于 35kV 及以下电压等级的线路保护、测量及控制。ND8011 微机线路保护测控装置原理接线图如图 4-76 所示。其输入/输出回路有以下几种。

a. 交流电压输入回路:装置内部设置有 5 个电压变换器可同时接受来自于电压互感器 TV 的交流电压的输入。

b. 交流电流输入回路:装置内部设置有 7 个电流变换器,可同时接受 7 个额定电流为 5A 或 1A 的电流互感器交流电流输入。其中,3 个来自于保护电流互感器 TA,3 个来自于测量电流互感器 TA,另一个来自于零序电流互感器 TA。

c. 直流电源输入回路:装置工作电源的接线端子为 DC+、DC-(201、202);装置控制回路电源的接线端子为 WC+、WC-。

d. 开关量输入回路:装置设有 16 个开关量信号输入端。其中 13 个遥信开关量信号输入端(内有 7 路备用),2 个手动开关量信号输入端和 1 个闭锁重合闸联板输入端。

e. 开关量输出回路:装置设有 7 个开关量输出。其中 1 个闭锁备自投,3 个备用,另有 3 个信号输出端(装置失电、保护告警、保护动作)。

f. 断路器操作回路:装置设有断路器操作回路并内置防跳继电器及跳合闸回路保持继电器。输入端口有保护合入口、保护跳入口、手合入口、手跳入口;输出端口有至合闸线圈输出、至跳闸线圈输出、合闸回路监视以及合闸/跳闸位置信号输出端。

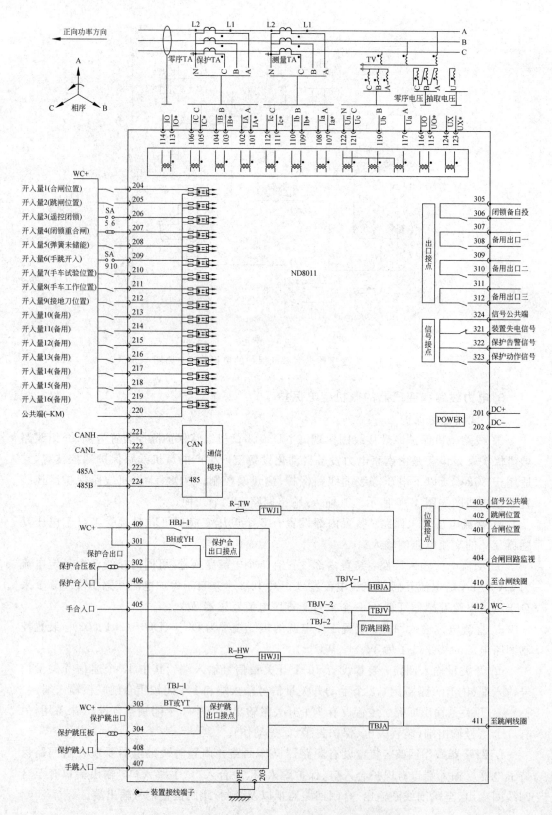

图 4-76 ND8011 微机线路保护测控装置原理接线图

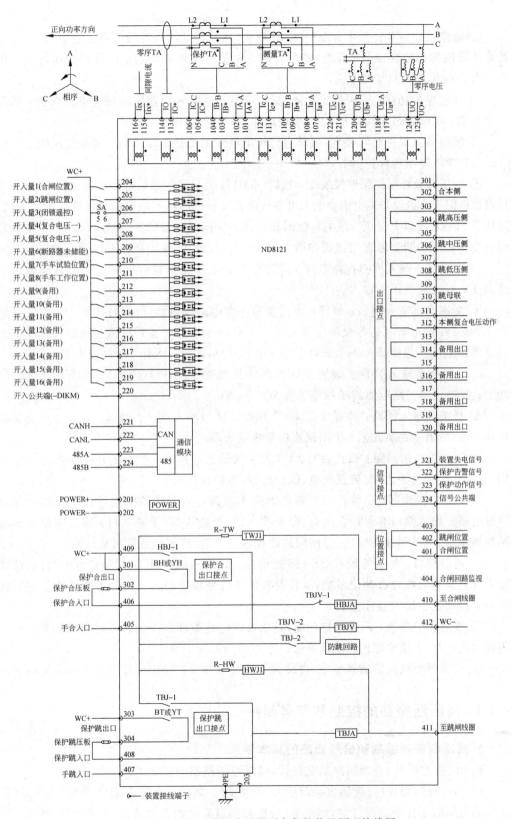

图 4-77 ND8121 微机变压器后备保护装置原理接线图

g. 通信接口：本装置带有 RS-485 通信接口（221～224），可通过通信电缆与厂、站监控系统联网构成综合自动化系统，本装置的各种信号和外部遥信信号可通过通信网上传至综合自动化系统的监控主机。

② 继电保护功能：三段保护功能，其中可设定速断和两段定时限过电流保护；低压闭锁功能；反时限过电流保护；大、小接地保护；过负荷保护等。

③ 线路微机保护装置整定，可结合传统继电器保护整定计算和参考相关说明书。

(2) 变压器微机保护

① 变压器微机保护原理接线图。现以 ND8121 微机变压器后备保护装置为例，介绍变压器微机保护。该设备是由南京电力设备自动化设备三厂生产的微机变压器保护装置，它适用于 110kV 及以下电压等级的双线圈和三线圈变压器后备保护、测量及控制。ND8121 微机变压器保护装置原理接线图如图 4-77 所示。其输入/输出回路有以下几种。

a. 交流电压输入回路：装置内部设置有 4 个电压变换器可同时接受来自于电压互感器 TV 的交流电压的输入。

b. 交流电流输入回路：装置内部设置有 8 个电流变换器，可同时接受 7 个额定电流为 5A 或 1A 的电流互感器交流电流输入。其中，3 个来自于保护电流互感器 TA，3 个来自于测量电流互感器 TA，1 个来自于零序电流互感器 TA，还有 1 个间隙电流。

c. 直流电源输入回路：装置工作电源的接线端子为 POWER＋、POWER－（201、202）；装置控制回路电源的接线端子为 WC＋、WC－。

d. 开关量输入回路：装置设有 16 个开关量信号输入端。其中 15 个遥信开关量信号输入端（内有 8 路备用），1 个闭锁遥控联板输入端。

e. 开关量输出回路：装置设有 13 个开关量输出。其中 6 个特定开关量输出，4 个备用，另有 3 个信号输出端（装置失电、保护告警、保护动作）。

f. 断路器操作回路：装置设有断路器操作回路并内置防跳继电器及跳合闸回路保持继电器。输入端口有保护合入口、保护跳入口、手合入口、手跳入口；输出端口有至合闸线圈输出、至跳闸线圈输出、合闸回路监视以及合闸/跳闸位置信号输出端。

g. 通信接口：本装置带有 RS-485 通信接口（221～224），可通过通信电缆与厂、站监控系统联网构成综合自动化系统，本装置的各种信号和外部遥信信号可通过通信网上传至综合自动化系统的监控主机。

② 继电保护功能：两段保护功能，其中可设定速断和一段定时限过电流保护；低压闭锁功能；大、小接地保护；过负荷保护等。

③ 变压器微机保护装置整定，可结合传统继电器保护整定计算和参考相关说明书。

4.4.3 高压断路器的控制和信号回路

1. 高压断路器控制和信号回路的基本要求

（1）应能监视分、合闸回路的完好性，以保证断路器的正常工作。

（2）分、合闸完成后，应能自动解除分、合闸命令脉冲。由于合闸线圈和分闸线圈都是按通过短时工作电流设计的，因此分、合断路器后应立即自动断开，以免烧坏线圈。

(3) 应能指示断路器正常合闸和分闸的位置状态,并在自动合闸和自动跳闸时有明显的指示信号。通常用红、绿灯的平光来指示断路器的位置状态,用闪光来指示断路器的自动跳、合闸。红平光表示断路器处在正常合闸位置;绿平光表示断路器处在正常分闸位置;红闪光表示断路器处在自动合闸位置;绿闪光表示断路器处在自动跳闸位置。

(4) 当断路器事故跳闸时,应能自动发出事故跳闸信号。断路器事故跳闸信号的启动回路应按不对应原则接线。当断路器采用电磁操纵机构或弹簧操纵机构时,可利用控制开关的触点与断路器的辅助触点构成不对应关系,即控制开关在合闸位置而断路器已跳闸时,启动事故跳闸信号。

(5) 应能够防止断路器短时间内连续多次分、合闸现象的发生。

高压断路器控制回路的直接控制对象为断路器的操纵机构。具有不同操纵机构的断路器其控制回路有很大的区别,该控制回路的构成取决于断路器操纵机构的形式和操作电源的类别。

2. 电磁操纵机构的断路器控制和信号回路

图 4-78 是采用电磁操纵机构的断路器控制和信号回路原理图(无防跳)。其操作电源采用硅整流电容储能的直流系统,控制开关采用双向自复式并具有保持触点的 LW5 型万能转换开关,其手柄正常为垂直位置(0°)。顺时针扳转 45°为合闸操作(ON),松开手即自动复位返回,保持合闸状态。反时针扳转 45°为分闸操作(OFF),松开手也自动返回,保持分闸状态。图中控制开关 SA 两侧虚线表示开关的物理位置,1 条虚线 1 个物理位置;虚线上的黑点"·"表示该黑点所对应的触点在此位置接通。SA 两侧的箭头"→"指示 SA 手柄自动返回的方向。表 4-1 是图 4-78 所示控制开关 SA 的触点图表。

表 4-1 LW5 控制开关触点动作图表

手柄位置	SA 触点编号		1~2	3~4	5~6	7~8	9~10
手柄位置	预(已)合闸位置	↑			×		×
	合闸位置	↗	×		×		
	预(已)分闸位置	←		×			
	分闸位置	↙		×		×	

注:"×"表示触点接通。

合闸时,将控制开关 SA 的手柄由预(已)合闸位置顺时针扳转 45°至合闸位置。这时触点 SA1~2 接通,合闸接触器 KO 通电(其中 QF1~2 原已闭合),其主触点闭合,使电磁合闸线圈 YO 通电动作,使断路器合闸。合闸完成后,控制开关 SA 自动返回至预(已)合闸位置,其触点 SA1~2 断开,QF1~2 也断开,切断合闸回路,同时 QF3~4 闭合,红灯 RD 亮,指示断路器已经合闸,并监视着跳闸线圈 YR 回路的完好性。

分闸时,先将控制开关 SA 的手柄由预(已)合闸位置逆时针扳转 90°至预(已)分闸位置,然后再反时针扳转 45°至分闸位置,这时其触点 SA7~8 接通,跳闸线圈 YR 通电(其中 QF3~4 原已闭合),使断路器分闸。分闸完成后,控制开关 SA 自动返回预(已)分闸位置,其触点 SA7~8 断开,断路器辅助触点 QF3~4 这时也断开,切断跳闸回路,同时触点 SA3~4 闭合,QF1~2 也闭合,绿灯 GN 亮,指示断路器已经分闸,并监视着合闸接触

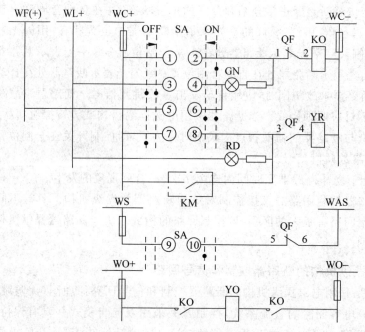

图 4-78 采用电磁操纵机构的断路器控制和信号回路

WC—控制小母线；WL—灯光指示小母线；WF—闪光信号小母线；WS—信号小母线；SA—控制开关；
WAS—事故音响信号小母线；WO—合闸小母线；KO—合闸接触器；YO—电磁合闸线圈；YR—跳闸线圈；
KM—出口继电器触点；GN—绿色指示灯；ON—合闸操作方向；QF1～6—断路器 QF 的辅助触点；
RD—红色指示灯；OFF—分闸操作方向

器 KO 回路的完好性。

由于红、绿指示灯兼有监视分、合闸回路完好性的作用，长时间运行，耗能较多。因此为减少操作电源中储能电容器能量的过多消耗，另设灯光指示小母线 WL(＋)，专用来接入红、绿指示灯；储能电容器的能量只用来供电给控制小母线 WC。

当一次电路发生短路故障时，继电保护动作，其出口继电器触点 KM 闭合，接通跳闸线圈 YR 回路(其中 QF3～4 原已闭合)，使断路器跳闸。随后 QF3～4 断开，使红灯 RD 灭，并切断跳闸回路，同时 QF1～2 闭合，而 SA 尚在已合闸位置，其触点 SA5～6 闭合，从而接通闪光电源小母线 WF(＋)，使绿灯 GN 闪光，表示断路器已自动跳闸。由于断路器自动跳闸，SA 仍在合闸位置，其触点 SA9～10 闭合，而断路器却已跳闸，其触点 QF5～6 返回闭合，因此事故音响信号回路接通。在绿灯 GN 闪光的同时，并发出音响信号(电笛响)。当值班员收到事故跳闸信号后，可将控制开关 SA 的手柄扳向预分闸位置，这时全部事故信号立即解除。

3. 弹簧操纵机构的断路器控制和信号回路

弹簧操纵机构是利用预先储能的合闸弹簧释放能量，使断路器合闸。合闸弹簧由交直流两用电动机拖动储能，也可手动储能。

图 4-79 是采用 CT7 型弹簧操纵机构的断路器控制和信号回路原理图，其控制开关采用 LW2 或 LW5 型万能转换开关。

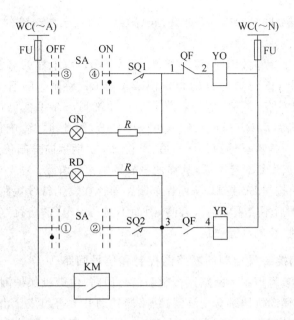

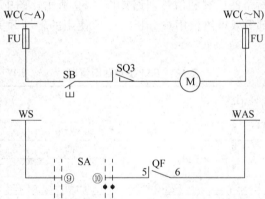

图 4-79 采用弹簧操纵机构的断路器控制和信号回路

WC—控制小母线；WS—信号小母线；WAS—事故音响信号小母线；SA—控制开关；SB—按钮；
SQ—储能位置开关；YO—电磁合闸线圈；YR—跳闸线圈；QF1～6—断路器辅助触点；
M—储能电动机；GN—绿色指示灯；RD—红色指示灯；KM—继电保护出口触点

合闸前，先按下按钮 SB，使储能电机 M 通电(位置开关 SQ3 原已闭合)，从而使合闸弹簧储能。储能完成后，SQ3 自动断开，切断 M 的回路，同时位置开关 SQ1 和 SQ2 闭合，为分合闸做好准备。

合闸时，将控制开关 SA 手柄扳向合闸(ON)位置，其触点 SA3～4 接通，合闸线圈 YO 通电，使弹簧释放，通过传动机构使断路器 QF 合闸。合闸后，其辅助触点 QF1～2 断开，绿灯 GN 灭，并切断合闸电源；同时 QF3～4 闭合，红灯 RD 亮，指示断路器在合闸位置，并监视着跳闸回路的完好性。

分闸时，将控制开关 SA 手柄扳向分闸(OFF)位置，其触点 SA1～2 接通，跳闸线圈 YR 通电(其中 QF3～4 原已闭合)，使断路器 QF 分闸。分闸后，QF3～4 断开，红灯 RD

灭,并切断跳闸回路;同时 QF1～2 闭合,绿灯 GN 亮,指示断路器在分闸位置,并监视着合闸回路的完好性。

当一次电路发生短路故障时,保护装置动作,其出口继电器 KM 触点闭合,接通跳闸线圈 YR 回路(其中 QF3～4 原已闭合),使断路器 QF 跳闸。随后 QF3～4 断开,红灯 RD 灭,并切断跳闸回路;同时,由于断路器是自动跳闸,SA 手柄仍在合闸位置,其触点 SA9～10 闭合,而断路器 QF 已经跳闸,QF5～6 闭合,因此事故音响信号回路接通,发出事故跳闸音响信号。值班员得知此信号后,可将 SA 手柄扳向分闸位置(OFF),使 SA 触点与 QF 的辅助触点恢复对应关系,从而使事故跳闸信号解除。

储能电机 M 由按钮 SB 控制,从而保证断路器合在发生持续短路故障的一次电路上时,断路器自动跳闸后不会重复地误合闸,因而不需另设电气"防跳"(防止合闸在故障状态,使断路器反复跳、合闸)的装置。

4. 微机保护测控装置控制的断路器控制和信号回路

微机保护测控装置控制的断路器控制和信号回路,由微机保护测控装置及其外围元器件,如转换开关、操动机构跳合闸线圈、断路器辅助开关等组成。由 ND8011 微机线路保护测控装置构成的断路器控制和信号回路如图 4-80 所示。图中绘出了 ND8011 微机线路保护测控装置内部等效电路供用户分析。图中使用的转换开关 SA1 接点通断情况如表 4-2 所示。

表 4-2　SA1 接点通断情况　　　(LW12—16D/49,4021,3)

接点 运行方式	1～2	3～4	5～6 7～8	9～10	11～12
手跳	断	断	断	断	通
就地	断	断	断	通	断
远方	断	断	通	断	断
就地	断	通	断	断	断
手合	通	断	断	断	断

4.4.4　信号系统

在变配电所中,为了监视各电气设备和系统的运行状态并进行事故分析处理,经常采用信号装置。信号的类型按用途可分为位置信号、事故信号、预告信号。

位置信号用来显示断路器正常工作时的位置状态。红灯亮表示断路器处于合闸位置;绿灯亮表示断路器处于分闸位置。

事故信号用来显示断路器在事故情况下的工作状态。当断路器发生事故跳闸时,将启动蜂鸣器或电笛发出声响,同时断路器的位置指示灯会发出闪光,事故类型光字牌被点亮,可用来指示故障的位置和类型。

预告信号用来在一次设备出现不正常状态时或在故障初期发出报警信号。当电气设备出现不正常运行状态时,启动电铃发出声响信号,同时标有故障信号的光字牌被点亮,用来指示不正常运行状态的类型,如变压器过负荷、轻瓦斯等。

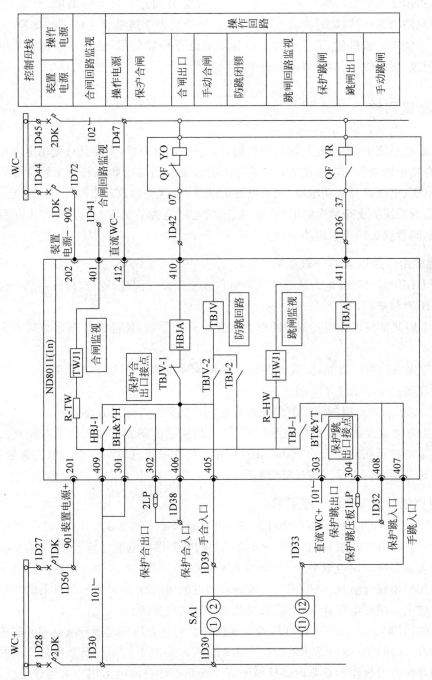

图 4-80　由 ND8011 微机线路保护测控装置构成的断路器控制和信号回路

信号回路由于装设在变配电所值班室或控制室的中央信号屏上,因此也称做中央信号回路。中央信号回路在发出音响信号后,应能手动或自动复归(解除)音响,而灯光信号及其他指示信号应保持到消除故障为止。中央信号回路的接线应简单、可靠,并应能监视信号回路的完好性,能对事故信号、预告信号及其光字牌是否完好进行试验。目前,中央信号已实现了微机化,不仅可以实时显示断路器位置信号,还可及时报警及事件记录、历史记录、显示打印、故障录波分析等。

4.4.5 测量回路

在供配电系统中,进行电气测量的目的有:一是计费测量,主要是计量用电单位的用电量,如有功电能表和无功电能表;二是对供电系统中的运行状态和技术经济分析进行测量,如电压、电流以及有功电能、无功电能的测量等,这些参数通常都需要定时记录;三是对交、直流系统的安全状况,如绝缘电阻、三相电压是否平衡等进行监测。由于目的不同,因此对测量仪表的要求也不一样。

1. 对常用测量仪表的一般要求

根据 GBJ 63—1990《电力装置的电测量仪表装置设计规范》规定,对常用测量仪表及其选择有下列要求。

(1) 常用测量仪表应能正确反映电力装置的运行参数,能随时监测电力装置回路的绝缘状况。

(2) 除谐波测量仪表外,交流回路仪表的精确度等级应不低于 2.5 级;直流回路仪表的精确度等级应不低于 1.5 级。

(3) 1.5 级和 2.5 级的常用测量仪表应配用不低于 1.0 级的互感器。

(4) 当电力装置回路以额定值运行时,仪表的测量范围和电流互感器变流比的选择宜满足仪表的指示在标度尺的 70%~100% 处。对有可能过负荷运行的电力装置回路,仪表的测量范围宜留有适当的过负荷裕度。

2. 对电能计量仪表的一般要求

按 GBJ 63—1990 规定,对电能计量仪表及其选择有下列要求。

(1) 月平均用电量在 1×10^6 kW·h 及以上的电力用户电能计量点,应采用 0.5 级的有功电能表。月平均用电量小于 1×10^6 kW·h,在 315kV·A 及以上的变压器高压侧计费的电力用户电能计量点,应采用 1.0 级的有功电能表。在 315kV·A 以下的变压器低压侧计费的电力用户电能计量点,应采用 2.0 级有功电能表。

(2) 在 315kV·A 及以上的变压器高压侧计费的电力用户电能计量点和并联电力电容器组,均应采用 2.0 级的无功电能表。在 315kV·A 以下的变压器低压侧计费的电力用户电能计量点及仅作为企业内部技术经济考核而不计费的电力用户电能计量点,均应采用 3.0 级无功电能表。

(3) 0.5 级的有功电能表,应配用 0.2 级的互感器。1.0 级的有功电能表、1.0 级的专用电能计量仪表、2.0 级计费用的有功电能表及 2.0 级的无功电能表,应配置不低于

0.5级的互感器。仅作为企业内部技术经济考核而不计费的2.0级有功电能表及3.0级无功电能表,宜配置不低于1.0级的互感器。

3. 变配电装置中各种仪表的配置要求

供配电系统变配电装置中各部分仪表的配置要求如下。

(1) 在电力用户的电源进线上,或经供电部门同意的电能计量点,必须装设计费的有功电能表和无功电能表,而且宜采用全国统一标准的电能计量柜。为了解负荷电流,进线上还应装设电流表。

(2) 变配电所的每段母线上,必须装设电压表测量电压。在中性点不接地电流系统中,各段母线上还应装设绝缘监视装置。如果出线很少时,绝缘监视装置可不装设。

(3) (6~10)/0.4kV的电力变压器,在高压侧装设电流表和有功电能表各一只。如为单独经济核算单位的电力变压器,还应装设一只无功电能表。

(4) 3~10kV的配电线路,应装设电流表、有功和无功电能表各一只。如不是送往单独经济核算单位时,可不装无功电能表。当线路负荷在5000kV·A及以上时,可再装设一只有功功率表。

(5) 380V的电源进线或变压器低压侧,各相应装一只电流表。如果变压器高压侧未装电能表时,低压侧还应装设有功电能表一只。

(6) 低压动力线路上,应装设一只电流表。低压照明线路及三相负荷不平衡率大于15%的线路上,应装设3只电流表以分别测量各相电流。如需计量电能,一般应装设一只三相四线有功电能表。对三相负荷平衡的动力线路,可只装设一只单相有功电能表,实际电能按其计度的3倍计。

(7) 并联电力电容器组的总回路上,应装设3只电流表,分别测量各相电流,并应装设一只无功电能表。

目前,测量已实现了微机遥测化,图4-81是采用ND8011微机测量的互感器输入回路。

4.4.6 工厂变配电所的自动装置

1. 电力线路的自动重合闸装置(ARD)

电力系统的运行经验表明,架空线路上的故障大多数是瞬时性故障,这些瞬时性故障包括大气过电压造成的绝缘子闪络、大风引起的碰线、鸟害等造成的短路等。这些故障虽然会引起断路器跳闸,但短路故障后,故障点的绝缘一般都能自行恢复。此时若断路器再合闸,便可恢复供电,从而提高了供电的可靠性。自动重合闸装置就是利用这一特点。自动重合闸装置是当断路器跳闸后,能够自动地将断路器重新合闸的装置。

自动重合闸装置(ARD)主要用于架空线路,在电缆线路中一般不用,因为电缆线路中的大部分跳闸都是因电缆、电缆头或中间接头的绝缘破坏而导致的,这些故障一般不是短暂的。

自动重合闸装置按操纵机构的不同可分为机械式、电气式和微机式。机械式ARD适用于弹簧操纵机构的断路器;电气式ARD适用于电磁操纵机构的断路器;微机式

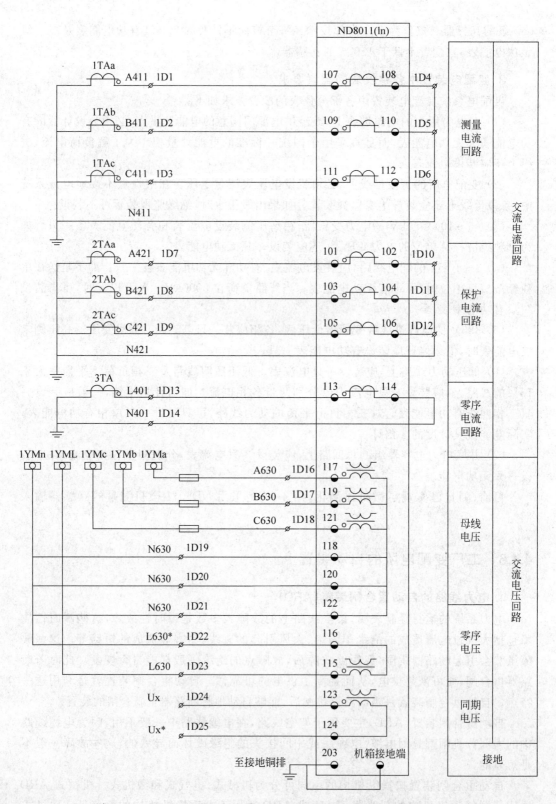

图 4-81 采用 ND8011 微机测量的互感器输入回路

ARD适用于弹簧操纵机构和电磁操纵机构的断路器。按动作次数的多少可分为一次动作重合闸、二次或三次动作重合闸。在供配电系统中,一般采用一次重合闸装置。采用微机保护的二次系统,如需一次重合闸功能,订货时,需要向供货商说明。

2. 备用电源自动投入装置(APD)

在对供电可靠性要求较高的变配电所中,通常采用两路及两路以上的电源进线。两路电源进线的工作方式为两路电源互为备用,也可一路为工作电源,另一路为备用电源。备用电源自动投入装置(APD)就是当一路电源线路中发生故障而断电时,能自动并且迅速将另一路备用电源投入运行,以确保供电可靠性的装置。

采用微机保护的二次系统,可以考虑微机备用电源自动投入,订货时,需要向供货商说明。

3. 变电所综合自动化

随着电力系统自动化技术的发展,变电所的二次测量、控制、保护等功能的智能化、分散化和网络化已成为该行业发展的必然趋势。越来越多的变电所要求达到无人值班的标准,因此"常规保护+中央音响+中央信号"的传统模式已不再适合现代电力技术发展的要求。变电所综合自动化就是对全变电所的主要设备和输、配电线路实现自动监视、测量、自动控制和微机保护,以及与调度通信等综合性的自动化功能。变电所实现综合自动化后,具备功能综合化、结构微机化、操作监控屏幕化、运行管理智能化、通信局域网络化等特征,它利用多台微型计算机和大规模集成电路组成的自动化系统代替常规的测量和监视仪表、常规控制屏、中央信号系统和远动屏,用微机保护代替常规的继电保护屏,从而改变了常规的继电保护装置不能与外界通信的缺陷。

与常规变电所的二次系统相比,变电所实现综合自动化后,可以提高供电质量,提高变电所运行管理的自动化水平和提高运行的可靠性,缩小占地面积,减少控制电缆,促进无人值班变电所管理模式的实行,易于发现问题,尽快恢复供电。

变电所综合自动化系统具有以下基本功能。

(1) 微机保护功能

微机保护是综合自动化系统的关键环节。变电所综合自动化系统中的微机保护主要包括电力线路保护、电力变压器保护、母线保护和电容器保护等。

(2) 监视控制的功能

① 数据采集与处理。其内容包括模拟量、开关量和电能量的采集,并将采集到的数据去伪存真,供计算机处理之用。

② 事件顺序记录。其内容包括断路器跳、合闸记录,保护动作顺序记录。

③ 故障记录、故障录波和测距。6~35kV配电线路很少专门设置故障录波器,为了分析故障方便,可设置简单的故障记录功能。故障记录用来记录继电保护动作前后、与故障有关的电流量和母线电压。

④ 操作控制功能。操作人员可通过CRT屏幕对断路器和隔离开关进行分、合操作,对变压器分接开关位置进行调节控制,对电容器进行投、切控制,同时还要能接受遥控操作命令,进行远方操作。为防止计算机系统故障时无法操作被控设备,故在设计时,应保

留人工直接跳、合闸手段。

⑤ 安全监视功能。在运行过程中，监控系统要对采集的电流、电压、主变压器温度、频率等量不断地进行越限监视，如发现越限，立刻发出报警信号，同时记录和显示越限时间和越限值。另外，还要监视保护装置是否失电、自控装置工作是否正常等。

⑥ 人机联系功能。操作人员或调度员只要面对 CRT 显示器的屏幕，通过操作鼠标或键盘，就可对全站的运行情况和运行参数一目了然，并可对全站的断路器和隔离开关等进行分、合操作，从而改变了传统的依靠指针式仪表和依靠模拟屏或操作屏等手段的操作方式。

⑦ 打印功能。对于有人值班的变电所，监控系统可以配备打印机，完成以下打印记录功能：定时打印报表和运行日志、开关操作记录打印、事件顺序记录打印、越限打印、召唤打印、抄屏打印和事故追忆打印。

⑧ 数据处理与记录功能。其内容包括：主变压器和输电线路有功功率和无功功率每天的最大值和最小值以及相应的时间、母线电压每天定时记录的最高值和最低值以及相应的时间、计算配电电能平衡率、统计断路器动作次数、断路器切除故障电流和跳闸次数。

（3）自动控制装置的功能

变电所综合自动化系统必须具有保证安全、可靠供电和提高电能质量的自动控制功能。为此，应配置相应的自动控制装置，如一次重合闸装置、备用电源自投控制装置、小电流接地选线装置等。

（4）远动及数据通信功能

变电所综合自动化的通信功能包括系统内部的现场级间的通信和自动化系统与上级调度间的通信两部分。现场级间的通信主要解决系统内部各子系统间或与上位机间的数据和信息交换问题，其通信范围是变电站内部；综合自动化系统必须具备 RTU 的功能，即应该能够将所采集的模拟量和状态量信息，以及时间顺序记录等远传至调度端，同时应该能够接受调度端下达的各种操作、控制、修改定值等命令。

习题

4-1 变配电所分为哪几种类型？

4-2 变配电所选址应考虑哪些条件？

4-3 确定供配电系统中变电所变压器容量和台数的原则是什么？

4-4 常用的高压设备有哪些？画出它们的图形和文字符号，并说明各自在供配电系统中的作用。

4-5 高压少油断路器和高压真空断路器各自的灭弧介质是什么？比较其灭弧性能并说明各适用于什么场合。

4-6 常用的低压电气设备有哪些？画出其图形和文字符号。

4-7 电流互感器和电压互感器在结构上各有什么特点？使用时应注意哪些事项？

4-8　低压断路器有哪些功能？按结构形式可分为哪两大类？

4-9　低压断路器有哪些功能？按结构形式可分为哪些类型？

4-10　什么是变配电所的电气主接线？对电气主接线有哪些基本要求？

4-11　变配电所的电气主接线有哪些常用的基本接线方式？分析说明其优缺点和适用范围。

4-12　某重型机器厂10kV高压配电所所接1♯车间为一级负荷单位，2♯车间为二级负荷单位，3♯和4♯车间为三级负荷单位。该厂围墙外有供电公司双电源10kV架空线路2路；高压配电所为独立式；高压侧计量电能。1♯车间变电所与高压配电所合建，共输出10路动力3路照明，其中一级动力负荷2个，二级动力负荷2个。试设计该厂10kV高压配电所主电路和1♯车间变电所主电路。

4-13　在采用高压隔离开关—断路器的电路中，送电操作时应如何操作？停电时又应如何操作？

4-14　在什么情况下断路器两侧需要装设隔离开关？在什么情况下断路器可只在一侧装设隔离开关？

4-15　倒闸操作的步骤有哪些？

4-16　对继电保护的基本要求是什么？

4-17　什么是线路的过电流保护、瞬时电流速断保护？定时限过电流保护中，如何整定和调节其动作电流和动作时间？反时限过电流保护中，又如何整定和调节其动作电流和动作时间？

4-18　变压器一般装设什么保护？各有什么作用？线路和变压器的各种相应的保护有何异同？

4-19　小电流接地系统发生单相接地时有何特点？说明绝缘检查装置的构成及工作原理。

4-20　微机保护硬件由哪几部分组成？

4-21　什么是变配电所的二次回路？二次回路包括哪些内容？它与一次回路有何区别？

4-22　什么是操作电源？常用的交、直流操作电源有哪几种？各有何特点？

4-23　对断路器的控制和信号回路有哪些要求？什么是断路器事故跳闸信号启动回路的不对应原则？

4-24　在断路器控制回路中，如何实现手动及自动跳、合闸操作，红灯及绿灯各起什么作用？发现自动跳、合闸后应如何处理？

4-25　简述事故信号及预报信号的作用。在系统出现故障或异常工作状态时，信号装置如何动作？声响有何区别？

4-26　电气测量的目的是什么？

4-27　什么是自动重合闸？简述自动重合闸装置的工作原理。

4-28　什么是备用电源自动投入装置？简述备用电源自动投入装置的工作原理。

4-29　变电站综合自动化系统有哪些主要功能？

第 5 章

工厂变配电所安装调试、运行维护、检修试验

【学习目标】

掌握常用高低压电器、高低压成套设备相关知识；

掌握中型工厂变配电所相关知识；

掌握微机继电保护整定方法；

掌握工厂变配电所运行维护知识及其一般技能，基本达到顶岗目标；

掌握工厂变配电所主要设备的试验检修知识及其一般技能，初步达到顶岗目标。

5.1 常用高低压电器以及工厂变配电所认识

一、实习内容

(1) 工厂变配电所常用高低压电器的认识。

(2) 高低压开关柜(屏)的安装。

(3) 工厂变配电所的认识。

二、实习场地、资料

实习场地、资料如表 5-1 所示。

表 5-1 实习场地、资料

序号	实习项目	实习场地	所需资料	备注
1	工厂变配电所常用高低压电器的认识	高低压开关柜(屏)生产厂家	常用高低压电器结构、参数	由学生和教师分工提前收集
2	高低压开关柜(屏)的安装	高低压开关柜(屏)生产厂家	① 高低压开关柜(屏)主接线方案 ② 高低压开关柜(屏)安装接线图 ③ GB 6988.3；GB/T 4728；GB 7195	由学生和教师分工提前和现场收集
3	工厂变配电所的认识	中型工厂变配电所	① 该中型工厂变配电所平面图、结构图 ② 该中型工厂变配电所主电路图 ③ 该中型工厂变配电所二次电路图	由教师与该工厂变配电所联系取得

三、实习教学目标

实习教学目标如表 5-2 所示。

表 5-2 实习教学目标

序号	实习项目	教学目标	备注
1	工厂变配电所常用高低压电器的认识	① 掌握主要高低压电器结构、功能、主要参数 ② 掌握主流高低压开关柜(屏)结构特点、常用柜(屏)功能 ③ 掌握高低压开关柜(屏)二次线路安装方式 ④ 掌握高低压开关柜(屏)操作方式 ⑤ 了解高低压开关柜(屏)的进出线方式 ⑥ 了解高低压开关柜(屏)的安装过程 ⑦ 对照接线图观察设备布置和线路走向	预习、听讲、询问、观察、分析相结合
2	工厂变配电所的认识	① 了解该中型工厂变配电所结构、布置 ② 对照主电路图能迅速识别出该中型工厂变配电所主电路结构组成 ③ 了解该中型工厂变配电所运行维护 ④ 了解该中型工厂变配电所二次电路设置、布置、功能 ⑤ 了解该中型工厂变配电所保护装置设置、整定方式 ⑥ 了解该中型工厂变配电所故障处理方法、过程 ⑦ 了解该中型工厂变配电所设备检修、试验情况	预习、听讲、询问、观察、分析相结合

四、实习步骤及要求

1. 预习高低压电器的相关知识

(1) 收集并学习以下常用高低压电器的技术资料。

RN1、RN2 型等高压管式熔断器；10kV 的 GN8、GN19、GN22、GN24、GN28、GN30 等系列高压隔离开关；6~10kV 户内压气式 FN3-10RT、FN5-10 型、户内高压真空式 FZN21-10 型等高压负荷开关；10kV 户内 SN10-10 型少油断路器；ZN3-10、ZN12-12、ZN28A-12 型高压真空断路器；CD 系列电磁、CT 系列弹簧储能断路器的操纵机构；RT0 型、NT 系列、gF 系列圆柱形管状低压熔断器；HD 系列以及 HS 系列等低压刀开关；HR5 型低压刀熔开关；DW15(H)、DW16、DW17(ME)、DW18、DW40、DW45、DW48(CB11)、DW914(AH)型等，DZ 系列低压断路器；带漏电保护的断路器；DW45 型等智能型万能式断路器；各型高低压电流互感器、电压互感器。

(2) 收集并学习以下高低压开关柜(屏)的技术资料。

XGN、KYN、JYN 系列等高压开关柜；GGD、GCL、GCS、GCK、GHT1、MNS 型低压配电屏。

(3) 高低压开关柜(屏)二次线路集中安装和分散安装的比较。

(4) 高低压开关柜(屏)就地或远动、手动或电动等操作方式知识。

(5) 高低压开关柜(屏)的架空和电缆进出线方式比较。

(6) 高低压开关柜(屏)的结构以及安装过程。

(7) 二次回路安装接线图知识。

按照 GB 50171—1992《电气装置安装工程盘、柜及二次回路接线施工及验收规范》，二次回路接线应符合下列要求。

① 按图施工，接线正确。

② 导线与电气元件间采用螺栓连接、插接、焊接或压接等，均应牢固可靠。

③ 盘、柜内的导线不应有接头，导线芯线应无损伤。

④ 电缆芯线和所配导线的端部均应标明其回路编号，编号应正确，字迹清晰不易脱色。

⑤ 配线应整齐、清晰、美观，导线绝缘应良好、无损伤。

⑥ 每个接线端子的每侧接线宜为 1 根，不得超过 2 根，有更多导线连接时可采用连接端子；对于插接式端子，不同截面的两根导线不得接在同一端子上；对于螺栓连接端子，当接两根导线时，中间应加平垫片。

⑦ 二次回路接地应设专用螺栓。

⑧ 盘、柜内的二次回路配线：电流回路应采用电压不低于 500V 的铜芯绝缘导线，其截面不应小于 $2.5mm^2$；其他回路配线不应小于 $1.5mm^2$；对电子元件回路、弱电回路采用锡焊连接时，在满足载流量和电压降及有足够机械强度的情况下，可采用不小于 $0.5mm^2$ 截面的绝缘导线。

用于连接电气门上的电器、控制台板等可动部位的导线还应符合下列要求。

① 应采用多股软导线，敷设长度应留有适当余量。

② 线束应用外套塑料管(槽)等加强绝缘层。

③ 与电器连接时，端部应绞紧，并应加终端附件或搪锡，不得松散、断股。

④ 在可动部位两端应用卡子固定。

引入盘、柜内的电缆及其芯线应符合下列要求。

① 引入盘、柜的电缆应排列整齐、编号清晰、避免交叉并固定牢固，不得使所接的端子排受到机械应力。

② 铠装电缆在进入盘、柜后，应将钢带切断，切断处的端部应扎紧，并应将钢带接地。

③ 使用于静态保护、控制等逻辑回路的控制电缆，应采用屏蔽电缆，其屏蔽层应按设计要求的接地方式予以接地。

④ 橡胶绝缘的芯线应用外套绝缘管保护。

⑤ 盘、柜内的电缆芯线，应按垂直或水平有规律地配置，不得任意歪斜交叉连接。备用芯长度应留有适当余量。

⑥ 强、弱电回路不应使用同一电缆，且应分别成束分开排列。

按照 GB 6988.3—1997《电气技术用文件的编制 第三部分：接线图和接线表》的规定，其图形符号应符合 GB/T 4728—1996～2000《电气简图用图形符号》的有关规定，其文字符号包括项目代号应符合 GB 5094—1985《电气技术中的项目代号》及 GB 7159—1987《电气技术中的文字符号制订通则》的有关规定。二次回路的接线图是安装施工和运行维护时的重要参考图纸,是在原理展开图和屏面布置图的基础上绘制的。接线分为盘前接线和盘后接线,盘后接线使用较多,其一般规则如下。

① 图幅分区。图幅分区相当于在图上建立了直角坐标,目的是为了在读图的过程中,迅速找到图上的内容。在图中,一般将两对边各自等分加以分区,分区的数目应为偶数。在上下横边上用阿拉伯数字表示编号,并且从左至右顺序编号。每个分区的两个竖边从上到下用大写拉丁字母顺序分区,如图 5-1 所示,分区代号用字母和数字表示,如 B2、C5 等。

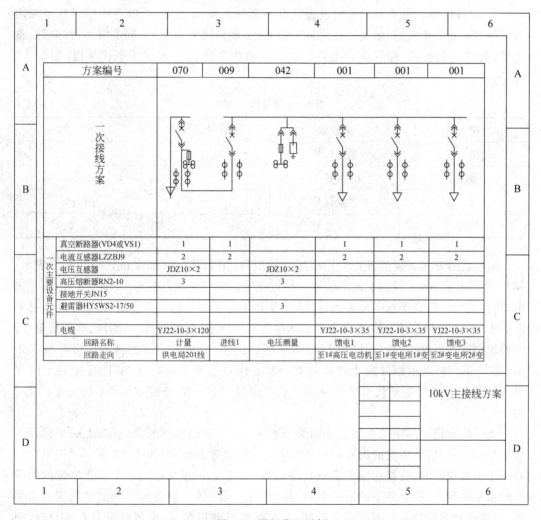

图 5-1 图幅分区示例

② 用实线、虚线、点划线、双点划线以及不同的宽度,区分不同的电气含义。

③ 线路采用水平或垂直布局,一般不应画成斜线。表示导线或连接线的图线都应是交叉和折弯最少的直线。

对图形符号的要求如下。

① 图形符号应采用最新国家标准规定的图形符号,并尽可能采用优选形和最简单的

形式。

② 同一电气图中应采用同一形式的符号。

③ 图形符号均是按无电压、无外力作用的正常状态表示。

④ 在二次回路安装接线图中，设备的相对位置与实际的安装位置相符，但无须按比例画出。图中的设备外形应尽量与实际形状相符。若设备的内部的接线比较简单（如电流表、电压表等），可不必画出，若设备内部接线复杂（如各种继电器等），则要画出内部接线。

⑤ 项目代号。为了表示屏内设备或某一系统的隶属关系，一般要用项目代号来表示。项目是指一个实物，如设备或屏或一个系统，项目可大可小，小到电容器、熔断器、继电器，大到一个系统，都可称为项目。一个完整的项目代号包括 4 个代号段，如表 5-3 所示。

表 5-3 项目代号构成

段别	名称	前缀符号	示例
第一段	高层代号	=	=A2
第二段	位置代号	+	+5
第三段	种类代号	-	-KM2
第四段	端子代号	:	X1:2

高层代号是指系统或设备中较高层次的项目，用前缀"="加字母代码和数字表示，如"=A2"表示 A2 为较高层次的装置。位置代号以项目的实际位置（如区、室等）编号表示，用前缀"+"加数字或字母表示，可以有多项组成，如+3+B+7，表示 3 号室内 B 列第 7 号屏。一个电气装置一般由多种类型的电器元件组成，如继电器、熔断器、端子板等，为明确识别这些器件（项目）所属种类，设置了种类代号，用前缀"-"加种类代号和数字表示，如"-KM2"表示编号为 2 的接触器。端子代号用来识别电器、器件连接端子的代号。用前缀":"加端子代号字母和端子数字编号，如"-X1:2"表示 X1 端子排的第 2 端子。

为了区分同一屏中两个以上分别属于不同一次回路的二次设备，设备上必须标以安装单位的编号，安装单位的编号用罗马数字Ⅰ、Ⅱ、Ⅲ等来表示，如图 5-2 所示。当屏中只有一个安装单位时，直接用数字表示设备编号，如 1、2、3 等。对同一个安装单位内的设备应按从左到右、从上到下的顺序编号，如Ⅱ₁、Ⅱ₂、Ⅱ₃等。设备编号应放在圆圈的上半部，设备的种类代号放在圆圈的下半部，对相同型号的设备，如电流继电器有 3 只时，则可分别以 1KA、2KA、3KA 表示。

在屏内与屏外二次回路设备的连接或屏内不同安装单位设备之间以及屏内与屏顶设备之间的连接都是通过端子排来连接的。若干个接线端子组合在一起构成端子排，端子排通常垂直布置在屏后两侧。端子按用途有以下几种：一般端子适用于屏内、外导线或电缆的连接；连接端子与一般端子的外形基本一样，不同的是中间有一缺口，通过缺口可以将相邻的连接端子或一般端子用连接片连为一体，提供较多的接点供接线使用；试验端子用于需要接入试验仪器的电流回路中,通过它来校验电流回路中仪表和继电器的准确度;其他端子还有连接型试验端、终端端子、标准端子、特殊端子等。各种回路在经过端子排转接时,应按下列顺序安排端子的排列:交流电流回路、交流电压回路、信号回路、控制回路、其他回路、转接回路。

二次回路接线表示方式有连续线和中断线两种。连续线在图中表示设备之间的连接线是用连续的图线画出的,当图形复杂时,图线的交叉点太多,显得很乱;中断线又叫相对编号法,就是甲、乙两个设备需要连接时,在设备的接线柱上画一个中断线并标明接线的去向,没有标号的接线柱,表示空着不接。相对编号法的表示方式如图 5-2 所示。

屏面布置图是生产、安装过程的参考依据。屏面布置图中设备的相对位置应与屏上设备的实际位置一致,在屏面布置图中应标定屏面安装设备的中心位置尺寸。

控制屏屏面布置应满足监视和操作调节方便、模拟接线清晰的要求。相同的安装单位其屏面布置应一致。测量仪表应尽量与模拟接线对应,A、B、C 相按纵向排列,同类安装单位中功能相同的仪表,一般布置在相对应的位置。每列控制屏的各屏间,其光字牌的高度应一致,光字牌宜放在屏的上方,要求上部取齐,也可放在中间,要求下部取齐。操作设备宜与其安装单位的模拟接线相对应。功能相同的操作设备应布置在相对应的位置上,操作方向全变电所必须一致。采用灯光监视时,红、绿灯分别布置在控制开关的右上侧和左上侧。屏面设备的间距应满足设备接线及安装的要求。800mm 宽的控制屏上,每行控制开关不得超过 5 个(强电小开关及弱电开关除外)。二次回路端子排布置在屏后两侧。操作设备(中心线)离地面一般不得低于 600mm,经常操作的设备宜布置在离地面 800~1500mm 处。

继电保护屏屏面布置应在满足试验、检修、运行、监视方便的条件下,适当紧凑。相同安装单位的屏面布置宜对应一致,不同安装单位的继电器装在一块屏上时,宜按纵向划分,其布置宜对应一致。各屏上设备装设高度横向应整齐一致,避免在屏后装设继电器。调整、检查工作较少的继电器布置在屏的上部,调整、检查工作较多的继电器布置在中部。一般按如下次序由上至下排列:电流、电压、中间、时间继电器等布置在屏的上部;方向、差动、重合闸继电器等布置在屏的中部;各屏上信号继电器宜集中布置,安装水平高度应一致;信号继电器在屏面上安装中心线离地面不宜低于 600mm;试验部件与连接片的安装中心线离地面不宜低于 300mm;继电器屏下面离地 250mm 处宜设有孔洞供试验时穿线用。

信号屏屏面布置应便于值班人员监视。中央事故信号装置与中央预告信号装置,一般集中布置在一块屏上,但信号指示元件及操作设备应尽量划分清楚。信号指示元件(信号灯、光字牌、信号继电器)一般布置在屏正面的上半部,操作设备(控制开关、按钮)则布置在它们的下方。为了保持屏面的整齐美观,一般将中央信号装置的冲击继电器、中间继电器等布置在屏后上部(这些继电器应采用屏前接线式)。中央信号装置的音响器(电笛、电铃)一般装于屏内侧的上方。

图 5-3 所示为 35kV 变电所主变控制屏、信号屏和继电保护屏屏面设备布置示意图。

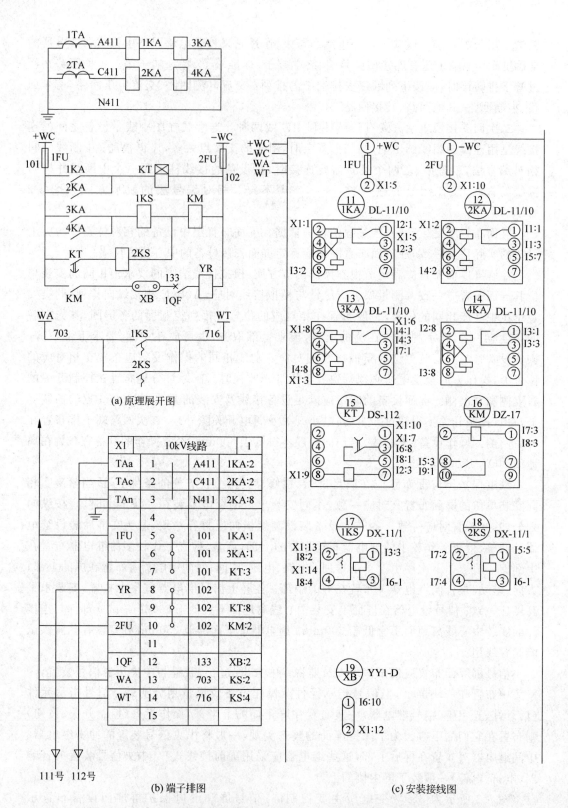

图 5-2 某 10kV 出线柜定时限过电流保护和电流速断保护安装接线图(部分)

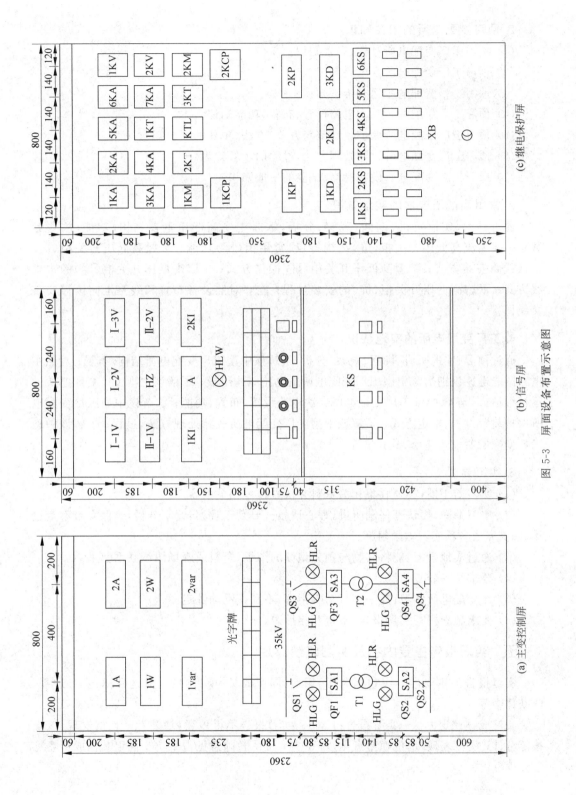

图 5-3 屏面设备布置示意图

2. 预习变配电所的相关知识

(1) 预习工厂变配电所结构、布置知识。

(2) 预习工厂变配电所主电路知识。

(3) 预习工厂变配电所运行维护知识。

(4) 预习工厂变配电所二次电路设置、布置、功能知识。

(5) 预习工厂变配电所保护装置整定方式、方法、步骤的一般知识。

(6) 预习工厂变配电所故障处理方法、过程的一般知识。

(7) 预习工厂变配电所设备检修、试验的一般知识。

3. 常用高低压电器的实地认识

通过预习、实地听讲、询问、观察、分析，掌握主要高低压电器结构、功能、主要参数；掌握主流高低压开关柜(屏)结构特点、常用柜(屏)功能；掌握高低压开关柜(屏)二次线路安装方式；掌握高低压开关柜(屏)操作方式；了解高低压开关柜(屏)的进出线方式；了解高低压开关柜(屏)的安装过程；能够对照设备布置和线路走向读懂安装接线图。

4. 工厂变配电所的实地认识

通过预习、实地听讲、询问、观察、分析，了解该中型工厂变配电所结构、布置；对照主电路图能迅速识别出该中型工厂变配电所主电路结构组成；了解该中型工厂变配电所的运行维护；了解该中型工厂变配电所二次电路设置、布置、功能；了解该中型工厂变配电所保护装置设置、整定方式；了解该中型工厂变配电所故障处理方法、过程；了解该中型工厂变配电所设备检修、试验情况。

5. 实习要求

(1) 实习前1周，必须收集相关资料并认真预习相关内容。

(2) 实习期间，要认真仔细听讲，虚心请教。要勤于观察，善于分析，确保实习不走过场，圆满完成各项实习教学目标。

(3) 通过实地学习，能将实物与预先识读的图纸、资料或现场图纸联系起来。

(4) 要求统一着工作服。

(5) 在变配电所实习，要一切行动听指挥，不乱摸乱动乱走。

(6) 要求独立撰写实习报告，不得互相抄袭。

五、实习报告主要内容及实习成绩评定

实习报告的主要内容应包括时间、场地、同组成员、项目内容、应达目标、实习过程、收获体会等。

实习成绩评定办法：实习报告占30%，实习报告不得抄袭，抄袭者一旦被发现，该项按零分计；实习表现(单位师傅意见)占30%；带队教师意见占20%；同组其他成员意见占20%。

5.2 工厂变配电所的运行维护

一、实习内容

工厂变配电所的运行维护。

二、实习场地、资料

实习场地、资料如表 5-4 所示。

表 5-4 实习场地、资料

实习项目	实习场地	所需资料	备 注
工厂变配电所的运行维护	有人值守的中型工厂变配电所	① 变配电所运行维护相关规程 ② 该中型工厂变配电所电气资料	由学生和教师分工提前和现场收集

三、实习教学目标

实习教学目标如表 5-5 所示。

表 5-5 实习教学目标

实习项目	教学目标	备 注
工厂变配电所的运行维护	① 严格按照该工厂变配电所值班制度值班 ② 接到命令后,在变配电所值班师傅的带领监护下进行倒闸操作 ③ 在变配电所值班师傅的带领监护下进行抄表工作 ④ 在变配电所值班师傅的带领监护下进行巡视检查工作 ⑤ 完成变配电所值班师傅交给的其他工作	预习、听讲、询问、观察、分析,基本达到顶岗目标

四、实习步骤及要求

1. 预习变配电所运行维护的一般知识

(1) 变配电所的运行值班

① 变配电所的运行值班制度。工厂变配电所的运行值班制度主要有轮班制和无人值班制。轮班制通常采取一天三班轮换的值班制度,全年都不间断。这种值班制度对于确保变配电所的安全运行有很大的好处,这是我国工矿企业普遍采用的一种传统的值班制度,但耗费的人力多,不经济。我国有些小型企业及大中型企业的一些车间变电所,则往往采取无人值班制,仅由企业的维修电工或企业总变配电所的值班电工每天定期巡视检查。如果变配电所自动化程度低,这种无人值班制很难确保变配电所的安全运行。现代化企业的变配电所的发展方向,就是要在实现综合自动化的基础上实现无人

值班。

② 变配电所值班员的职责。

a. 遵守变配电所值班工作制度，坚守工作岗位，做好变配电所的安全保卫工作，确保变配电所的安全运行。

b. 积极钻研本职工作，认真学习和贯彻有关规程；熟悉变配电所的一、二次系统的接线及设备的装设位置、结构性能、操作要求和维护保养方法等；掌握各种安全工具和消防器材的使用方法和触电急救法；了解变配电所现在的运行方式、负荷情况及负荷调整和电压调节等措施。

c. 监视所内各种设施的运行状态，定期巡视检查，按照规定要求抄报各种运行数据，记录运行日志。发现设备缺陷和运行不正常时，及时处理，并做好有关记录，以备查考。

d. 按上级调度命令进行操作，发生事故时进行紧急处理，并做好有关记录，以备查考。

e. 保管所内各种资料图表、工具仪器和消防器材等，并做好和保持所内设备和环境的清洁卫生。

f. 按照规定进行交接班。值班员未办完交接手续时，不得擅离岗位。在处理事故时，一般不得交接班。接班的值班员可在当班的值班员要求和主持下，协助处理事故。如果事故一时难以处理完毕，在征得接班的值班员同意或上级同意后，方可进行交接班。

③ 变配电所运行值班注意事项。

a. 不论高压设备带电与否，值班员不得单独移开或跨越高压设备的遮栏进行工作。如有必要移开遮栏时，须有监护人在场，并符合 DL 408—1991《电业安全工作规程》规定的设备不停电时的安全距离：10kV 及以下，安全距离为 0.7m；20～35kV，安全距离为 1m。

b. 雷雨天巡视室外高压设备时，应穿绝缘靴，并且不得靠近避雷针和避雷器。

c. 高压设备发生接地故障时，室内不得接近故障点 4m 以内，室外不得接近故障点 8m 以内。进入上述范围的人员必须穿绝缘靴。接触设备的外壳和构架时，应戴绝缘手套。

(2) 变配电所送电和停电的操作

① 操作的一般要求。

a. 为了确保运行安全，防止误操作，按 DL 408—1991 规定，倒闸操作（即切换操作）必须根据值班调度员或值班负责人命令，受令人复诵无误后执行。倒闸操作由操作人员填写如表 5-6 所示的操作票。单人值班时，操作票由发令人用电话向值班员传达，值班员根据传达填写操作票，复诵无误后，在"监护人"签名处填入发令人的姓名。

b. 操作票内应填入下列项目：应拉合的断路器和隔离开关，检查断路器和隔离开关的位置，检查接地线是否拆除，检查负荷分配，装拆接地线，装拆控制回路或电压互感器回路的熔断器，切换保护回路和检验是否确无电压等。

表 5-6　倒闸操作票格式

倒闸操作票　　　　　　　　　　　　　　　　　　　编号：

| 操作开始时间： | 年　月　日　时　分 | 操作终了时间： | 年　月　日　时　分 |

操作任务：

√	顺序	操作项目

备注：

操作人：　　　　　监护人：　　　　　值班负责人：　　　　　值班长：

c. 操作票应填写设备的双重名称，即设备名称和编号。

d. 操作票应用钢笔或碳素笔填写。票面应清楚整洁，不得任意涂改。操作人和监护人应根据模拟电路图板或接线图核对所填写的操作项目，并分别签名，然后经值班负责人审核签名。特别重要和复杂的操作还应由值班长审核签名。

e. 开始操作前，应先在模拟电路图板上进行核对性模拟预演，无误后再进行设备操作。操作前应核对设备名称、编号和位置。操作中应认真执行监护和复诵制。发布操作命令和复诵操作命令都应严肃认真，声音洪亮清晰。必须按操作票填写的顺序逐项操作。每操作完一项，检查无误后应在操作票该项前画一个"√"记号。全部操作完毕后进行复查。

f. 倒闸操作必须由两人执行，其中对设备较为熟悉者做监护。单人值班的变电所，倒闸操作可由一人执行。特别重要和复杂的倒闸操作，应由熟练的值班员操作，值班负责人或值班长监护。

g. 操作中发生疑问时，应立即停止操作，并向值班调度员或值班负责人报告，弄清问题后，再进行操作。不准擅自更改操作票。

h. 用绝缘棒拉合隔离开关或经操动机构拉合隔离开关和断路器，均应戴绝缘手套。雨天操作室外高压设备时，绝缘棒应有防雨罩，还应穿绝缘靴。接地网电阻不符合要求的，晴天也应穿绝缘靴。雷雨时，禁止进行倒闸操作。

i. 在发生人身触电事故时，为了解救触电者，可不经许可，立即断开有关设备的电源，但事后必须立即报告上级。其他事故处理及拉合开关等的单一操作和全所仅有的一组临时接地线的拆除等，可不用操作票，但上述操作应记入操作记录簿内。

② 变配电所的送电操作。

a. 变配电所送电时，一般应从电源侧的开关合起，依次合到负荷侧的开关。按这种程序操作，可使开关的闭合电流减至最小，比较安全，万一某部分存在故障，也容易发现。

但是在有高压隔离开关—高压断路器及有低压刀开关—低压断路器的电路中,送电时一定要按下列程序操作:先合母线侧隔离开关或刀开关,再合负荷侧隔离开关或刀开关,最后合高压或低压断路器。

b. 如果变配电所是事故停电以后的恢复送电,则操作程序视变配电所所装设的开关类型而定。如果电源进线是装设的高压断路器,则高压母线发生短路故障时,断路器自动跳闸。在故障消除后,则可直接合上断路器来恢复送电。如果电源进线是装设的高压负荷开关,则在故障消除后,先更换熔断器的熔管,然后合上负荷开关即可恢复送电。如果电源进线装设的是高压隔离开关—熔断器,则在故障消除后,先更换熔断器的熔管,并断开所有出线开关,然后合上隔离开关,最后合上所有出线开关以恢复送电。如电源进线装设的是跌开式熔断器,送电操作的程序与进线装设隔离开关—熔断器的操作程序相同。

③ 变配电所的停电操作。变配电所停电时,一般应从负荷侧的开关拉起,依次拉到电源侧的开关。按这种程序操作,可使开关的开断电流减至最小,也比较安全。但是在有高压隔离开关—高压断路器及低压刀开关—低压断路器的电路中,停电时一定要按下列程序操作:先拉高压或低压断路器,再拉负荷侧隔离开关或刀开关,最后拉母线侧隔离开关或刀开关。

(3) 电力变压器的运行维护

① 一般要求。电力变压器是变电所内最关键的设备,搞好电力变压器的运行维护至关重要。

a. 在有人值班的变电所内,应根据控制盘或开关柜上的有关仪表信号来监视变压器的运行情况,并每小时抄表一次。如果变压器在过负荷下运行,则至少每半小时抄表一次。安装在变压器上的温度计,于巡视时检视和记录。

b. 无人值班的变电所应于每次定期巡视时,记录变压器的电压、电流和上层油温。

c. 变压器应定期进行外部检查。有人值班的变电所每天至少检查一次,每周至少进行一次夜间检查。无人值班的变电所,变压器容量为 315kV·A 以上的变压器,每月至少检查一次;315kV·A 及以下的变压器,可两月检查一次。根据现场具体情况,特别是在气候骤变时,应适当增加检查次数。

② 巡视检查项目。

a. 油浸式变压器的油温是否正常。按规定,其上层油温一般不应超过 85℃,最高不应超过 95℃。油温过高,可能是变压器过负荷引起,也可能是变压器内部故障的缘故。

b. 变压器的声响是否正常。变压器的正常声响应是均匀的嗡嗡声。如果其声响较平时(正常时)沉重,说明变压器过负荷;如果音响尖锐,说明电压过高。

c. 变压器油枕和气体继电器的油位和油色如何。油面过高,可能是变压器内部存在故障或者冷却器运行不正常;油面过低,可能存在渗油或漏油情况。变压器油色正常情况下应为透明略呈浅黄色。如果油色变深变暗,说明油质变坏。

d. 变压器瓷套管是否清洁,有无破损裂纹和放电痕迹;高低压接头的螺栓是否紧固,有无接触不良和发热现象。

e. 变压器防爆膜是否完好,吸湿器是否畅通,其硅胶是否吸湿饱和。

f. 变压器的冷却、通风装置是否正常。

g. 变压器的接地装置是否完好。

h. 变压器上及其周围有无影响其安全运行的异物(如易燃易爆和腐蚀性物品等)和异常现象。

在巡视中发现的异常情况,应记入专用记录簿内,重要情况应及时向上级汇报,请示处理。

(4) 配电装置的运行维护

① 一般要求。

a. 配电装置应定期进行巡视检查,以便及时发现运行中出现的设备缺陷和故障,例如导体接头发热、绝缘子闪络或破损、油断路器漏油等,并设法采取措施予以消除。

b. 在有人值班的变配电所内,配电装置应每班或每天进行一次外部检查。无人值班的变配电所,配电装置应至少每月检查一次。如遇短路引起开关跳闸及其他特殊情况(如雷击后),应对设备进行特别检查。

② 巡视检查项目。

a. 由母线及其接头的外观或其温度指示装置(如变色漆、示温蜡或变色示温贴片等)的指示,判断母线及其接头的发热温度是否超出允许值。

b. 开关电器中所装的绝缘油的油色和油位是否正常,有无漏油现象,油位指示器有无破损。

c. 绝缘子是否脏污、破损,有无放电痕迹。

d. 电缆及其接头有无漏油及其他异常现象。

e. 熔断器的熔体是否熔断,熔管有无破损和放电痕迹。

f. 二次设备如仪表、继电器的工作状态是否正常。

g. 接地装置及 PE 线或 PEN 线的连接处有无松脱、断线的情况。

h. 整个配电装置的运行状态是否符合当时的运行要求。停电检修部分有无在其电源侧断开的开关操作手柄处悬挂"禁止合闸、有人工作"之类的标示牌,有无装设必要的临时接地线。

i. 高低压配电室、电容器室的照明、通风及安全防火装置是否正常。

j. 配电装置本身及其周围有无影响其安全运行的异物(如易燃易爆和腐蚀性物品等)和异常现象。

在巡视中发现的异常情况,应记入专用记录簿内,重要情况应及时向上级汇报,请示处理。

2. 变配电所运行维护实操

严格按照该工厂变配电所值班制度值班;接到命令后,在变配电所值班师傅的带领监护下进行倒闸操作;在变配电所值班师傅的带领监护下进行抄表工作;在变配电所值班师傅的带领监护下进行巡视检查工作;完成变配电所值班师傅交给的其他工作。通过预习、听讲、询问、观察、分析,基本达到顶岗目标。

3. 实习要求

(1) 实习前 1 周,必须收集相关资料并认真预习相关内容。

(2)实习期间,要认真仔细听讲,虚心请教。要勤于观察,善于分析,确保实习不走过场,圆满完成各项实习教学目标。

(3)通过实地学习,基本达到顶岗目标。

(4)要求统一着工作服。

(5)在变配电所实习,一切行动听值班师傅的指挥,不得乱摸乱动乱走。

(6)要求独立撰写实习报告,不得互相抄袭。

五、实习报告主要内容及实习成绩评定

实习报告的主要内容应包括时间、场地、同组成员、项目内容、应达目标、实习过程、收获体会等。

实习成绩评定办法:实习报告占30%,实习报告不得抄袭,抄袭者一旦被发现,该项按零分计;实习表现(单位师傅意见)占30%;带队教师意见占20%;同组其他成员意见占20%。

5.3 微机保护装置的整定

一、实训内容

(1)正确阅读理解 ND8000 系列保护测控自动化系统产品使用手册。

(2)完成模拟 10kV 线路保护电路的接线并进行保护装置整定。

二、实训材料、工具

微机保护装置整定材料及工具单如表 5-7 所示。

表 5-7 微机保护装置整定材料及工具单

序号	名 称	型号规格	单位	数量	备 注
1	高压开关柜	XGN2-10(01)	面	1	参考型号,配备 ND8011 微机保护装置
2	直流开关电源	3kV·A	块	1	或由多个小电源组成
3	三相调压器	15kV·A	台	1	
4	三相可调电阻或电抗器	10kV·A	台	1	
5	电流互感器	LMZJ1-0.5 50/5A	块	6	代替高压电流互感器
6	电流互感器	LMZJ1-0.5 30/5A	块	1	代替零序电流互感器
7	钳形电流表	150A	块	1	
8	万用表	500	块	1	
9	导线	BV-35	盘	1	
10	电工通用工具		套	1/组	
11	电工服装		套	1/人	

三、实训步骤及要求

1. ND8000 系列微机保护测控自动化系统简介

ND8000 系列微机保护测控系统适用于 110kV 及以下电压等级的发电厂及变电站的继电保护及测量、控制。

产品系列包括线路保护测控装置(ND8011)、电容器保护测控装置(ND8151)、备自投及分段保护装置(ND8141)、变压器主保护装置(ND8111)、变压器后备保护测控装置(ND8121)、电动机差动保护装置(ND8221)、电动机综合保护测控装置(ND8211)、低压变压器保护测控装置(ND8231)和 TV 并列及保护装置(ND8161Z)。

装置集保护、测量和操作控制功能于一体,既可在开关柜就地安装,也可集中组屏安装;既可用于直流电源操作回路,也可用于交流电源操作回路。

(1) 系统特点

① 先进的高速中央处理器,强大的运算判断处理能力。

② 中文液晶显示,人机界面友善、操作方便。

③ 采用多层印制板及表面贴装技术,强弱电严格分离,达到高标准电磁兼容性能。

④ 采用高分辨率采样芯片,精度高,测量精确。

⑤ 采用高可靠性设计,并具有完善的自检功能,保证装置可靠运行。

⑥ 体积小、重量轻,可集中组屏,也可分散安装在开关柜上。

⑦ 装置具有 CAN、RS-485 等通信接口,方便与各类系统及其他智能设备通信。

(2) 额定参数

① 交流电流:5A 或 1A。

② 交流电压:100V。

③ 交流频率:50Hz。

④ 直流电源:220V 或 110V。

⑤ 交流电源:220V,50Hz。

其他参数见产品手册。

(3) 系统主要功能

① 数据采集及处理功能。完成开关量、模拟量、电度量等信息的采集及处理,并将处理后的信息上传。

② 控制操作功能。控制各电气间隔的断路器、电动隔离刀闸的分闸/合闸操作,控制变压器的有载调压。控制操作可由站级工作站实现,也可在各间隔层测控终端通过手动操作完成。

③ 报警及事件记录功能。将遥测越限、正常遥信变位、事故变位、SOE、保护信息、遥控记录、操作记录等信息集中统一管理,分类记录并处理。

④ 历史记录功能。负责定期地将处理后的数据保留入历史库,以供趋势分析、统计计算之用。

⑤ 显示打印功能。支持多窗口、分层显示各种接线图、地理图、系统图、曲线、潮流图、事件列表、保护信息、报表、棒图等。可人工、自动或定时打印各种报表、曲线、事

件等。

⑥ 保护设备管理功能。保护设备库管理、定值召唤及设置定值、保护信息的处理等。

⑦ 小电流接地选线功能(选配)。发生小电流单相接地时,系统自动报警并显示出接地的线路及相别。

⑧ 电压无功控制功能(选配)。按十五区图以手动或自动方式进行电压无功控制(VQC)。

⑨ 故障录波分析功能。对系统采集的扰动数据处理保存,并进行波形显示、故障分析、打印等。

⑩ 操作票系统功能。能生成、预演、执行、管理及打印操作票。

⑪ 防误操作闭锁控制功能(选配)。系统软件对所采集的信号量可实行防误闭锁,对非采集量可与"五防"电子钥匙通信,获取状态信息,再进行防误闭锁。

⑫ 上位机监控功能。

(4) 面板

面板包括液晶屏、键盘和信号灯。其中液晶显示为全中文菜单,空闲状态时显示屏背光和显示可以自动关闭。

(5) 指示灯

① 运行:装置正常运行时,该灯闪烁;该灯长亮或长灭表示装置处于不正常工作状态。

② 告警:装置正常运行时,该灯熄灭;当告警类保护(不发生断路器跳闸或合闸动作)动作后,该灯长亮;只有人为(远方或就地)复归后,灯才熄灭。

③ 动作:装置正常运行时,该灯熄灭;当跳闸类保护(发生断路器跳闸或合闸动作)动作后,该灯长亮;只有人为(远方或调度)复归后,灯才熄灭。

④ 已充电:保护功能充电指示灯。当装置的重合闸保护已充电或者备自投功能已充电时,该信号灯亮。

⑤ 跳位:断路器跳闸位置指示灯。断路器处于跳闸位置时,该信号灯亮。

⑥ 合位:断路器合闸位置指示灯。断路器处于合闸位置时,该信号灯亮。

(6) 键盘按键

确认:用于确认操作或进入下一级菜单。

取消:用于取消操作或返回上一级菜单。

←:表示光标左移键。

→:表示光标右移键。

↑:表示光标上移键或增加数值键。

↓:表示光标下移键或减小数值键。

复归:用于对"告警"和"动作"信号灯的复归。

(7) 测量功能

① 装置可实时采集测量电压、电流、有功功率、无功功率、频率及功率因数。

② 装置设有16路开关量接口,可用于采集断路器位置接点、刀闸位置接点、保护压板投退接点、外部闭锁接点等开关量。

(8) 控制功能

① 装置可接收远方遥控命令进行断路器的分闸、合闸控制操作,还可通过就地菜单命令对断路器进行手动分闸、合闸控制操作。

② 装置可以用于直流控制电源的现场环境,也可以用于交流控制电源的现场环境。两种情况下装置的端子排定义和接线原理各不相同,请参阅产品手册附图。

③ 保护定值的修改、保护功能的投退均可由远方遥控进行。

(9) 事件记录功能

装置具有事件记录功能,可以保存在运行时发生的重要事件,装置失电后不丢失。事件记录包括动作事件记录、告警事件记录、遥信变位事件记录和操作命令记录。记录采用循环覆盖的保存方式。

① 动作事件记录的内容为保护动作时间、保护名称。

② 告警事件记录的内容为保护告警及装置自检的发生时间,名称。

③ 遥信变位事件记录的内容为接入装置的开入遥信量发生变位的状态和时间。

④ 操作命令记录的内容为修改定值、分闸/合闸操作的发生时间和操作名称。

⑤ 事件记录中的操作命令记录是不可删除的。

(10) 操作使用说明

① 上电运行。装置在上电前,端子中的"装置故障"信号接点处于闭合状态。上电后,该接点打开。正常情况下面板上的"运行"指示灯会连续闪烁,周期为1s。装置上电后自动进行自检,如果装置出现故障,"运行"指示灯会停止闪烁,保持常亮或常灭状态,同时装置端子中的"装置故障"信号接点会自动闭合。

装置的液晶显示可以设置为常开或者自动关闭,为了延长液晶的使用寿命,建议设定为自动关闭。

② 菜单说明。装置采用中文菜单,可以完成电量显示、参数设定、信息读取等。各菜单选项含义如表5-8所示。

表5-8 各菜单选项含义

菜单选项	内 容
循环显示信息	自动循环滚动,显示装置的型号、版本号、各项主要实时参数等信息,按"确认"键进入菜单列表
保护信息查询	通过"上"、"下"、"左"、"右"键翻页,可以实时显示所有交流量的有效值、方向元件的计算结果、频率、滑差、开入量状态等信息,数据自动实时刷新,按"确认"键暂停或继续刷新
事件记录查询	通过"上"、"下"、"左"、"右"键翻页,可以显示保存中的所有历史事件记录
定值查询修改	通过"上"、"下"、"左"、"右"键翻页,可以显示保护投退、方式选择、电流、电压、时间等定值,按"确认"键可以修改定值
开关分合操作	通过键盘操作,可以启动装置内部的分闸继电器和合闸继电器,对断路器进行分合操作
实时时钟设定	通过"上"、"下"、"左"、"右"键可以设定装置的当前实时时钟
装置参数设置	通过"上"、"下"、"左"、"右"键翻页,可以显示装置的配置参数和交流通道微调系数,按"确认"键可以修改参数

(11) ND8011 微机线路保护测控装置简介

ND8011 微机线路保护测控装置适用于 35kV 及以下电压等级的线路保护、测量及控制。其主要功能介绍如下。

① 保护功能。

a. 三段式电压元件闭锁的定时限方向过流保护。

b. 反时限方向过流保护。

c. 三段式定时限零序方向过流保护。

d. 反时限零序方向过流保护。

e. 独立的加速保护。

f. 小电流接地告警。

g. 过负荷发信或跳闸。

h. 带低电压闭锁和滑差闭锁的低频减载。

i. 低压解列。

j. 三相一次重合闸,可选非同期或检同期或检无压方式。

k. 母联充电保护。

② 测控功能。

a. 遥信:16 路外部遥信采集。

b. 遥测:电压、电流、有功、无功、功率因数、频率。

c. 遥控:正常断路器遥控分闸、合闸操作。

③ 通信功能。装置具有 CAN、RS-485 等网络通信接口,方便与其他智能设备连接通信。

(12) ND8011 微机线路保护测控装置部分保护功能说明

① 相间过流保护。相间过流保护配置了三段式定时限过流保护以及独立的反时限过流保护,并可选择方向元件和电压元件闭锁。

a. 方向元件。采用 90°接线方式,按相启动。各相电流元件受相应方向元件的控制;为消除出口三相短路时方向"死区",方向元件带有记忆功能。单侧电源供电线路与次元件无关。

b. 低电压元件。当三个线电压中的任意一个低于低电压定值时,低电压元件就动作,开放过流保护。利用低电压元件可以保证装置在电机反向充电等非故障情况下不出现误动作。

c. 三相过流元件。装置实时进行三段过流判别。当任意一相电流大于定值,装置保护逻辑将立即启动,经历整定的延时后出口跳闸。装置过流一段(速断)出口跳闸的延时不大于 30ms(包括继电器的固有动作时间)。为了躲开线路避雷器的放电时间,本装置中过流一段也设置了可以独立整定的延时时间。

装置在执行三段过流判别时,各段判别逻辑一致,其动作条件如下。

$I_\Phi > I_{dn}$,I_{dn} 为 n 段电流定值($n=1,2,3$),I_Φ 为相电流。

$T > T_{dn}$,T_{dn} 为 n 段延时定值($n=1,2,3$)。

相应过流相的方向条件及低电压条件满足(若投入)。

d. 反时限保护元件。它是动作时限与被保护线路中电流大小自然配合的保护元件，通过平移动作曲线，可以非常方便地实现全线路的配合。本装置提供 3 种反时限方式（依据 IEC 225—4 标准），可以通过整定控制字选择其中一种，构成反时限过流保护，如表 5-9 所示。

表 5-9 三种反时限方式

一般反时限	非常反时限	极端反时限
$t=\dfrac{0.14T_P}{\left(\dfrac{I}{I_P}\right)^{0.02}-1}$	$t=\dfrac{13.5T_P}{\dfrac{I}{I_P}-1}$	$t=\dfrac{80T_P}{\left(\dfrac{I}{I_P}\right)^2-1}$

其中，T_P 为时间常数，范围为 0.05~1；I_P 为启动电流；I 为故障电流；t 为跳闸时间。

本装置相间电流及零序电流均带有定、反时限保护功能，通过设置控制值的相应项原则，相间过流反时限、零序过流反时限动作条件如下。

$I>I_P$，I 为故障电流定值（相电流或零序电流），I_P 为启动电流。

$T>t$，t 为跳闸时间。

② 零序过流保护。它是针对大电流接地系统或小电阻接地系统而设计的。工厂 6~10kV 线路不涉及此项。

③ 小电流接地告警。它是针对不接地系统或小电流接地系统而设计的。当检测到接地零序电流大于接地告警定值时发出告警信号。

④ 加速保护。此举主要是考虑到目前许多厂站采用综合自动化系统后，已经取消了控制屏，在现场不再安装手动操作把手，或仅安装简易的操作把手。考虑到合闸后可能不立即故障，后加速元件展宽 3s。加速方式可选择前加速或者后加速，由控制字设置来选择。

⑤ 过负荷保护。可通过整定控制字选择发信或跳闸。过负荷元件监视三相电流，当有任一相电流大于定值，经设定的延时后动作（跳闸或告警）。

⑥ 三相一次重合闸。有两种启动方式：保护启动和不对应启动（考虑开关偷跳启动重合闸），在保护动作或开关偷跳后重合闸功能开放 10s，如果此时段内无闭锁条件，并且三相均无电流则进行重合闸的逻辑判断。

ND8011 微机线路保护测控装置详细说明参见产品手册。

(13) ND8011 微机线路保护测控装置部分保护定值及参数说明

保护定值及参数说明如表 5-10 所示。

表 5-10 ND8011 微机线路保护测控装置保护定值及参数说明

保护定值一览表			
序号	定值名称	整定范围	说　　明
1	过流一段保护投退	投入/退出	
2	过流一段电流定值	0~80.00A	
3	过流一段时间定值	0~100.0s	

续表

保护定值一览表

序号	定值名称	整定范围	说明
4	过流一段复压闭锁	投入/退出	
5	过流一段方向闭锁	投入/退出	
6	过流二段保护投退	投入/退出	
7	过流二段电流定值	0~80.00A	
8	过流二段时间定值	0~100.0s	
9	过流二段复压闭锁	投入/退出	
10	过流二段方向闭锁	投入/退出	
11	过流三段保护投退	投入/退出	
12	过流三段电流定值	0~80.00A	
13	过流三段时间定值	0~100.0s	
14	过流三段复压闭锁	投入/退出	
15	过流三段方向闭锁	投入/退出	
16	过流闭锁电压定值	0~120.0V	
17	过流反时限投退	投入/退出	
18	过流反时限电流	0~80.00A	
19	过流反时限时间	0~100.0s	
20	过流反时限方式	一般/非常/极端	
21	过流反时限方向	投入/退出	
22	母联充电保护投退	投入/退出	
23	过负荷告警投退	投入/退出	
24	过负荷告警电流	0~80.00A	
25	过负荷告警时间	0~100.0s	
26	TV断线检测投退	投入/退出	
27	TV断线闭锁投退	投入/退出	闭锁相关保护
28	零序过流一段投退	投入/退出	
29	零序过流一段方向	投入/退出	
30	零序过流二段投退	投入/退出	
31	零序过流二段方向	投入/退出	
32	零序过流三段保护	投入/退出	
33	零序过流三段方向	投入/退出	
34	零序反时限投退	投入/退出	
35	零序反时限方向	投入/退出	
36	小电流接地告警	投入/退出	
37	小电流接地电流	0~80.00A	
38	小电流接地时间	0~100.0s	
39	零序过压告警投退	投入/退出	
40	低压解列保护投退	投入/退出	
41	低频减载保护投退	投入/退出	
42	低频减载电压闭锁	投入/退出	
43	低频减载滑差闭锁	投入/退出	

续表

保护定值一览表

序号	定 值 名 称	整 定 范 围	说 明
44	重合闸投退	投入/退出	
45	重合闸时间	0~100.0s	
46	重合闸方式	非同期/检同期/检无压	
47	线路抽取电压	相电压/线电压	
48	加速保护方式	前加速/后加速	
49	电流加速保护	投入/退出	
50	电流加速定值	0~80.00A	
51	电流加速时间	0~100.0s	
52	零序加速保护	投入/退出	

装置参数一览表

序号	参 数 名 称	整 定 范 围	说 明
1	自产零序电压	投入/退出	自产或外接零序电压
2	TV电压方式选择	相电压/线电压	选择TV星形或V形接线
3	电流扰动门槛定值	0.05~1.00A	
4	电压扰动门槛定值	0.2~10.0V	
5	485口通信地址	1~99	
6	CAN网通信地址	1~99	
7	装置操作口令	1~9999	

2. 模拟 10kV 线路保护电路

模拟输入电流电压接线图如图 5-4 所示。图中三相调压器接于 10kV 开关柜断路器上端,其下端接一三相可调电阻。三相调压器接 50Hz,380V 三相交流电源。电压互感器省去,所需电压由断路器下端直接接入。正常时,三相调压器出线电压调至 100V,三相可调电阻调至产生 50A 左右电流(用钳形电流表测定);模拟三相短路时,三相调压器出线电压调至 10V 以下,三相可调电阻调至产生 100A 左右电流。将三相可调电阻之一的电源侧一端接地,可模拟小电流接地故障。

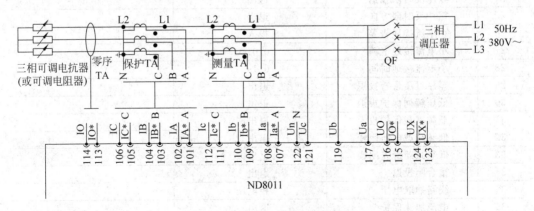

图 5-4 模拟输入电流电压接线图

断路器控制回路见图 4-80。

3. 保护装置整定

本实训只设置了带低压闭锁的过电流一段保护（电流速断保护）、过流二段保护（定时限过电流保护）、小电流接地告警 3 部分保护功能。保护装置整定值如表 5-11 所示。

表 5-11 保护装置整定值

序号	定值名称	整定范围	说 明
1	过流一段保护投退	投入	
2	过流一段电流定值	10.00A	
3	过流一段时间定值	0s	
4	过流一段复压闭锁	投入	
5	过流一段方向闭锁	退出	
6	过流二段保护投退	投入	
7	过流二段电流定值	8.00A	
8	过流二段时间定值	2.0s	应为 0.5s，此值便于观察
9	过流二段复压闭锁	投入	
10	过流二段方向闭锁	退出	
11	过流三段保护投退	退出	
12	过流闭锁电压定值	10.0V	
13	过流反时限投退	退出	
14	母联充电保护投退	退出	
15	过负荷告警投退	退出	
16	TV 断线检测投退	退出	
17	TV 断线闭锁投退	退出	
18	零序过流一段投退	退出	
19	零序过流一段方向	退出	
20	零序过流二段投退	退出	
21	零序过流二段方向	退出	
22	零序过流三段保护	退出	
23	零序过流三段方向	退出	
24	零序反时限投退	退出	
25	零序反时限方向	退出	
26	小电流接地告警	投入	
27	小电流接地电流	0.01A	
28	小电流接地时间	0.1s	
29	零序过压告警投退	退出	
30	低压解列保护投退	退出	
31	低频减载保护投退	退出	
32	低频减载电压闭锁	退出	
33	低频减载滑差闭锁	退出	
34	重合闸投退	退出	
35	线路抽取电压	相电压	
36	电流加速保护	退出	
37	零序加速保护	退出	

四、注意事项

(1) 必须认真阅读理解产品使用手册。
(2) 接线时要认真仔细,接完后要经指导教师认可方可通电。
(3) 通电前,要将三相电阻阻值调至最大,三相调压器输出调至100V。
(4) 调出正常状态仔细观察各参数指示。
(5) 调出不正常状态仔细观察各参数指示及断路器跳闸情况。
(6) 三相可调电抗器或三相可调电阻器工作时,要发出很大热量,注意烫伤。

五、实训成绩评定

考核及评分标准如表5-12所示。

表5-12 考核及评分标准

序号	考核项目	考核要求	评分标准	配分	扣分	得分
1	接线	接线正确	一次接线不正确扣30分	50		
2	整定、观察	① 正确整定 ② 仔细观察	① 一次整定不正确扣30分 ② 不仔细观察扣20分	50		
3	其他	安全文明生产工时50min	违反安全文明生产每处扣20分,总分扣完为止			
		合　　计		100		

5.4 工厂变配电所主要设备检修试验

一、实习内容

(1) 工厂变配电所主要设备的检修。
(2) 工厂变配电所主要设备的试验。

二、实习场地、资料

实习场地、资料如表5-13所示。

表5-13 实习场地、资料

序号	实习项目	实习场地	所需资料	备　注
1	工厂变配电所主要设备的检修	电力设备修试所	① 电力设备检修规程 ② 变配电所主要设备的检修知识	由学生和教师分工提前和现场收集
2	工厂变配电所主要设备的试验	电力设备修试所	① 电力设备试验规程 ② 变配电所主要设备的试验知识	由学生和教师分工提前和现场收集

三、实习教学目标

实习教学目标如表5-14所示。

表 5-14 实习教学目标

序号	实习项目	教学目标	备注
1	工厂变配电所主要设备的检修	① 掌握电力变压器的检修方法 ② 掌握高压断路器的检修方法 ③ 掌握其他电气装置的检修方法	预习、听讲、询问、观察、分析、操作,初步达到顶岗目标
2	工厂变配电所主要设备的试验	① 掌握电力变压器的试验方法 ② 掌握高压断路器的试验方法 ③ 掌握其他电气装置的试验方法	预习、听讲、询问、观察、分析、操作,初步达到顶岗目标

四、实习步骤及要求

1. 预习变配电所主要设备检修试验的一般知识

(1) 电力变压器的检修

电力变压器的检修,分大修、小修和临时检修。按 DL/T 573—1995《电力变压器检修导则》规定,变压器在投入运行后的 5 年内及以后每隔 10 年大修一次。变压器存在内部故障或严重渗漏油时或其出口短路后经综合分析认为有必要时,也应进行大修。小修一般是每年一次。临时检修则视具体情况而定。

① 变压器的大修。

a. 变压器的大修是指变压器的吊芯检修。变压器的大修应尽量安排在室内进行,室温应在 10℃ 以上。如果在寒冷季节,室温应比室外气温高 10℃ 以上。室内应清洁干燥,无腐蚀性气体和灰尘。

b. 为防止变压器芯子(又称器身)吊出后,暴露在空气中时间过长而使绕组受潮,应避免在阴雨天吊芯,而且吊出的芯子暴露在空气中的时间:干燥空气中(相对湿度不大于 65%)不超过 16h;潮湿空气中(相对湿度不大于 75%)不超过 12h。

c. 吊芯前,应先对变压器外壳、套管、散热管、防爆管、油枕和放油阀等进行外部检查,然后放油,拆开变压器顶盖,吊出芯子,将芯子放置在平整牢靠的两根方木上或其他物体上,但不得直接放在地上。

d. 仔细检查芯子,包括铁芯、绕组、分接开关、接头部分和引出线等。

e. 对变压器绕组,应根据其色泽和老化程度来判断其绝缘的好坏。根据经验,变压器绝缘老化的程度可分四级,如表 5-15 所示。

表 5-15 变压器绝缘老化的分级

级别	绝缘状态	说明
1	绝缘弹性良好,色泽新鲜均匀	绝缘良好
2	绝缘稍硬,但手按时无变形,且不裂纹不脱落,色泽稍暗	尚可使用
3	绝缘已经发脆,手按时有轻微裂纹,但变形不太大,色泽较暗	酌情更换绕组
4	绝缘已碳化发脆,手按时即出现较大裂纹或脱落	更换绕组

f. 对变压器铁芯上及油箱内的油泥,可用铲刀刮除,再用不易脱毛的干布擦干净,最后用变压器油冲洗。对变压器绕组上的油泥,只能用手轻轻剥脱;对绝缘脆弱的绕组,尤

其要细心，以防损坏绝缘。擦洗后，用强油流冲洗干净。变压器内的油泥，不可用碱水刷洗，以免碱水冲洗不净时，残留在芯子中影响油质。

g. 对变压器铁芯的穿芯螺杆，可用 1000V 兆欧表来测量它与铁芯间的绝缘电阻。6～10kV 及以下变压器的穿芯螺杆对铁芯的绝缘电阻，一般不应小于 2MΩ。如果不满足要求时，应拆下其绝缘纸管检修，必要时予以更换。

h. 对分接开关，主要是检修其表面和接触压力情况。触头表面不应有烧结的疤痕。触头烧损严重时，应予拆换。触头的接触压力应平衡。如果分接开关的弹簧可调时，可适当调节触头压力。运行较久的变压器，触头表面往往生有氧化膜和污垢。这种情况，轻者可将触头在各个位置上往返切换多次，使其氧化膜和污垢自行清除；重者则可用汽油擦洗干净。有时绝缘油的分解物在触头上结成有光泽的薄膜，看似黄铜色泽，其实是一种绝缘层，应该用丙酮擦洗干净。此外，应检查顶盖上分接开关的标示位置是否与其触头实际接触位置一致，并检查触头在每一位置的接触是否良好。

i. 对所有接头都应检查是否紧固，如有松动，应予紧固。焊接的接头如有脱焊情况，应予补焊。瓷套管如有破损，应予更换。

j. 对变压器上的测量仪表、信号和保护装置也应进行检查和修理。

k. 变压器如有漏油现象，应查明原因。变压器漏油，一般有焊缝漏油和密封漏油两种情况。焊缝漏油的修补办法是补焊；密封漏油如系密封垫圈放得不正或压得不紧，则应放正或压紧。如系密封垫圈老化引起发黏、开裂或损坏，则必须更换密封垫圈。

l. 变压器大修时，应滤油或换油。换的油必须先经过试验，合格的才能注入变压器。

m. 运行中的变压器大修时一般不需干燥。只有经试验证明受潮，或检修中芯子暴露在空气中的时间过长导致其绝缘下降时，才须考虑进行干燥。

n. 清洗变压器外壳，必要时进行油漆。然后装配还原，并进行规定的试验，合格后即可投入运行。

变压器的检修应严格遵循 DL/T 573—1995《电力变压器检修导则》之规定。

② 变压器的小修。变压器的小修主要指变压器的外部检修，不需拆开变压器进行吊芯检修。变压器小修的项目包括以下几个方面。

a. 处理已发现的可就地消除的缺陷。

b. 放出油枕下部的污油。

c. 检修油位计，调整油位。

d. 检修冷却装置，必要时吹扫冷却器管束。

e. 检修安全保护装置，包括油枕、防爆管、气体继电器等。

f. 检修油保护装置、测温装置及调压装置等。

g. 检查接地系统。

h. 检修所有阀门和塞子，检查全部密封系统，处理渗漏油。

i. 清扫油箱及附件，必要时进行补漆。

j. 清扫套管，检查导电接头。

k. 按有关规程规定进行测量和试验。如果满足要求，即可投入运行。

(2) 电力变压器的试验

变压器试验的目的在于检验变压器的性能是否符合有关规程标准的技术要求,是否存在缺陷或故障征象,以便确定能否出厂或者检修后能否投入运行。

变压器的试验按试验目的分为出厂试验和交接试验等。下面主要介绍检修后的交接试验。

变压器的试验项目包括测量绕组连同套管的绝缘电阻、测量铁芯螺杆的绝缘电阻、变压器油试验(此项只适于油浸式变压器)、测量绕组连同套管的直流电阻、检查变压器的联结组别和所有分接头的电压比、绕组连同套管的交流耐压试验等。

① 变压器绕组连同套管的绝缘电阻测量。按 GB 50150—1991《电气装置安装工程·电气设备交接试验标准》规定,3kV 及以上的电力变压器应采用 2500V 兆欧表来测量其绕组绝缘电阻,加压时间为 60s,因此其绝缘电阻表示为 $R_{60''}$。测量时,其他未测绕组连同套管应予接地。油浸式变压器的绝缘试验应在充满合格油且静置 24h 以上待其中气泡消失后方可进行。测得的绝缘电阻值不低于出厂试验值的 70% 才算合格。当实测时温度高于出厂试验时温度(一般为 20℃)时,绝缘电阻值应乘以表 5-16 所示温度换算系数;当实测时温度低于出厂试验温度时,则绝缘电阻值应除以表 5-16 所示温度换算系数。只有换算到出厂试验时温度的绝缘电阻才能与其出厂试验值进行比较。例如,温度 35℃时测量的绝缘电阻值为 80MΩ,则换算到出厂试验温度 20℃时的绝缘电阻为 $R_{60''}$= 80MΩ×1.8=144MΩ,式中系数 1.8 为温度差(35-20)℃=15℃时的温度换算系数,由表 5-16 查得。

表 5-16 绝缘电阻的温度换算系数

温度差/℃	5	10	15	20	25	30	35	40	45	50	55	60
换算系数	1.2	1.5	1.8	2.3	2.8	3.4	4.1	5.1	6.2	7.5	9.2	11.2

② 铁芯螺杆绝缘电阻的测量。3kV 及以上变压器的铁芯螺杆与铁芯间的绝缘电阻也应采用 2500V 兆欧表测量,加压时间也是 60s,应无闪络及击穿现象。

③ 变压器油的试验(此项只适于油浸式变压器)。变压器的绝缘油通常有 DB-10、DB-25 和 DB-45 这 3 种规格。DB-10 的凝固点不高于 -10℃,DB-25 的凝固点不高于 -25℃,DB-45 的凝固点不高于 -45℃。

变压器油在新鲜时呈浅黄色,运行后变为浅红色,均应清澈透明。如果油色变暗,则表示油质变坏。

依试验目的不同,绝缘油可进行 3 种试验。

a. 全分析试验。对每批新到的油及运行中发生故障后认为有必要检验的油应作此类试验,以全面检验油的质量。按 GB 50150—1991 规定,绝缘油的试验项目及标准如表 5-17 所示。

b. 简化试验。其目的在于按绝缘油的主要特性的参数来检查其老化过程。对准备注入变压器的新油,应按表 5-17 中的序号 5~11 的规定进行。

表 5-17 绝缘油的试验项目及标准

序号	项 目		标 准	说 明
1	外观		透明,无沉淀及悬浮物	5℃时的透明度
2	苛性钠抽出		不应大于2级	
3	安定性	氧化后酸值	不应大于0.2mg(KOH)/g 油	
		氧化后沉淀物	不应大于0.05%	
4	凝固点		① DB-10,不应高于-10℃ ② DB-25,不应高于-25℃ ③ DB-45,不应高于-45℃	变压器用油: 气温不低于-10℃的地区,凝固点不应高于-10℃ 气温低于-10℃的地区,凝固点不应高于-25℃或-45℃
5	界面张力		不应小于35mN/m	测试时温度为25℃
6	酸值		不应大于0.03mg(KOH)/g 油	
7	水溶性酸		pH 值不应小于5.4	
8	机械杂质		无	
9	闪点		① DB-10,不低于140℃ ② DB-25,不低于140℃ ③ DB-45,不低于135℃	闭口法
10	电气强度试验		① 使用于15kV 及以下者,不应低于25kV ② 使用于20~35kV 者,不应低于35kV ③ 使用于60~220kV 者,不应低于40kV	① 油样应取自被试设备 ② 试验油杯采用平板电极 ③ 对注入设备的新油均不应低于本标准
11	介质损耗角正切值 $\tan\delta(\%)$		90℃时不应大于0.5	此为新油标准,注入设备后油的 $\tan\delta(\%)$ 标准为:90℃时,不应大于0.7

c. 电气强度试验。其目的在于对运行中的绝缘油进行日常检查。对注入6kV 及以上设备的新油也需进行此项试验。

图 5-5 为绝缘油电气强度试验的电路图,图 5-6 为绝缘油电气强度试验用油杯和电极的结构尺寸图。油杯用瓷或玻璃制成,容积为 200mL。电极用黄铜或不锈钢制成,直径为 25mm,厚为 4mm,倒角半径为 2.5mm。两极的极面应平行,均垂直于杯底面。从电极到杯底、到杯壁及到上层油面的距离,均不得小于 15mm。

试验前,用汽油将油杯和电极清洗干净,并调整电极间隙,使间隙精确地等于 2.5mm。被试油样注入油杯后,应静置 10~15min,使油中气泡逸出。

试验时,合上电源开关,调节调压器,升压速度约为 3kV/s,直至油被击穿放电、电压表读数骤降至零、电源开关自动跳闸为止。

发生击穿放电前一瞬间的最高电压值,即为击穿电压。

油样被击穿后,可用玻璃棒在电极中间轻轻搅动几次(注意不要触动电极),以清除滞留在电极间隙的游离碳。静置 5min 后,重复上述升压击穿试验。如此进行 5 次,取其击穿电压平均值作为试验结果。

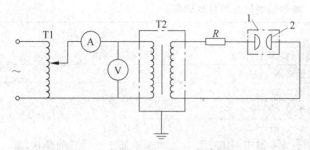 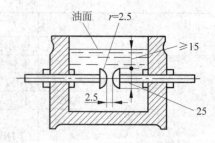

图 5-5　绝缘油电气强度试验的电路　　　　图 5-6　绝缘油电气强度试验用油杯和
1—试验油杯；2—电极；T1—调压器；　　　　　　　电极的结构尺寸图
T2—试验用升压变压器(0~50kV)；R—保护电阻(5~10MΩ)

试验过程中应记录各次击穿电压值、击穿电压平均值、油的颜色、有无机械混合物和灰分、油的温度、试验日期和结论等。

④ 变压器绕组连同套管的直流电阻测量。采用双臂电桥对所有各分接头进行直流电阻测量。按 GB 50150—1991 规定，1600kV·A 及以下三相变压器，各相测得的相互差值应小于平均值的 4%，相间测得的相互差值应小于平均值的 2%。

⑤ 变压器联结组别的检查。变压器在更换绕组后，应检查其联结组别是否与变压器铭牌的规定相符。

这里简介用以检查变压器绕组联结组别的直流感应极性测定法。

如图 5-7 所示，在三相变压器低压绕组接线端 ab、bc 和 ac 间分别接入直流电压表，而在高压绕组接线端 AB 间接入直流电压(电池)，观察并记录直流电压接入瞬间各电压表指针偏转的方向(正、负)。然后又在 BC 间和 AC 间相继接入直流电压，同样观察并记录直流电压接入瞬间各电压表指针偏转的方向(正、负)。

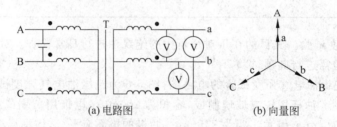

图 5-7　用直流感应法判别三相变压器联结组别(Y,yn0)

表 5-18 列出了用直流感应法判别几种最常见的三相变压器联结组别时各电压表指示的情况。

图 5-7 和表 5-18 内电路图中变压器高低压绕组端部标示的黑点"·"表示两侧绕组对应的同名端(同极性端)。

⑥ 变压器电压比的测量。如图 5-8 所示，将变压器高压绕组接上比较平衡和稳定的三相电源，依次测量变压器两侧的相间电压 U_{AB}、U_{ab}、U_{BC}、U_{bc}、U_{AC}、U_{ac}，然后按下列公式计算出实测的电压比。

表 5-18 直流感应法判别三相变压器联结组别

三相变压器联结组别	变压器高低压绕组电路图	加直流电压的高压绕组	低压绕组 ab	bc	ac
Y,y0（或 Y,yn0）		AB	+	−	+
		BC	−	+	+
		AC	+	+	+
D,y11（或 D,yn11）		AB	+	0	+
		BC	−	+	0
		AC	0	+	+
Y,d11		AB	+	0	+
		BC	−	+	+
		AC	0	+	+
Y,z11（或 Y,zn11）		AB	+	0	+
		BC	−	+	+
		AC	0	+	+

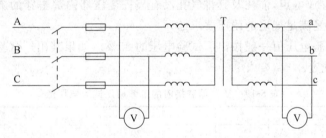

图 5-8 用双电压表法测量变压器的电压比

$$K_{AB} = \frac{U_{AB}}{U_{ab}} \tag{5-1}$$

$$K_{BC} = \frac{U_{BC}}{U_{bc}} \tag{5-2}$$

$$K_{AC} = \frac{U_{AC}}{U_{ac}} \tag{5-3}$$

一般规定，实测的电压比对铭牌规定的电压比 K_N 的偏差范围为±1%（220kV 及以上变压器为±0.5%），即

$$\Delta K_{AB\text{-}N}\% = \frac{|K_{AB} - K_N|}{K_N} \times 100\% \leqslant 1\%（或 0.5\%） \tag{5-4}$$

$$\Delta K_{BC\text{-}N}\% = \frac{|K_{BC} - K_N|}{K_N} \times 100\% \leqslant 1\%（或 0.5\%） \tag{5-5}$$

$$\Delta K_{AC\text{-}N}\% = \frac{|K_{AC} - K_N|}{K_N} \times 100\% \leqslant 1\%（或 0.5\%） \tag{5-6}$$

⑦ 变压器交流耐压试验。变压器交流耐压试验是检查变压器绝缘状况的主要方法。如果变压器绕组绝缘受潮、损坏或夹杂异物等，都可能在试验中产生局部放电或击穿。

图 5-9 为变压器交流耐压的试验电路图，图中 R 用来保护试验变压器，一般按试验电压每伏 $0.1 \sim 0.2\Omega$ 来选择。

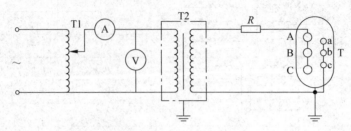

图 5-9　变压器交流耐压的试验电路图
T—被试变压器；T1—调压器；T2—试验用升压变压器；R—保护电阻

试验时，合上电源，调节调压器。在试验电压的 40% 以前，电压上升速度不限，但此后应以缓慢的均匀速度升压至要求的耐压试验电压值，并保持 1min。然后匀速降压，大约在 5s 内降至试验电压的 25% 以下时，切断电源。

在试验过程中，应仔细倾听变压器内部的声响。如果在耐压试验期间，仪表指示没有变化，没有击穿放电声，油枕及其排气孔没有表征变压器内部击穿的迹象，则应认为变压器的内部绝缘是满足规定的耐压要求的。

检修后的试验电压值一般按出厂试验电压的 85%。如果其出厂试验电压不详，可按表 5-19 所示的规定。

表 5-19　变压器交接时的工频耐压试验电压值

变压器高压侧电压/kV	3	6	10	15	20	35	66
油浸式变压器试验电压/kV	15	21	30	38	47	72	120
干式变压器试验电压/kV	8.5	17	24	32	43	60	—

试验时必须注意以下几点。

a. 电源电压应稳定。

b. 被试变压器应可靠接地，如图 5-5 所示。

c. 被试变压器注油后要静置 24h 以上才能进行耐压试验。

d. 被试变压器在试验时，其所有气孔均应打开，以便击穿时排除变压器内部产生的气体和油烟。

变压器的其他试验项目可参看有关试验标准和手册。

(3) 配电装置的检修

配电装置的检修也分大修、小修和临时性检修。按《电力工业技术管理法规》规定，配电装置应按下列期限进行大修（内部检修）。

① 高压断路器及其操纵机构，每 3 年至少一次；低压断路器及其操纵机构，每两年至少一次。

② 高压隔离开关的操纵机构，每 3 年至少一次。

③ 配电装置其他设备的大修期限,按预防性试验和检查结果而定。

以检查操纵机构动作和绝缘状况为主的小修,每年至少一次。

高低压断路器在断开 4 次短路故障后要进行临时性检修,但根据运行情况并经有关领导批准,可适当增加短路断开次数。

下面以 SN10-10 型断路器为例,介绍高压少油断路器的停电内部检修(大修),其一般要求也适用于其他少油断路器。

① 油箱的检修。油箱最常见的毛病是渗漏油,其原因大多是油封(密封垫圈)问题。如果是密封垫圈老化裂纹或损坏时,应予更换,一般用耐油橡皮配制;如果油箱有砂眼时,应予补焊;如果外壳脱漆,应按原色补漆。

② 灭弧室的检修。应采用干净布片擦去残留在灭弧室表面的烟灰和油垢。灭弧室烧伤严重时,应拆下进行清洗和修理。检修完毕后,应装配复原,注意对好各条灭弧沟道和喷口方向。

③ 触头的检修。动触头(导电杆)端部的黄铜触头有轻微烧伤时,可用细锉刀锉平。为保持端面圆滑,可用零号砂布打磨。动触头端部的黄铜触头严重烧伤时,可用车床车光或更换触头。

④ 断路器的整体调整。调整断路器的转轴或拐臂从合闸到分闸的回转角度,使之恢复到原来设计的要求(110°~120°)。

调整动触头的行程,也使之达到原来设计的要求(约 160mm)。

在调整动触头的行程时,应同时进行三相触头合闸同时性的调整。检查断路器三相触头合闸同时性的电路如图 5-10 所示。检查时缓慢地用手动操作合闸,观察灯亮是否同时。如果合闸时三灯同时亮,说明三相触头同时接通。如果三灯不同时亮,则应调节动触头的相对位置,直到三相触头基本上同时接触即三灯同时亮为止。

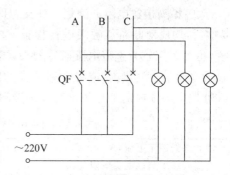

图 5-10 断路器三相触头合闸同时性电路

总的来说,断路器的总体调整应使其符合产品规定的技术要求。

(4) 配电装置的试验

按《电力工业技术管理法规》规定,新建和改建后的配电装置,在投入运行前,应进行下列各项检查和试验。大修后的配电装置,也应进行相应的检查和试验。检查和试验的项目如下。

① 检查开关设备的各相触头接触的严密性、分合闸的同时性以及操纵机构的灵活性和可靠性,测量分合闸所需时间及二次回路的绝缘电阻。按 GB 50150—1991 规定,小母线在断开其所有并联支路时,小母线的绝缘电阻不应小于 10MΩ;二次回路的每一支路和断路器、隔离开关的操作电源回路等的绝缘电阻不应小于 1MΩ,而在比较潮湿的场所,可不小于 0.5MΩ。

② 检查和测量互感器的变比和极性等。

③ 检查母线接头接触的严密性。

④ 充油设备绝缘油的简化试验(参看表 5-17 及相关说明),油量不多的可仅作耐压试验。

⑤ 绝缘子的绝缘电阻、介质损耗角及多元件绝缘子的电压分布测量,对 35kV 及以下的绝缘子,可仅作耐压试验。

⑥ 检查接地装置,必要时测量接地电阻。

⑦ 检查和试验继电保护装置和过电压保护装置。

⑧ 检查熔断器及其防护设施。

下面以 SN10-10 型高压少油断路器为例,介绍高压少油断路器的试验项目。

① 绝缘拉杆绝缘电阻的测量。采用 2500V 兆欧表测量。由有机材料制成的绝缘拉杆在常温下的绝缘电阻不应小于 1200MΩ(对 3~15kV 断路器)。

② 分闸/合闸线圈和合闸接触器线圈绝缘电阻的测量。亦采用 2500V 的兆欧表测量,绝缘电阻不应小于 10MΩ。

③ 交流耐压试验。在交接时、大修后及每年一次的预防性试验中都要进行交流耐压试验。6~10kV 的断路器应分别在分、合闸状态下进行试验。试验的方法与前述变压器的耐压试验相同(见图 5-9)。6kV 断路器,试验电压用 21kV;10kV 断路器,试验电压用 27kV。

④ 触头接触电阻的测量。在交接时、大修后、每年一次的预防性试验中及故障跳闸 4 次后,均应对断路器触头进行检查,并测量其接触电阻。触头接触电阻可采用双臂电桥,也可采用较大直流电流通过触头,测量其电流及触头上的电压降,然后计算出触头的接触电阻值。测量前,应将断路器分、合闸数次,使触头接触良好。测量的结果,应取分散性较小的 3 次的平均值。对触头接触电阻值的要求,如表 5-20 所示。

表 5-20 3~10kV 油断路器触头接触电阻的要求

油断路器额定电流/A	200	400	630	1000
交接时和大修后触头电阻/μΩ	300~350	200~250	100~150	80~100
运行中触头电阻/μΩ	400	300	200	150

⑤ 分、合闸时间的测量。对于配有远距离分、合闸操动机构(如 CD10 型等)的断路器,应在交接时和每次检修后,利用电气秒表(周波积算器)测量其固有分闸时间和合闸时间,以检查其是否符合断路器出厂的技术要求。所谓固有分闸时间,是指从断路器的跳闸线圈通电时起到断路器触头刚开始分离时止的一段时间。所谓合闸时间,是指从断路器的合闸接触器通电时起到断路器触头刚开始接触时止的一段时间。

图 5-11(a)为一种应用广泛的电气秒表(周波积算器)的原理结构和接线图。它的固定部分是一个马蹄形永久磁铁;可动部分是一个绕有电磁线圈的可偏转的电磁铁,置于固定的永久磁铁两极掌之间。

当电气秒表接上工频(50Hz)电压 220V 或 110V 时,可动电磁铁两端的极性就要随着外施电压的周波数而交变,从而使之在永久磁铁两极掌之间依外施电压的周波数而往复振动。振动电磁铁的轴连接着一套齿轮计数机构,用以记录外施电压接通时间的周波数。由于工频电压1个周波的时间为0.02s,因此将记录的周波数乘以0.02s,即可得到外施电压作用的时间,单位为s。

图 5-11(b)为断路器固有分闸时间的测量电路。测量时,合上双极刀开关 QK(两极应同时接通),跳闸线圈 YR 通电(断路器联锁触点在断路器 QF 合闸时是闭合的),同时电气秒表开始动作,记录周波数(时间)。当断路器 QF 的触头一分开,电气秒表立即断电停走,由此可测得断路器的固有分闸时间。

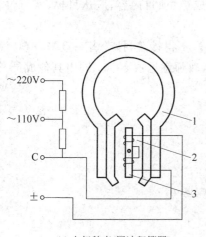
(a) 电气秒表(周波积算器)

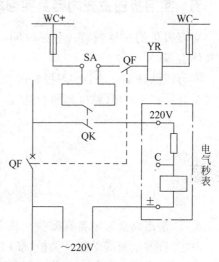
(b) 断路器固有分闸时间的测量电路

图 5-11 电气秒表(周波积算器)及其断路器固有分闸时间的测量电路
1—永久磁铁;2—电磁线圈;3—振动电磁铁
QF—被测断路器及其联锁触点;YR—断路器跳闸线圈;
WC—控制小母线;SA—控制开关;QK—双极刀开关

断路器合闸时间的测量电路只需将图 5-11(b)中的跳闸线圈 YR 更换为合闸线圈 YO 即可。测量时,合上双极刀开关 QK(两极应同时接通),合闸接触器 KO 通电,同时电气秒表开始动作,记录周波数(时间)。当断路器 QF 的触头一闭合,电气秒表的电磁线圈立即被短路而停走,由此可测得断路器的合闸时间。

⑥ 绝缘油的试验。在交接时、每次检修中及运行期间认为有必要时,应进行绝缘油试验。由于少油断路器的油量少,且只作灭弧介质用,因此可只作电气强度(耐压)试验,其方法与变压器油的试验方法相同(见图 5-5)。

2. 变配电所主要电气设备检修试验实操

通过预习、实地听讲、询问、观察、分析、操作,掌握电力变压器的检修和试验方法;掌握高压断路器的检修和试验方法;掌握其他电气装置的检修和试验方法,初步达到顶岗目标。

3. 实习要求

(1) 实习前1周,必须收集相关资料并认真预习相关内容。

(2) 实习期间,要认真仔细听讲,虚心请教。要勤于观察,善于分析,确保实习不走过场,圆满完成各项实习教学目标。

(3) 通过实地学习,初步达到顶岗目标。

(4) 要求统一着工作服。

(5) 在电力设备修试所实习,要一切行动听从所内师傅的指挥,不得乱摸乱动乱走。

(6) 要求独立撰写实习报告,不得互相抄袭。

五、实习报告主要内容及实习成绩评定

实习报告的主要内容应包括时间、场地、同组成员、项目内容、应达目标、实习过程、收获体会等。

实习成绩评定办法:实习报告占30%,实习报告不得抄袭,抄袭者一旦被发现,该项按零分计;实习表现(单位师傅意见)占30%;带队教师意见占20%;同组其他成员意见占20%。

习题

5-1 常用高低压电器有哪些?其主要参数有哪些?

5-2 目前主流高低压开关柜(屏)有哪些?

5-3 简述工厂变配电所的运行维护内容。

5-4 分析图5-4工作原理。

5-5 简述电力变压器的检修和试验过程。

第6章 供配电系统的安全技术

【学习目标】
掌握电气安全的一般知识；
掌握接地的有关概念和对接地体接地电阻的要求；
掌握接地装置施工过程；
熟悉雷电的有关概念和常用的防雷装置；
掌握工厂供配电系统的防雷措施。

6.1 电气安全的一般知识

6.1.1 电气工作人员的职责及从业条件

1. 电气工作人员的职责

电气工作人员的职责是运用自己掌握的专业知识和技能，勤奋工作，防止、避免和减少电气事故的发生，保障人身安全以及电气线路和电气设备的安全运行，不断提高供电装备水平和安全用电水平。

2. 电气工作人员的从业条件

(1) 身体健康。经有关合法部门鉴定，无妨碍电气工作的病症。对电工人员的体格检查应每隔两年进行一次。凡有高血压、心脏病、气喘、癫痫、神经病、精神病以及耳聋、失明、色盲、高度近视（裸眼视力：一眼低于 0.7，另一眼低于 0.4）和肢体残缺者，都不宜直接从事电气工作。

(2) 具有良好的精神素质，作风严谨、文明细致、不敷衍塞责、不草率行事，自愿从事电气工作。

(3) 应熟悉《电业安全工作规程》及相关规程，具备必要的电工理论知识和专业技能及其相关的知识和技能，并经国家职业技能鉴定机构考试合格取得相应证书后才允许上岗。

(4) 电气工作人员必须尽快熟悉本厂或本部门的电气设备及相关情况，尽早进入工作角色。

(5) 电气工作人员应掌握必要的触电急救知识和技能。

(6) 电气工作人员必须树立终身学习的思想，不断掌握专业新知识和新技能。

(7) 由于电气工作的特殊性(技术性强、危险性大),对一时身体不适、情绪欠佳、精神不振、思想不良的电工,也应临时停止其参加重要的电气工作。

6.1.2 电气安全的一般措施

在供配电系统中,必须特别注意安全用电。如果使用不当,可能会造成严重后果,如人身触电伤亡事故、火灾、爆炸等,给国家、社会和个人带来极大的损失。

保证电气安全的一般措施有以下几个方面。

(1) 加强电气安全教育。无数电气事故的教训告诉人们,人员的思想麻痹大意往往是造成电气安全事故的重要因素。因此,必须加强安全教育,使所有人员都懂得安全生产的重大意义,人人树立安全第一的观点,个个都做安全教育工作,力争供配电系统无事故运行,防患于未然。

(2) 严格执行安全工作规程。经验告诉我们,国家颁布和现场制订的安全工作规程,是确保工作安全的基本依据。只有严格执行各项安全工作规程,才能确保工作安全。

(3) 加强运行维护和检修试验工作。加强日常的运行维护工作和定期的检修试验工作,对于保证供电系统的安全运行,也具有很重要的作用,特别是电气设备的交接试验。应遵循《电气装置安装工程·电气设备交接试验标准》的规定。

(4) 采用安全电压和符合安全要求的相应电器。对于容易触电的场所和有触电危险的场所,应采用安全电压和安全电流。

安全电压就是不会使人直接致死或致残的电压。

我国国家标准 GB 3805—1983《安全电压》规定的安全电压等级如表 6-1 所示。

表 6-1 安全电压

安全电压(交流有效值)/V		选用举例
额定值	空载上限值	
42	50	在有触电危险场所使用的手持电动工具
36	43	在矿井、多导电粉尘等场所使用的电器
24	29	
12	15	可供某些具有人体可能偶然触及带电体的设备
6	8	

安全电流就是人体触电后最大的摆脱电流。我国规定安全电流为 30mA(50Hz 交流),触电时间不超过 1s,因此安全电流值也称为 30mA·s。当通过人体的电流不超过 30mA·s 时,对人身机体不会有损伤,不致引起心室纤维性颤动、停搏或呼吸中枢麻痹。如果通过人体的电流达到 50mA·s,则对人体就有致命危险,而达到 100mA·s 时,一般会致人死亡。

(5) 在易燃、易爆场所,使用的电气设备和导线、电缆应采用符合要求的相应设备和导线、电缆。涉及易燃、易爆场所的供电设计与安装,应遵循国家相关的规定。

(6) 确保供电工程的设计安装质量。经验告诉我们,国家制订的设计、安装规范,是确保设计、安装质量的基本依据。供电工程的设计安装质量直接关系到供电系统的安全运行。如果设计或安装不合要求,将大大增加事故的可能性。因此,必须精心设计和施工。要留给设计和施工足够的时间,并且不要因为赶时间而影响设计和施工的质量。严格按国家标准进行设计、施工、验收,确保供电系统质量。

(7) 按规定采用电气安全用具。电气安全用具分为基本电气安全用具和辅助电气安全用具两类。

① 基本电气安全用具。这类安全用具的绝缘足以承受电气设备的工作电压,操作人员必须使用它,才允许操作带电设备。如操作隔离开关的绝缘钩棒等。

② 辅助电气安全用具。这类安全用具的绝缘不足以完全承受电气设备的工作电压,操作人员必须使用它,可使人身安全有进一步的保障。如绝缘手套、绝缘垫台及"禁止合闸,有人工作"、"止步,高压危险"等标示牌。

(8) 采用直接触电防护和间接触电防护。

① 直接触电防护是指对直接接触正常带电部分的防护,例如对带电导体加隔离栅栏或保护罩等。

② 间接触电防护是指对故障时可带危险电压而正常时不带电的外露可导电部分(如金属外壳、框架等)的防护,例如将正常不带电的外露可导电部分接地,并装设接地保护等。

(9) 装设有效的防雷、接地装置。

(10) 普及安全用电常识。

(11) 正确处理电气失火事故。火势较小时,可用二氧化碳或干粉灭火器将火扑灭;在火势较大蔓延较快时,要及时拨打119。

6.1.3 触电及其急救

1. 触电

所谓触电是指电流流过人体时对人体产生的生理和病理伤害。这种伤害是多方面的,可分为电击和电伤两种类型。

(1) 电击

电击是由于电流通过人体而造成的内部器官在生理上的反应和病变,如刺痛、灼热感、痉挛、昏迷、心室颤动或停跳、呼吸困难或停止等现象。电击是触电事故中最危险的一种。绝大部分触电死亡事故都是电击造成的。

(2) 电伤

电伤是指由于电流的热效应、化学效应或机械效应对人体外表造成的局部伤害,常常与电击同时发生。最常见的有以下3种。

① 电灼伤。电灼伤有接触灼伤和电弧灼伤两种。

接触灼伤发生在高压触电事故时,电流通过人体皮肤的进出口处造成的灼伤。

电弧灼伤发生在误操作或过分接近高压带电体,当其产生电弧放电时,高温电弧将如火焰一样把皮肤烧伤。电弧还会使眼睛受到严重损害。

② 电烙印。电烙印发生在人体与带电体有良好接触的情况下。此时在皮肤表面将留下与被接触带电体形状相似的肿块痕迹。电烙印有时在触电后并不立即出现,而是相隔一段时间后才出现。电烙印一般不发炎或化脓,但往往造成局部麻木和失去知觉。

③ 皮肤金属化。由于电弧的温度极高(中心温度可达 $6000℃\sim10000℃$),可使周围的金属熔化、蒸发并飞溅到皮肤表层,令皮肤表面变得粗糙坚硬,其色泽与金属种类有关,如灰黄色(铅)、绿色(紫铜)、蓝绿色(黄铜)等。金属化后的皮肤经过一段时间后会自行脱落,一般不会留下不良后果。

应该指出,人身触电事故往往伴随着高空堕落或摔跌等机械性创伤。这类创伤虽不属于电流对人体的直接伤害,但属于触电引起的二次事故,也应列入电气事故的范畴。

2. 触电方式

人体触电的方式多种多样,主要可分为直接接触触电和间接接触触电两种。此外,还有高压电场、高频电磁场、静电感应、雷击等对人体造成的伤害。

(1) 直接接触触电

人体直接接触及或过分靠近电气设备及线路的带电导体而发生的触电现象称为直接接触触电。单相触电、两相触电、电弧伤害都属于直接接触触电。

(2) 间接接触触电

电气设备在正常运行时,其金属外壳或结构是不带电的。但当电气设备绝缘损坏而发生接地短路故障时(俗称"碰壳"或"漏电"),其金属外壳或结构便带有电压,此时人体触及就会发生触电,这称为间接接触触电。间接接触触电包括接触电压触电和跨步电压触电。

当电气设备因绝缘损坏而发生接地故障时,如果人体的两个部位(通常是手和脚)同时触及漏电设备的外壳和地面,人体所承受的电位差便称为接触电压。

电气设备发生接地故障时,在接地电流入地点周围电位分布区(以电流入地点为圆心半径为 20m 的范围内)行走的人,两脚之间所承受的电位差称跨步电压。

(3) 高压电场伤害

在超高压输电线路和配电装置周围,存在着强大的电场。处在电场内的物体会因静电感应作用而带有危险电压。当人触及这些带有感应电压的物体时,就会有感应电流通过人体入地而可能受到伤害。

(4) 高频电磁场危害

频率超过 0.1MHz 的电磁场称为高频电磁场,人体吸收高频电磁场辐射的能量后,器官组织及其功能将受到损伤。主要表现为神经系统功能失调;其次是出现较明显的心血管症状。电磁场对人体的伤害是逐渐积累的,脱离接触后,症状会逐渐消失,但在高强度电磁场作用下长期工作,一些症状可能持续成痼疾,甚至遗传给后代。

(5) 静电伤害

金属物体受到静电感应及绝缘体间的摩擦起电是产生静电的主要原因。例如运行过的电缆或电容器绝缘物中会积聚静电。静电的特点是电压高,有时可高达数万伏,但能量不大。发生静电电击时,触电电流往往瞬间即逝,一般不至于有生命危险。但受静电瞬间电击会使触电者从高处坠落或摔倒,造成二次事故。静电的主要危害是其放电火花或电弧引燃或引爆周围物质,引起火灾和爆炸事故。

(6) 雷电危害

雷击是一种自然灾害,其特点是电压高、电流大,但作用时间短。雷击除了能毁坏建筑设施及引起人畜伤亡外,在易产生火灾和爆炸的场所,还可能引起火灾和爆炸事故。

3. 触电急救

触电者的现场急救是抢救过程中关键的一步。如能及时、正确地抢救,则因触电而呈假死的人有可能获救。反之,则可能带来不可弥补的损失。因此,《电业安全工作规程》将"特别要学会触电急救"规定为电气工作人员必须具备的条件之一。

(1) 脱离电源。触电急救,首先要使触电者迅速脱离电源,越快越好,触电时间越长,伤害越严重。

① 触电急救。首先要将触电者接触的那部分带电设备的开关断开,或设法将触电者与带电设备脱离。在脱离电源时,救护人员既要救人,又要保护自己。触电者未脱离电源前,救护人员不得直接用手触及伤员。

② 如果触电者接触低压带电设备,救护人员应设法迅速切断电源,如拉下电源开关,或使用绝缘工具、干燥的木棒等不导电的物体解脱触电者,也可抓紧触电者的衣服将其拖开。为使触电者与导体解脱,最好用一只手进行抢救。

③ 如果触电者接触高压带电设备,救护人员应设法迅速切断电源,或用适合该绝缘等级的绝缘工具解脱触电者。救护人员在抢救过程中,要注意保持自身与带电部分的安全距离。

④ 如果触电者处于高处,解脱电源后,可能会从高处坠落,要采取相应的措施,以防触电者摔伤。

⑤ 在切断电源后,应考虑事故照明、应急灯照明等,以便继续进行急救。

(2) 急救处理。当触电者脱离电源后,应根据具体情况迅速救治,首先尽快通知医生。

① 如触电者神志尚清,则应使之平躺,严密观察,暂时不要站立或走动。

② 如触电者神志不清,则应使之仰面平躺,确保气道通畅。并用 5s 时间呼叫伤员或轻拍其肩部,严禁摇动头部。

③ 如触电者神志失去知觉,停止呼吸,但心脏微有跳动时,应在通畅气道后,立即施行口对口的人工呼吸。

④ 如触电者伤害相当严重,心跳和呼吸已停止,完全失去知觉,则在通畅气道后,立即施行口对口的人工呼吸和胸外按压心脏的人工循环。先按胸外 4~9 次,再口对口地吹气 2~3 次;再按压心脏 4~9 次,再口对口地吹气 2~3 次。

对人工呼吸要有耐心,不能急,不应放弃现场抢救。只有医生有权做出死亡诊断。

人工呼吸法和胸外按压心脏的人工循环法的具体操作参见相关医学说明。

事实证明,只要正确地坚持施行人工救治,触电假死的人被抢救成活的可能性是非常大的。

6.2 电气设备的接地

6.2.1 接地的有关概念

1. "地"、接地、接地装置

供配电中接地的"地",广义为大地、土壤。具体讲,在距单根接地体或接地故障点 20m 以外电位为零的地方,称为电气上的"地"或"大地"。

电气设备的某部分与土壤之间作良好的电气连接,称为接地。埋入地中与土壤直接接触的金属物体,称为接地体或接地极。专门为接地而人为装设的接地体称为人工接地体。兼作接地体的直接与大地接触的各种金属构件、金属管道及建筑物的钢筋混凝土基础等,称为自然接地体。连接接地体与设备接地部分的导线,称为接地线。接地线和接地体合称为接地装置。由若干接地体在大地中互相连接而组成的总体,称为接地网。接地网中的接地线又可分为接地干线和接地支线。

2. 接地电流和对地电压

当电气设备发生接地故障时,电流就通过接地体向大地作半球形散开,该电流称为接地电流。

电气设备的接地部分(如接地的外壳和接地体等)与零电位的"大地"之间的电位差就称为接地部分的对地电压。

3. 接触电压和跨步电压

人站在发生接地故障的设备旁边,手触及设备的外露可导电部分,此时人所接触的两点(如手与脚)之间所呈现的电位差称为接触电压;人在接地故障点周围行走,两脚之间所呈现的电位差称为跨步电压。跨步电压的大小与离接地点的远近及跨步的长短有关,越靠近接地点,跨步越长,则跨步电压就越高。一般离接地点达 20m 时,跨步电压通常为零。

6.2.2 接地的类型

根据不同的分类方法,供配电系统的接地有如下类型。
(1) 按接地作用分为工作接地和保护接地两大类。
(2) 按电压分为高压系统接地和低压系统接地。
(3) 按电流性质分为交流电路系统接地和直流电路系统接地。
(4) 同一系统按接地次数分为电源首端接地和重复接地等。

工作接地是为保证电力系统和设备达到正常工作要求而进行的一种接地,如电源中性点接地。

保护接地是为保障人身安全、防止间接触电而将设备的外露可导电部分接地。保护接地的形式有两种:一是设备的外露可导电部分经各自的接地线(PE 线)直接接地,如

TT 接地系统和 IT 接地系统；二是设备的外露可导电部分经保护中性线（俗称零线，PEN 线）接地，如 TN 接地系统。

重复接地是为确保安全可靠，PE 线或 PEN 线除在其首端进行接地外，还应在其他地方多次接地。如电缆和架空线引入车间或大型建筑物入口总配电箱处，以及建筑物各分配电箱处。

6.2.3 对接地体接地电阻的要求

接地体与土壤之间的接触电阻以及土壤本身的电阻之和称为散流电阻；散流电阻加上接地体和接地线本身的电阻称为接地电阻。接地体和接地线本身的电阻很小，可忽略不计，接地电阻主要为接地体的散流电阻。

工频接地电流流过接地装置所呈现的接地电阻称为工频接地电阻 R_E；雷电流流过接地装置所呈现的接地电阻称为冲击接地电阻 R_{sh}。

我国部分电力装置所规定的接地电阻值如表 6-2 所示。

表 6-2 部分电力装置接地电阻值标准

序号	电力装置名称	适用范围		接地电阻值标准
1	1kV 以上小电流接地系统	仅用于该系统的接地装置		$R_E \leqslant (250V/I_E)$ 且 $R_E \leqslant 10\Omega$
2		与 1kV 以下接地系统共用的接地装置		$R_E \leqslant (120V/I_E)$ 且 $R_E \leqslant 10\Omega$
3	1kV 以下接地系统	与总容量在 100kV·A 以上的发电机或电力变压器相连的接地装置		$R_E \leqslant 4\Omega$
4		与总容量在 100kV·A 及以下的发电机或电力变压器相连的接地装置		$R_E \leqslant 10\Omega$
5		本表序号 3 装置的重复接地		$R_E \leqslant 10\Omega$
6		本表序号 4 装置的重复接地		$R_E \leqslant 30\Omega$
7	避雷装置	独立避雷针和避雷线		$R_E \leqslant 10\Omega$
8		变配电所装设的避雷器	与序号 3 装置共用	$R_E \leqslant 4\Omega$
9			与序号 4 装置共用	$R_E \leqslant 10\Omega$
10		电力线路装设的避雷器	与电机无电气联系	$R_E \leqslant 10\Omega$
11			与电机有电气联系	$R_E \leqslant 5\Omega$

注：R_E 为工频电阻；I_E 为小电流接地系统单相接地电容电流。

6.2.4 保护接地的三种形式

供配电系统按保护接地形式的不同可分为 TN 系统、TT 系统和 IT 系统。

1. TN 系统

TN 系统是电源中性点直接接地电力系统中的设备外露可导电部分与电源中性点共用接地的系统。

工厂供配电系统中，电源中性点直接接地的电力系统为 0.38kV 电力系统（首端

0.4kV)。在我国,将该系统中性线(N 线)在电源首端(变压器出线口)接地后引出,即为保护中性线(PEN 线,俗称零线)。零线引入建筑物后又在入口总配电箱以及各分配电箱处进行了重复接地。220/380V 电气设备采用 TN 系统,就是将其外露可导电部分(外壳)与零线相接,我国习惯上称其为"保护接零"。图 6-1 所示为 220/380V 电气设备采用 TN 系统的插座接线示意图。

注意:①同一低压系统中,保护接零与保护接地不能同时存在,否则,当采取保护接地的设备发生故障时,危险电压将通过大地窜至零线,也就窜至采用保护接零的设备外壳上,使本来不带电的外壳带上危险电压,危及人身安全;②零线引入建筑物后,在入口总配电箱以及各分配电箱处必须重复接地,以防零线断线后,断点后面的零线带危险电压,即外壳带上危险电压;③零线一定要牢固连接,零线上不得安装熔断器和开关设备,否则,零线断开会产生上述危害。

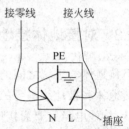

图 6-1 220/380V 电气设备采用 TN 系统的插座接线示意图

2. TT 系统

TT 系统是电源中性点直接接地电力系统中的设备外露可导电部分不与电源中性点共用接地系统,而采用单独接地的系统。我国过去习惯上称其为"保护接地"。

由于该系统的接地线与系统接地线(零线)相互独立不发生关系,因此,其抗干扰强,接地效果较好,广泛用于工业与民用电场所,是目前 220/380V 电气设备接地的首选方式。但由于该系统需要独立装设接地装置,所以其投资较大,且对于自建家庭小型建筑物,多因不具备装设接地装置的专业知识和技能,因此有一定的推广难度。图 6-2 所示为 220/380V 电气设备采用 TT 系统的插座接线示意图。

3. IT 系统

IT 系统是电源中性点不接地或经高阻抗接地电力系统中的设备外露可导电部分采用单独接地的系统。

工厂供配电系统中,电源中性点不接地的电力系统通常为 6～35kV 电力系统。IT 系统就是将这些高压设备的外露可导电部分直接与单独接地体相连。图 6-3 所示为 6～35kV 电气设备采用 IT 系统的接线示意图。

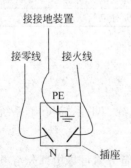

图 6-2 220/380V 电气设备采用 TT 系统的插座接线示意图

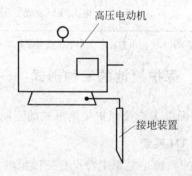

图 6-3 6～35kV 电气设备采用 IT 系统的接线示意图

6.2.5 接地装置的装设

根据我国相关国家标准,如下电气装置的金属部位应有效接地。
(1) 电机、变压器、电器、携带式或移动式用具等的金属底座和外壳。
(2) 电气设备的传动装置。
(3) 室内外装置的金属或钢筋混凝土构架以及靠近带电部分的金属遮栏和金属门。
(4) 配电、控制、保护用的屏及操作台等的金属框架和底座。
(5) 交、直流电力电缆的接头盒、终端头、膨胀器的金属外壳、电缆的金属保护层、可触及的电缆金属保护管和穿线的钢管。
(6) 电缆桥架、支架和井架。
(7) 装有避雷线的电力线路杆塔。
(8) 装在配电线路杆上的电力设备。
(9) 在非沥青地面的居民区内,无避雷线的小接地电流架空线路的金属杆塔和钢筋混凝土杆塔。
(10) 电除尘器的构架。
(11) 封闭式母线的外壳及其他裸露的金属部分。
(12) 六氟化硫封闭式组合电器和箱式变电站的金属箱体。
(13) 电热设备的金属外壳。
(14) 控制电缆的金属保护层。

利用自然接地体可以节约钢材,节省施工费用,降低接地电阻,因此,在不受到自然接地体所属部门或单位的牵制的情况下,可优先利用自然接地体。例如,给建筑物内的用电器布设接地线时,可优先利用本建筑物的钢结构、混凝土基础中的钢筋等。但对于受到其他部门或单位的牵制,或有易燃易爆危险的敷设在地下的金属管道及热力管道、输送可燃性气体或液体(如煤气、石油)的金属管道等,则绝对不可作为接地体使用。另外,利用自然接地体必须保证良好的电气连接。例如,在建筑物钢结构结合处凡是用螺栓连接的,只有在采取焊接与加跨接线等措施后方可作为接地体加以利用。

1. 人工接地体的形式、深度

人工接地体有垂直装设和水平装设两种基本形式,一般情况下多采取垂直装设。人工接地体的形式、深度如图 6-4 所示。

2. 人工接地装置的材料

当自然接地体不能满足接地要求或自然接地体不可利用时,应装设人工接地体。人工接地体通常采用钢管、角钢、圆钢和扁钢制作。

垂直敷设的接地体的材料有:$\phi 50mm$、长为 2.5m 的镀锌钢管;$40mm \times 40mm \times 4mm$ 或 $50mm \times 50mm \times 6mm$ 的镀锌角钢。

水平敷设的接地体有:厚度不小于 4mm、截面不小于 $100mm^2$ 的镀锌扁钢;长度 $5\sim 20m$,$\phi 10mm$ 及以上的镀锌圆钢。

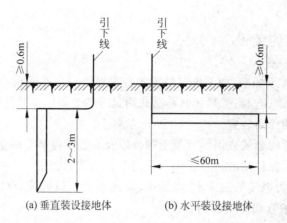

图 6-4 人工接地体的形式、深度

接地体之间的连线有：40mm×4mm 镀锌扁钢；$\phi6\sim8$mm 的镀锌圆钢。

接地干线有：(15～40)mm×4mm 镀锌扁钢；$\phi6\sim16$mm 的镀锌圆钢。

接地分支线有：BV-6～10mm²。

3. 垂直人工接地体的形状、间距

(1) 小型垂直人工接地体的形状、间距

小型垂直人工接地体一般是指不多于 6 根接地体的垂直装设的环形或放射形接地体(网)。其形状通常做成正 n 边形；相邻两根接地体的间距由设计决定，一般为 5m；接地线截面，除设计另有要求外，均采用 40mm×4mm 镀锌扁钢或 $\phi16$mm 圆钢；接地极与接地线连接处，均须电焊或气焊；凡焊接处均刷沥青油防腐。

小型垂直装设的环形或放射形接地体(网)如图 6-5 所示。

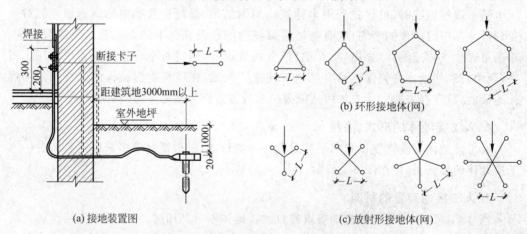

图 6-5 小型垂直装设的环形或放射形接地体(网)

(2) 车间、变配电所等大型垂直人工接地体(网)的形状、间距

车间、变配电所等大型垂直人工接地体(网)，一般采用环路式接地装置，即在变配电所和车间建筑物四周，距墙脚 2～3m 处打入一圈接地体，再用扁钢连成环路。在环路式

接地装置范围内,每隔 5~10m 宽度增设一条水平接地带作为均压连接线,该均压连接线还可用做接地干线,以使各被保护设备的接地线连接更为方便可靠。在经常有人出入的地方,应加装帽檐式均压带或采用高绝缘路面。

车间、变配电所等大型垂直人工接地体(网)的形状、间距由设计决定。设计通常以接地体(网)平面布置图的形式表达。接地体(网)平面布置图是表示接地体和接地线具体布置与安装要求的一种安装图。某工厂变配电所的接地体(网)平面布置图如图 6-6 所示。

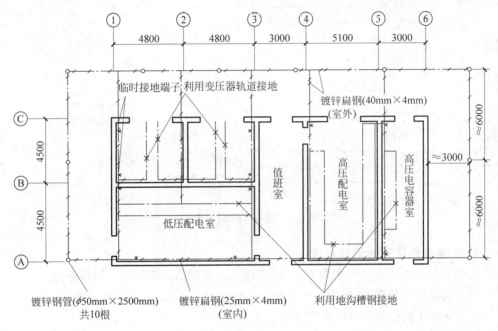

图 6-6 某工厂变配电所的接地体(网)平面布置图

由图 6-6 可以看出,距变电所建筑 3m 左右,埋设有 10 根管形垂直接地体(ϕ50mm、长 2.5m 的镀锌钢管)。接地钢管之间约为 5m,采用 40mm×4mm 的镀锌扁钢焊接成一个外缘闭合的环形接地网。变压器下面的钢轨以及安装高压开关柜、高压电容器柜和低压配电屏的地沟上的槽钢或角钢,均采用 25mm×4mm 的镀锌扁钢焊接成网,并与室外接地网多处连接。

为了便于测量接地电阻以及移动式电气设备临时接地,故在适当地点安装有临时接地端子。

对于大型接地体(网),还必须进行等电位联结。等电位联结是使电气装置各外露可导电部分和装置外可导电部分电位基本相等的一种电气联结。等电位联结的功能在于降低接触电压,以保障人身安全。

按规定,采用接地故障保护时,在建筑物内应做总等电位联结,简称 MEB。当电气装置或其某一部分的接地故障保护不能满足要求时,还应在局部范围内进行局部等电位联结,简称 LEB。

① 总等电位联结(MEB)是指在建筑物进线处,将 PE 线或 PEN 线与电气装置接地干线、建筑物内的各种金属管道(如水管、煤气管、采暖空调管道等)以及建筑物的金属构

件等都与总等电位联结端子连接,使它们都具有基本相等的电位,如图 6-7 中的 MEB。

② 局部等电位联结(LEB)又称辅助等电位联结,是在远离总等电位联结处、非常潮湿、触电危险性大的局部地区内进行的等电位联结,是总等电位联结的一种补充,如图 6-7 中的 LEB。通常在容易触电的浴室及安全要求极高的胸腔手术室等处应做局部等电位联结。

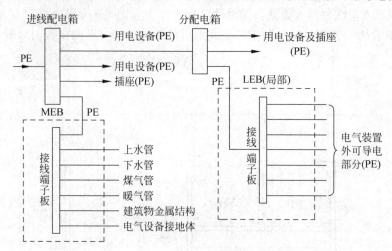

图 6-7　等电位联结示意图

4. 小型接地装置的设计计算

在已知接地电阻要求值的前提下,所需接地体根数的计算可按下列步骤进行。

(1) 按设计规范要求,确定允许的接地电阻值 R_E。

(2) 装设 1 根接地体并实测其接地电阻 $R_E^{(1)}$。

(3) 估算接地体根数 n,即

$$n \geqslant R_E^{(1)}/R_E \tag{6-1}$$

考虑接地体利用系数等因素后,接地体根数多取 2 根。

(4) 必要时,校验接地装置短路热稳定度。对于大电流接地系统中的接地装置,应进行单相短路热稳定校验。由于钢线的热稳定系数 $C=70$,因此接地钢线的最小允许截面(mm^2)为

$$A_{\min} = I_k^{(1)} \frac{\sqrt{t_k}}{70} \tag{6-2}$$

式中,$I_k^{(1)}$ 为单相接地短路电流(A),为计算方便,可取为三相短路电流;t_k 为短路电流持续时间(s)。

6.2.6　小型接地装置的施工

一、实训内容

(1) 接地电阻的测量。

(2) 小型接地体的装设。

(3) 接地线的装设。

二、实训材料、工具

小型接地装置的施工材料、工具单如表 6-3 所示。

表 6-3　小型接地装置的施工材料、工具单

序号	名　　称	型号与规格	单位	数量	备　　注
1	镀锌钢管	ϕ50mm,长 2.5m	根	若干	
2	镀锌扁钢	40mm×4mm	m	若干	
3	镀锌圆钢	ϕ6～8mm	m	若干	
4	铜芯塑料导线	BV-4～6mm^2	盘	各 1	黄绿双色
5	保护接地线专用塑料管	ϕ50mm,长 2m	根	1	
6	圆环头支持卡子	环头孔径ϕ6～8mm	个	若干	
7	带孔螺栓	ϕ10mm	条	1	
8	黄铜螺栓	与带孔螺栓的孔径匹配	条	1	
9	紫铜接地母排	10 孔	条	1	
10	铁锹、镐头、大锤		套	1	
11	电焊机		台	1	带焊条
12	沥青		块	若干	
13	钢丝钳		把	1	
14	剥线钳		把	1	
15	榔头		把	1	
16	电工刀		把	1	
17	活口扳手		把	1	
18	接地兆欧表	ZC-8	块	1	
19	电工服装(含手套)		套/人	1	

三、实训步骤及要求

1. 接地电阻的测量

接地装置施工完成后,使用之前应测量接地电阻的实际值,以判断其是否符合要求。若不符合要求,则需补打接地极。每年雷雨季到来之前还需要重新检查测量。接地电阻的测量有电桥法、补偿法、电流—电压表法和接地电阻测量仪法。利用接地电阻测量仪测量接地体接地电阻是较常见的方法。

接地电阻测量仪也称接地兆欧表,其自身能产生交变的接地电流,使用简单,携带方便,而且抗干扰性能较好。主要用于直接测量各种接地装置的接地电阻值,具有 4 个接线端钮的接地电阻测量仪还可以测量土壤电阻率。

接地电阻测量仪的形式较多,现以常用的 ZC-8 型接地电阻测量仪为例进行介绍。其外形及附件如图 6-8 所示。

ZC-8 型接地电阻测量仪是由高灵敏度的检流计 G、交流发电机 M、电流互感器 LH 及调节电位器 R_P、测量用接地极正、电压辅助电极 P、电流辅助电极 C 等组成,全部密封

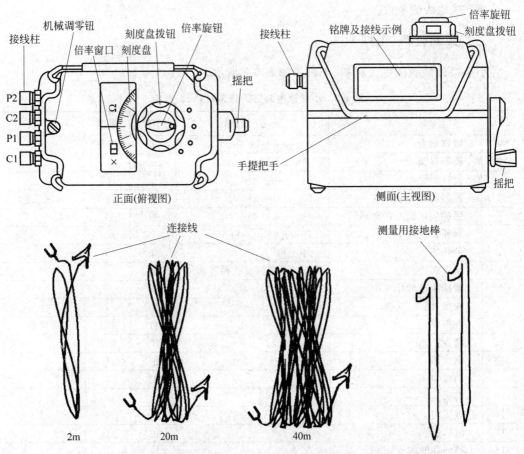

图 6-8 接地电阻测量仪外形及附件

在铝合金铸造的外壳内。它们都附带有两根探测针(测量用接地棒),一根是电位探测针,另一根为电流探测针。该表有 3 个接线端钮和 4 个接线端钮两种表型。四钮测量仪有三种倍率(×0.1；×1；×10),刻度盘有 10 个大格,每个大格又分 10 个小格。因此,其量程分别为 0～1Ω、0～10Ω、0～100Ω。

ZC-8 型三钮接地兆欧表工作原理如下。当交流发电机 M 以 120r/min 的速度转动时,产生 90～98Hz 的交变电流 i,该电流通过互感器 LH 的一次侧、接地极正、电流辅助电极 C 形成回路。在接地电阻 R_X 上产生电压降 iR_X,其电位分布如图 6-9 中 EP 段曲线所示。通过 PC 之间地电阻 R_C 产生的电压降 iR_C 的电位分布如图 6-9 中 PC 段曲线所示。

设电流互感器比率为 k,则二次侧绕组中电流为 ki,该电流流过调节电位器 R_P,产生电压为 kiR_P。由图 6-9

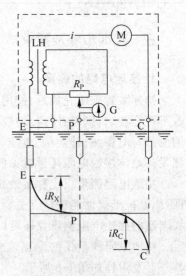

图 6-9 ZC-8 型三钮接地兆欧表工作原理

可看出,检流计 G 所测电压实际是 kiR_P 和 iR_X 之间的电位差。调节 R_P,使检流计指示为零,则有

$$kiR_P = iR_X \qquad (6\text{-}3)$$
$$R_X = kR_P \qquad (6\text{-}4)$$

可见,所测得的接地电阻值,就是互感器比率与调节电位器 R_P 阻值的乘积,与电压辅助电极 P 和电流辅助电极 C 之间的地电阻 R_C 无关。

四钮型 ZC-8 型接地电阻测量仪有 P2、C2、P1、C1 共 4 个接线端,三钮型接地兆欧表相当于把 P2、C2 端子在表内连好,并伸出一端 E,P1、C1 则标为 P、C。三钮和四钮接地兆欧表接线方法如图 6-10 所示。

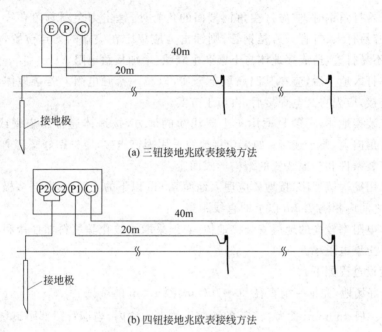

图 6-10　三钮和四钮接地兆欧表接线方法

具体测量步骤如下。

(1) 拆开接地干线与接地体的连接点。

(2) 将两支测量接地棒分别插入离接地体 20m 与 40m 远的地中,深度约 400mm。

(3) 把接地兆欧表放置于接地体附近平整的地方,然后依图 6-10 连线。

(4) 进行机械调零,使指针指在标度正中线上。

(5) 根据被测接地体的估计电阻值,调节好粗调旋钮。无法估计时,先拨向最大倍率。

(6) 以大约 120r/min 的转速摇动手柄,当表针偏离中心时,边摇动手柄边调节刻度盘拨钮,使表针居中稳定为止。

(7) 表针所指表盘刻度乘以粗调旋钮倍数,即为被测接地体的接地电阻。

2. 小型接地体的装设

人工接地体一般是用结构钢制成,其规格要求为:角钢的厚度应不小于 4mm,钢管

管壁厚度不小于 3.5mm，圆钢直径不小于 8mm，扁钢厚度不小于 4mm、截面积不小于 48mm²；且材料不应有严重锈蚀，弯曲的材料必须校正后方可使用。

人工接地体的安装分垂直安装和水平安装。垂直安装接地体通常用角钢或钢管制成。长度一般在 2~3m 之间，但不能小于 2m。下端应加工成尖形。用角钢制作的，其尖点应在角钢的角脊上，且两个斜边要对称；用钢管制作的，要单边斜削保持一个尖点。

采用打桩法将接地体打入地下，接地体应与地面垂直，不可歪斜，打下地面的有效深度不少于 2m。多极接地或接地网的接地体与接地体在地面下应保持 2.5m 以上的直线距离。

用锤子敲打角钢时，应敲打在角钢端面的角脊处，锤击力会顺着角脊线直传到另一端的尖端，容易打入、打直。若是钢管，则锤击力应集中在尖端的切点位置，否则不但打入困难，且不易打直，造成接地体与土壤产生缝隙，增加接触电阻。

接地体打入地下后，应在其四周填土夯实，以减小接触电阻。若接地体与接地干线在地面下连接，应先将其电焊接后，再填土夯实。

水平安装接地体，一般只适用于土层浅薄的地方，接地体通常用扁钢或圆钢制成。一端弯成直角向上，便于连接；如果与接地线采用螺钉压接，应先钻好螺钉通孔。接地体的长度随安装条件和接地装置的结构形式而定。

安装采用挖沟填埋法，接地体应埋入地面 0.6m 以下的土壤中，若是多极接地或接地网，接地体之间应相隔 2.5m 以上的直线距离。

在土壤电阻率较高的地层安装接地体，必须采取填放化学填料如食盐和置换土壤的方法来降低土壤电阻率。

具体装设过程如下。

(1) 选好场地，先挖一个直径 80~100cm、深 1.2m 的坑。

(2) 将一根 $\phi 50$mm、长为 2.5m 的镀锌钢管砸入坑内，当钢管顶部距离坑底 20cm 时停砸。

(3) 用接地兆欧表摇测该钢管接地电阻值 $R_E^{(1)}$。

(4) 确定允许的接地电阻值 R_E（假设为 4Ω）。

(5) 根据式(6-1)估算接地体根数 n，取 $n+2$ 根接地体。

(6) 按照正 $n+2$ 边形、中心边距 5m 连通第一个坑。挖一个 1.2m 深环带状槽，并在正 $n+2$ 边形顶点槽中央，按照第一根的方法砸入其余 $n+1$ 根 $\phi 50$mm、长为 2.5m 的镀锌钢管。

(7) 用 4mm×40mm 镀锌扁钢将槽底露出槽底地面 20cm 的 $n+2$ 根钢管围住，并用电焊机将扁钢与钢管的接触面焊住（至少焊接 3 面），趁热用沥青将焊接处糊满。

(8) 另找一截长 1.8m（实际工程中所取长度由设计决定）、4mm×40mm 镀锌扁钢作为引出极，与槽底镀锌扁钢焊接，趁热用沥青将焊接处糊满。

(9) 用接地兆欧表摇测该接地网接地电阻值，符合要求即可回填土，夯实。

至此，小型接地体装设完毕。图 6-11 所示为接地体装设两视图。

3. 接地线的装设

接地线有接地干线和接地支线之分。接地线是接地干线和接地支线的总称。

(1) 接地线的选用

用于输配电系统的工作接地线应满足下列要求。

10kV 避雷器的接地支线宜采用多股铜芯或铝芯的绝缘电线或裸线；接地线可用铜芯或铝芯的绝缘电线或裸线，也可选用扁钢、圆钢或镀锌铁丝绞线，截面积应不小于 $16mm^2$。用做避雷针或避雷线的接地线截面积不应小于 $25mm^2$。接地干线通常用截面积不小于 $4 \times 12mm^2$ 的扁钢或直径不小于 6mm 的圆钢。

配电变压器低压侧中性点的接地支线，要用裸铜绞线，截面积不小于 $35mm^2$；容量在 1kV·A 以下的变压器，其中性点接地支线可采用截面积为 $25mm^2$ 的裸铜绞线。

用于金属外壳保护接地线的截面积选用规定如表 6-4 所示。

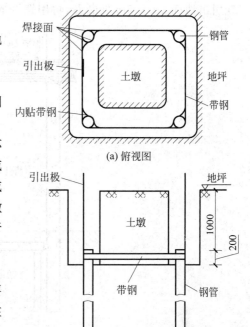

图 6-11 接地体装设两视图

表 6-4 保护接地线的截面积

材料	接地线类别	最小截面/mm^2		最大截面/mm^2
铜	移动电具的接地支线	生活用	0.2	25
		生产用	1.0	
	绝缘铜线	1.5		
	裸铜线	4.0		
铝	裸铝线	6.0		35
	绝缘铝线	2.5		
扁钢	户内：厚度不小于 3mm	24.0		100
	户外：厚度不小于 4mm	48.0		
圆钢	户内：直径不小于 5mm	19.0		100
	户外：直径不小于 6mm	28.0		

当接地线最小截面积的安全载流量不适应表 6-4 的规定时，接地支线须按相应的电源相线截面积的 1/3 选取；接地干线须按相应的电源相线截面积的 1/2 选取。

装于地下的接地线不准采用铝导线；移动电具的接地支线必须用铜芯绝缘软线。

(2) 接地干线的装设

接地干线与接地体引出极的连接应采用电焊焊接。连接处要置于便于检查和维修的地方。如埋入地下(300mm 左右)，应在地面上做好标记。

公用配电变压器的接地干线与接地体的连接点一般埋入地下 100~200mm。在接地线引出地面 2~2.5m 处断开,再用螺钉重新压接接牢,如图 6-12 所示。

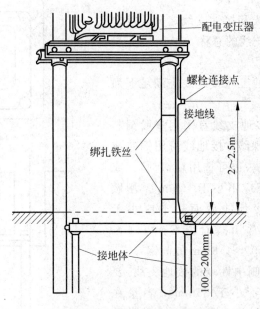

图 6-12　配电变压器的接地干线

从接地体引出极引出的接地干线应明敷,并支持牢固,除连接处外,均应涂黑标明。在穿越墙壁或楼板时应穿管加以保护。在可能受到机械力而使之损坏的地方,应加防护罩加以保护。敷设在室内的接地干线采用扁钢时,可用支持卡子沿墙敷设,与地面距离约 300mm,与墙距离约 15mm,如图 6-13(a)所示。若采用多股电线连接,应采用接线端子,如图 6-13(b)所示,不许把线头直接弯圈压接在螺钉上,在有震动的地方,要加弹簧垫圈。

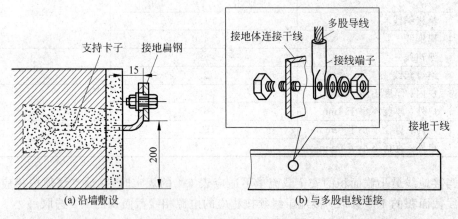

图 6-13　接地干线的敷设

用扁钢或圆钢做接地干线需要接长时,必须采用电焊焊接,焊接处扁钢搭头为其宽度的两倍,圆钢搭头为其直径的 6 倍。

本实训接地干线做法如下。

① 准备1间布线用房间。

② 将一根长若干、φ6～8mm的镀锌圆钢与本节"3. 接地线的装设"中地面上露出的约80cm的镀锌扁钢焊接,焊接点用沥青糊满或用银粉漆粉刷,该镀锌圆钢即可引入布线房间内。

③ 用φ50mm、长2m的保护接地线专用塑料管将室外地面以上金属包裹起来。

④ 采用圆环头支持卡子沿墙敷设,圆钢要穿入支持卡子圆环头内。

⑤ 接地干线引至配电箱后,应与配电箱角钢构架焊接在一起,并焊接一条带孔接地螺栓。

(3) 接地支线的装设

每一个设备的接地点必须用一根接地支线与接地干线单独连接。不允许用一根接地支线把几个设备的接地点串联起来;也不允许几根接地支线并联在接地干线的一个连接点上。

在户内,容易被人体触及的地方接地支线要采用多股绝缘绞线,连接处必须恢复绝缘层。

在户内、外,不易被人体触及的地方,接地支线要采用多股裸绞线;用于移动电具从插销至外壳处的接地支线,应采用铜芯绝缘软线,中间不允许有接头,并和电源线一起套入绝缘护层内。常用的三芯或四芯橡套或塑料护套电缆中的黑色绝缘层的一根导线作为接地支线。

接地支线与接地干线或与设备接地点的连接,其线头要用接线端子,采用螺钉压接,在有震动的场所螺钉上应加弹簧垫圈。

固定敷设的接地支线需要接长时,连接处必须正规,铜芯线连接处要锡焊加固。

在电动机保护接地中,可利用电动机与控制开关之间的导线保护钢管作为控制开关外壳的接地线。

接地支线的每个连接处都应置于明显部位,便于检修。

本实训接地支线做法如下。

① 由上述接地干线带孔接地螺栓处接出一根6mm^{2}的黄绿双色铜芯塑料线(用黄铜螺栓连接)至配电箱板面的铜制接地母排上,用螺钉卡紧。

② 由接地母排上接出若干根4mm^{2}的黄绿双色铜芯塑料线,穿管至墙上插座或室内电气设备处。

四、注意事项

(1) 测量接地电阻时的要求

① 对探针的要求。用接地电阻测量仪测量接地电阻,如果探针本身接地电阻较大,会直接影响仪器的灵敏度,甚至测不出来。所以一定要注意探针与土壤接触紧密,并且要有一定深度。

② 测量接地电阻时,应将被测接地装置与避雷线或被保护的设备断开。

③ 电流接地探测针和电位接地探测针应插在与线路垂直的方向。

④ 接地电阻应在一年中较干燥的季节测量,雨后不应立即测量接地电阻。

⑤ 测量时把仪器放平、调零,使指针指在红线上。所有连线截面不应小于1.0～1.5mm^2。手摇发电机的速度应保持在120r/min,当指针稳定不动指在中心红线上时再

读数。测量标度盘的读数与倍率标度的乘积就是所测接地电阻值。

⑥ 当检流计的灵敏度过高时,可将电位探测针插入土壤中浅一些。当检流计灵敏度不够时,可沿电位探针和电流探针注水使土壤湿润。

(2) 制作角钢接地体的角钢

角钢如有弯曲,一定要校直,否则不易打入地面,且接地体与土壤间会有隙缝,增大接地电阻。用打桩法安装接地体时,扶持接地体者,要握稳,双手不要紧握,要扶持平直,不要摇摆。否则,打入地面的接地体会与土壤产生间隙,增大接地电阻。电焊焊接接地体与连接线的连接面时,所有的焊缝均应焊透;焊接后,要敲去焊渣,检查质量,不合格之处要重新焊接。

(3) 接地装置的质量检验项目和要求

① 必须按照技术要求规定的数值标准检验接地装置的接地电阻,不可任意降低标准。

② 接地装置的每个连接点必须逐一按工艺要求规定的标准进行检查,检查的内容有:采用电焊焊接的应敲去焊渣,检查有否存在虚焊,接触面积是否符合标准;不应该采用电焊的是否用了电焊焊接(如管道上引接的接地线);采用螺钉压接的要检查连接面是否经过防锈处理,应垫入弹簧垫圈的是否有遗漏,螺钉规格是否用得适当,螺母是否拧紧,连接器材是否正规。

③ 接地体和接地线在利用已有金属体时,应先检查有否误接到有可燃、可爆物的管道上,检查导电连续性是否良好,每个应做的过渡连接有否遗漏。

④ 接地线的安全载流量是否足够,选择材料有无误用。

⑤ 接地体四周土壤是否夯实,接地线支持是否牢固,应穿管保护的地方有无遗漏;应接地保护的设备有否遗漏接线,连接点有否接错。

五、实训成绩评定

考核及评分标准如表 6-5 所示。

表 6-5 考核及评分标准

序号	考核项目	考核要求	评分标准	配分	扣分	得分
1	接地电阻的测量	① 兆欧表接线正确 ② 接地棒插地规范 ③ 兆欧表操作规范	① 兆欧表接线不正确扣 10 分 ② 接地棒插地不规范扣 5 分 ③ 兆欧表操作不规范扣 5 分	30		
2	小型接地体的装设	① 挖坑正确 ② 砸管规范 ③ 焊接规范	① 挖坑不正确扣 5 分 ② 砸管不规范扣 5 分 ③ 焊接不规范扣 5 分	30		
3	小型接地线的装设	① 接地干线装设正确 ② 接地支线装设正确	① 接地干线装设不正确每处扣 5 分 ② 接地支线装设不正确每处扣 5 分	40		
4	其他	① 安全文明生产 ② 工时	① 违反安全文明生产每处扣 5 分,总分扣完为止 ② 工时不限			
合计				100		

6.3 雷电及雷电过电压防护

6.3.1 雷电的有关概念

过电压是指在电气设备或线路上出现的超过正常工作要求并对其绝缘构成威胁的电压。过电压按其发生的原因可分为两大类:一类是由于电力系统本身的开关操作、发生故障或其他原因使系统的工作状态突然改变,从而在系统内部出现电压升高的内部过电压;另一类是由于电力系统内的设备或建筑物遭受直接雷击或雷电感应而产生的过电压。

雷电过电压又称为大气过电压。雷电过电压产生的雷电冲击波其电压幅值有时可高达上亿伏,电流幅值可高达几十万安。因此对电力系统危害极大,必须采取有效措施加以防护。雷电过电压的基本形式有3种。

(1) 直击雷过电压。雷电直接击中电气设备、线路或建筑物时,强大的雷电流通过该物体泄入大地,使电气设备、线路过电压并产生强烈的电动效应和热效应,这种雷电过电压称为直击雷过电压。

(2) 感应过电压。当雷云在架空线路(或其电气设备)上方时,会使架空线路上感应出异性电荷。雷云对其他物体放电后,架空线路上的电荷被释放,形成自由电荷流向线路两端,将会产生很高的过电压。高压架空线路上的感应过电压有时可达几十万伏,低压线路可达几万伏。

(3) 雷电波侵入。由于直击雷或感应雷而产生的雷电波沿架空线路或金属管道侵入变配电所或用户,因而会造成过电压危害。

6.3.2 防雷装置

防雷装置一般由接闪器或避雷器、引下线和接地装置3部分组成。引下线和接地装置的知识本章前面已讲述,这里不再赘述。

1. 接闪器

接闪器是专门用来接受直接雷击的金属物体。接闪器包括避雷针、避雷线、避雷带和避雷网。

(1) 避雷针

由于避雷针高出被保护物,又与大地相连,当雷云先导接近时,它与雷云之间的电场强度最大,因而可将雷云放电的通路吸引到避雷针本身,并经引下线和接地装置将雷电流安全地泄放到大地中去,使被保护物体免受直接雷击。

避雷针一般用镀锌圆钢或镀锌焊接钢管制成。它通常安装在构架、支柱或建筑物上,其下端经引下线与接地装置焊接。

避雷针的保护范围以其能防护直击雷的空间来表示,按国际电工委员会推荐的"滚球法"来确定。

所谓"滚球法",就是选择一个滚球半径 h_r 的球体,沿需要防护直击雷的部分滚动,如果球体只触及接闪器或者接闪器和地面,而不触及需要保护的部位,则该部位就在这个接闪器的保护范围之内。滚球半径是按建筑物的防雷类别来确定的,各类建筑物防雷滚球半径如表 6-6 所示。

表 6-6　各类建筑物防雷滚球半径

建筑物防雷类别	滚球半径 h_r/m
第一类防雷建筑物	30
第二类防雷建筑物	45
第三类防雷建筑物	60

根据 GB 50057—1994 规定,工厂 35kV 以下变配电所一般属于第二类或第三类防雷建筑物。单支避雷针的保护范围如图 6-14 所示。

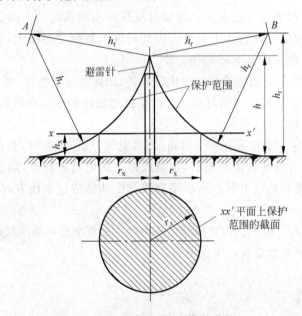

图 6-14　单支避雷针的保护范围

在被保护物高度 h_x 的平面上的保护半径 r_x 可通过下列公式来确定,即

$$r_x = \sqrt{h(2h_r - h)} - \sqrt{h_x(2h_r - h_x)} \tag{6-5}$$

式中,h_r 为滚球半径(m),其值按表 6-3 确定;h_x 为被保护物高度(m);h 为避雷针高度(m)。

关于两支及多支避雷针的保护范围可查阅 GB 50057—1994 修订本或有关设计手册,此处从略。

(2) 避雷线

避雷线架设在架空线路相线的上边,用来保护架空线路或其他物体(包括建筑物)免遭直接雷击。由于避雷线既架空又接地,因此又称为架空地线。避雷线的原理和功能与避雷针基本相同。

(3) 避雷带和避雷网

避雷带和避雷网用来保护建筑物免受雷击。避雷带一般沿屋顶周围装设,高出屋面

100～150mm,支持卡间距离 1～1.5m。装在烟囱、水塔顶部的环状避雷带又叫避雷环。避雷网除沿屋顶周围装设外,当需要时还可在屋顶上面用圆钢或扁钢纵横连接成网。避雷带和避雷网必须经引下线与接地装置可靠连接。

2. 避雷器

避雷器用来防止雷电波侵入变电所或其他建筑物。避雷器应与被保护设备并联,装在被保护设备的电源侧。避雷器的类型主要有管型、阀型和金属氧化物避雷器等,工厂10kV 供配电系统目前一般采用金属氧化物避雷器。

(1) 阀型避雷器

阀型避雷器主要由火花间隙和阀片组成,装在密封的磁套管内。阀型避雷器的火花间隙组是由多个单间隙串联组成的。正常运行时,间隙介质处于绝缘状态,仅有极小的泄漏电流通过阀片。当系统出现雷电过电压时,火花间隙很快被击穿,雷电冲击电流很容易通过阀性电阻而泄入大地,释放过电压负荷,阀片在大的冲击电流下其电阻由高变低,所以冲击电流在阀片上产生的压降(残压)较低。此时,作用在被保护设备上的电压只是避雷器的残压,从而使电气设备得到了保护。

(2) 金属氧化物避雷器

金属氧化物避雷器是以氧化锌电阻片为主要元件的一种避雷器。它分为有火花间隙和无火花间隙两种。无火花间隙的金属氧化物避雷器其瓷套管内的阀电阻片是由氧化锌等金属氧化物烧结而成的多晶半导体陶瓷元件,具有理想的伏安特性。在工频电压下,阀电阻片具有极大的电阻,能迅速有效地阻断工频电流,因此不需要火花间隙来熄灭由工频续流引起的电弧;在雷电过电压的作用下,阀电阻片的电阻变得很小,能很好地泄放雷电流。有火花间隙的金属氧化物避雷器与前述的阀型避雷器类似,只是普通阀型避雷器采用的是碳化硅阀电阻片,而这种金属氧化物避雷器采用的是氧化锌电阻片,其非线性更优异,有取代碳化硅阀型避雷器的趋势。目前,氧化物避雷器广泛应用于高、低压设备的防雷保护。

避雷器的外形结构如图 6-15 所示。

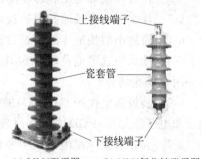

(a) 35kV避雷器　　(b) 10kV氧化锌避雷器

图 6-15　避雷器的外形结构

6.3.3　工厂供配电系统的防雷措施

1. 架空线的防雷措施

(1) 35kV 的架空线路,一般只在进出变配电所的 1～2km 线路顶端装设避雷线防雷。

(2) 10kV 架空线路单回路采用三角形排列、多回路垂直排列、顶线兼作防雷保护线,并加装避雷器的方法防雷。如有重要负荷,还必须装设自动重合闸装置,以使雷击线路后迅速恢复送电。与 10kV 架空线路相连的电缆线路,应在电缆与架空线路的连接处安装避雷器,其接地端与电缆头接地线相连。

(3) 低压(220/380V)架空线路一般不设避雷装置,如有必要可采取如下措施。

① 在多雷地区,当变压器采用 Y,yn0 接线时,应在低压侧装设阀型避雷器或保护间隙。

② 对于特别重要的用户,应在低压线路入户前安装一组低压避雷器。

2. 工厂变配电所的防雷措施

(1) 对于露天或半露天变电所,一般采用装设避雷针保护屋外设备免遭直击雷,装设避雷器防止雷电波侵入。

(2) 对于室内型变配电所,通常采用室内外都装设避雷器防止雷电波侵入;变配电所建筑物如有雷击可能性时,建筑物顶部必须装设避雷带甚至避雷网。

3. 高压电动机的防雷措施

工厂的高压电动机一般从厂区 6~10kV 高压配电网直接受电,其保护应采用磁吹阀型避雷器或具有串联间隙的金属氧化物避雷器。

习题

6-1 什么叫"地"、接地和接地装置？什么叫自然接地体和人工接地体？

6-2 什么叫接触电压和跨步电压？

6-3 什么叫工作接地和保护接地？什么叫保护接零？

6-4 简述小型接地体的装设过程。

6-5 什么叫总等电位联结(MEB)和局部等电位联结(LEB)？它们的功能是什么？各应用在哪些场合？

6-6 装设漏电保护器(RCD)的目的是什么？试分别说明两种电流动作型(电磁脱扣型和电子脱扣型)RCD 的工作原理。

6-7 为什么低压配电系统中装设 RCD 时 PE 线或 PEN 线不得穿过零序电流互感器的铁芯？

6-8 什么叫过电压？雷电过电压有哪些形式？分别是如何产生的？

6-9 什么叫接闪器？避雷针是如何防护雷击的？避雷针、避雷线和避雷带(网)各自主要用在哪些场所？

6-10 架空线路和变配电所有哪些防雷措施？

6-11 某用户有一座第二类防雷建筑物,高 10m,其屋顶最远的一角距离高 50m 的烟囱 15m 远。烟囱上安装有一根 2.5m 高的避雷针。试检验此避雷针能否保护这座建筑物。

附录

常用电气设备的技术参数

附表 1 用电设备组的需要系数及功率因数

序号	用电设备组名称	需要系数 K_d	$\cos\varphi$	$\tan\varphi$
1	小批生产的金属冷加工机床	0.16~0.2	0.5	1.73
2	大批生产的金属冷加工机床	0.18~0.25	0.5	1.73
3	小批生产的金属热加工机床	0.25~0.3	0.6	1.33
4	大批生产的金属热加工机床	0.3~0.35	0.65	1.17
5	通风机、水泵、空压机及电动发电机组	0.7~0.8	0.8	0.75
6	非连锁的连续运输机械及铸造车间整砂机械	0.5~0.6	0.75	0.88
7	连锁的连续运输机械及铸造车间整砂机械	0.65~0.7	0.75	0.88
8	锅炉房和机加工、机修、装配等类车间的吊车($\varepsilon=25\%$)	0.1~0.15	0.5	1.73
9	铸造车间的吊车($\varepsilon=25\%$)	0.15~0.25	0.5	1.73
10	自动连续装料的电阻炉设备	0.75~0.8	0.95	0.33
11	非自动连续装料的电阻炉设备	0.65~0.7	0.95	0.33
12	实验室用的小型电热设备(电阻炉、干燥箱等)	0.7	1.0	0
13	高频感应炉(未带无功补偿装置)	0.8	0.6	1.33
14	电弧熔炉	0.9	0.87	0.57
15	点焊机、缝焊机	0.35	0.6	1.33
16	对焊机、铆钉加热机	0.35	0.7	1.02
17	自动弧焊变压器	0.5	0.4	2.29
18	单头手动弧焊变压器	0.35	0.35	2.68
19	多头手动弧焊变压器	0.4	0.35	2.68
20	生产厂房及办公室、阅览室、实验室照明	0.8~1	—*	—*
21	变配电所、仓库照明	0.5~0.7	—*	—*
22	宿舍(生活区)照明	0.6~0.8	—*	—*
23	室外照明、应急照明	1	—*	—*

注：* 这里的 $\cos\varphi$ 和 $\tan\varphi$ 值视采用的负荷而定，具体值参考电气照明相关手册。

附表 2　部分高压 10kV 断路器的主要技术数据

型号	额定电流/A	开断电流/kA	断流容量/MV·A	动稳定断流峰值/kA	热稳定断流/kA	固有分闸时间/s (≤)	合闸时间/s (≤)	配用操纵机构
SN10-10 Ⅰ	630	16	300	40	16(4s)	0.06	0.15	CT7、8
	1000	16	300	40	16(4s)		0.2	CD10 Ⅰ
SN10-10 Ⅱ	1000	31.5	500	80	31.5(2s)	0.06	0.2	CD10 Ⅰ、Ⅱ
SN10-10 Ⅲ	1250	40	750	125	40(2s)	0.07	0.2	CD10 Ⅲ
	2000	40	750	125	40(4s)			
	3000	40	750	125	40(4s)			
ZN5-10/630	630	20		50	20(2s)	0.05	0.1	专用 CD
ZN5-10/1000	1000	20		50	20(2s)			
ZN5-10/1250	1250	25		63	25(2s)			
ZN12-10/1250	1250					0.06	0.1	CT8 等
ZN12-10/2000	2000	31.5		80	31.5(4s)			
ZN12-10/2500	2500	40		100	40(4s)			
ZN12-10/3150	3150							

附表 3　10(6)/0.4kV S9 用户变压器的主要技术数据

型号	额定容量/kV·A	额定电压/kV 一次	额定电压/kV 二次	联结组别号	损耗/W 空载	损耗/W 负载	空载断流/%	阻抗电压/%
S9-100	100	10(6)	0.4	Y,yn0	290	1500	1.6	4
				D,yn11	300	1470	4.0	4
S9-125	125	10(6)	0.4	Y,yn0	340	1800	1.5	4
				D,yn11	360	1720	4.0	4
S9-160	160	10(6)	0.4	Y,yn0	400	2200	1.4	4
				D,yn11	430	2100	3.5	4
S9-200	200	10(6)	0.4	Y,yn0	480	2600	1.3	4
				D,yn11	500	2500	3.5	4
S9-250	250	10(6)	0.4	Y,yn0	560	3050	1.2	4
				D,yn11	600	2900	3.0	4
S9-315	315	10(6)	0.4	Y,yn0	670	3650	1.1	4
				D,yn11	720	3450	3.0	4
S9-400	400	10(6)	0.4	Y,yn0	800	4300	1.0	4
				D,yn11	870	4200	3.0	4
S9-500	500	10(6)	0.4	Y,yn0	960	5100	1.0	4
				D,yn11	1030	4950	3.0	4

续表

型号	额定容量 /kV·A	额定电压/kV 一次	额定电压/kV 二次	联结组别号	损耗/W 空载	损耗/W 负载	空载断流/%	阻抗电压/%
S9-630	630	10(6)	0.4	Y,yn0	1200	6200	0.9	4.5
				D,yn11	1300	5800	3.0	5
S9-800	800	10(6)	0.4	Y,yn0	1400	7500	0.8	4.5
				D,yn11	1400	7500	2.5	5
S9-1000	1000	10(6)	0.4	Y,yn0	1700	10300	0.7	4.5
				D,yn11	1700	9200	1.7	5
S9-1250	1250	10(6)	0.4	Y,yn0	1950	12000	0.6	4.5
				D,yn11	2000	11000	2.5	5
S9-1600	1600	10(6)	0.4	Y,yn0	2400	14500	0.6	4.5
				D,yn11	2400	14000	2.5	6
S9-2000	2000	10(6)	0.4	Y,yn0	3000	18000	0.8	6
				D,yn11	3000	18000	0.8	6

附表4 部分线缆的电阻、电抗值

附表4-1 LJ型铝绞线的电阻、电抗值

额定截面/mm²	16	25	35	50	70	95	120	150	185	240
50℃时的电阻/($\Omega \cdot \mathrm{km}^{-1}$)	2.07	1.33	0.96	0.66	0.48	0.36	0.28	0.23	0.18	0.14
线间几何均距/mm	线路电抗/($\Omega \cdot \mathrm{km}^{-1}$)									
600	0.36	0.35	0.34	0.33	0.32	0.31	0.30	0.29	0.28	0.28
800	0.38	0.37	0.36	0.35	0.34	0.33	0.32	0.31	0.30	0.30
1000	0.40	0.38	0.37	0.36	0.35	0.34	0.33	0.32	0.31	0.31
1250	0.41	0.40	0.39	0.37	0.36	0.35	0.34	0.34	0.33	0.32
1500	0.42	0.41	0.40	0.39	0.37	0.36	0.35	0.34	0.33	0.33
2000	0.44	0.43	0.41	0.40	0.40	0.38	0.37	0.37	0.36	0.35

注：线间几何均距 $a_{\mathrm{av}}=(a_1 a_2 a_3)^{\frac{1}{3}}$，式中，$a_1$、$a_2$、$a_3$ 为三相导线各相之间的线间距。

附表4-2 LGJ型铝绞线的电阻、电抗值

额定截面/mm²	35	50	70	95	120	150	185	240
50℃时的电阻/($\Omega \cdot \mathrm{km}^{-1}$)	0.89	0.68	0.48	0.35	0.29	0.24	0.18	0.15
线间几何均距/mm	线路电抗/($\Omega \cdot \mathrm{km}^{-1}$)							
1500	0.39	0.38	0.37	0.35	0.35	0.34	0.34	0.33
2000	0.40	0.39	0.38	0.37	0.37	0.36	0.35	0.34
2500	0.41	0.41	0.40	0.39	0.38	0.37	0.37	0.36
3000	0.43	0.42	0.41	0.40	0.39	0.39	0.38	0.37
3500	0.44	0.43	0.42	0.41	0.40	0.40	0.39	0.38
4000	0.45	0.44	0.43	0.42	0.41	0.40	0.40	0.39

注：线间几何均距 $a_{\mathrm{av}}=(a_1 a_2 a_3)^{\frac{1}{3}}$，式中，$a_1$、$a_2$、$a_3$ 为三相导线各相之间的线间距。

附表 4-3　聚氯乙烯和交联聚乙烯电力电缆的电阻、电抗值

额定截面 /mm²	电阻/(Ω·km⁻¹)								电抗/(Ω·km⁻¹)		
	铝芯				铜芯				额定电压/kV		
	线芯工作温度/℃										
	55	60	75	80	55	60	75	80	1	6	10
10		3.60	3.78			2.13	2.25		0.087		
16	2.21	2.25	2.36	2.40	1.31	1.33	1.40	1.43	0.082	0.124	0.133
25	1.41	1.44	1.51	1.54	0.84	0.85	0.90	0.91	0.075	0.111	0.120
35	1.01	1.03	1.08	1.10	0.60	0.61	0.64	0.65	0.073	0.105	0.113
50	0.71	0.72	0.76	0.77	0.42	0.43	0.45	0.46	0.071	0.099	0.107
70	0.51	0.52	0.54	0.56	0.30	0.31	0.32	0.33	0.070	0.093	0.101
95	0.37	0.38	0.40	0.41	0.22	0.23	0.24	0.24	0.070	0.089	0.096
120	0.29	0.30	0.31	0.32	0.17	0.18	0.19	0.19	0.070	0.087	0.095
150	0.24	0.24	0.25	0.26	0.14	0.14	0.15	0.15	0.070	0.085	0.093
185	0.20	0.20	0.21	0.21	0.12	0.12	0.12	0.13	0.070	0.082	0.090
240	0.15	0.16	0.16	0.17	0.09	0.09	0.10	0.11	0.070	0.080	0.087

附表 5　线缆最高允许温度及热稳定系数

导体种类及材料		最高允许温度/℃		热稳定系数/ (A·s^(1/2)·mm⁻²)
		正常 θ_L	短路 θ_K	
母线	铜	70	300	171
	敷锡铜	85	200	164
	铝	70	300	87
橡皮绝缘导线和电缆	铜芯	65	150	112
	铝芯	65	150	74
聚氯乙烯绝缘导线和电缆	铜芯	65	130	100
	铝芯	65	130	65
交联聚乙烯绝缘电缆	铜芯	80	230	140
	铝芯	80	200	84

附表 6　线缆载流量

附表 6-1　LJ 型铝绞线的持续允许载流量

额定截面/mm²		16	25	35	50	70	95	120	150	185	240
导线温度/℃	环境温度/℃	允许持续载流量/A									
70 (室外架设)	20	110	142	179	226	278	341	394	462	525	641
	25	105	135	170	215	265	325	375	440	500	610
	30	98.7	127	160	202	249	306	353	414	470	573
	35	93.5	120	151	191	236	289	334	392	445	543
	40	86.1	111	139	176	217	267	308	361	410	500

附录 常用电气设备的技术参数

附表 6-2 部分规格 LGJ 型铝绞线的持续允许载流量

额定截面/mm²		35	50	70	95	120	150	185	240
导线温度/℃	环境温度/℃	允许持续载流量/A							
70（室外架设）	20	179	231	289	352	399	467	541	641
	25	170	220	275	335	380	445	515	610
	30	159	207	259	315	357	418	484	574
	35	149	193	228	295	335	391	453	536
	40	137	178	222	272	307	360	416	494

附表 6-3 绝缘导线明敷时的持续允许载流量

额定截面/mm²	BX、BLX 线								BV、BLV 线							
	环境温度															
	25℃		30℃		35℃		40℃		25℃		30℃		35℃		40℃	
	铜芯	铝芯	铜芯	铝芯	铜芯	铝芯	铜芯	铝芯	铜芯	铝芯	铜芯	铝芯	铜芯	铝芯	铜芯	铝芯
2.5	35	27	32	25	30	23	27	21	32	25	30	23	27	21	25	19
4	45	35	41	32	39	30	35	27	41	32	37	29	35	27	32	25
6	58	45	54	42	49	38	45	35	54	42	50	39	46	36	43	33
10	84	65	77	60	72	56	66	51	76	59	71	55	66	51	59	46
16	110	85	102	79	94	73	86	67	103	80	95	74	89	69	81	63
25	142	110	132	102	123	95	112	87	135	105	126	98	116	90	107	83
35	178	138	166	129	154	119	141	109	168	130	156	121	144	112	132	102
50	226	175	210	163	195	151	178	138	213	165	199	154	183	142	168	130
70	284	220	266	206	245	190	224	174	264	205	246	191	228	177	209	162
95	342	265	319	247	295	229	270	209	323	250	301	233	279	216	254	197
120	400	310	361	280	346	268	316	243	365	283	343	266	317	246	290	225
150	464	360	433	336	401	311	366	284	419	325	391	303	362	281	332	257
185	540	420	506	392	468	363	428	332	490	380	458	355	423	328	387	300
240	660	510	615	476	570	441	520	403								

附表 6-4 塑料绝缘导线穿钢管时的持续允许载流量

额定截面/mm²	2 根单芯线			管径/mm		3 根单芯线			管径/mm		4～5 根单芯线			4 根穿管径/mm		5 根穿管径/mm	
	环境温度/℃					环境温度/℃					环境温度/℃						
	25	30	35	SC	MT	25	30	35	SC	MT	25	30	35	SC	MT	SC	MT
BV 线																	
1.0	14	13	12	15	15	13	12	11	15	15	11	10	9	15	15	15	15
1.5	19	17	16	15	15	17	15	14	15	15	15	14	13	15	15	15	15
2.5	26	24	22	15	15	24	22	20	15	15	22	20	19	15	15	15	20
4	35	32	30	15	15	31	28	26	15	15	28	26	24	15	20	20	20

续表

额定截面/mm²	2根单芯线 环境温度/℃			管径/mm		3根单芯线 环境温度/℃			管径/mm		4~5根单芯线 环境温度/℃			4根穿管径/mm		5根穿管径/mm	
	25	30	35	SC	MT	25	30	35	SC	MT	25	30	35	SC	MT	SC	MT
BV 线																	
6	47	43	40	15	20	41	38	35	15	20	37	34	32	20	25	25	25
10	65	60	56	20	25	57	53	49	20	25	50	46	43	25	25	25	32
16	82	76	70	25	25	73	68	63	25	32	65	60	56	25	32	32	40
25	107	100	92	25	32	95	88	82	32	32	85	79	73	32	40	32	50
35	133	124	115	32	40	115	107	99	32	40	105	98	90	32		40	
50	165	154	142	32		146	136	126	40		130	121	112	50		50	
70	205	191	177	50		183	171	158	50		165	154	142	50		70	
95	250	233	216	50		225	210	194	50		200	187	173	70		70	
120	290	271	250	50		260	243	224	50		230	215	198	70		80	
150	330	308	285	70		300	280	259	70		265	247	229	70		80	
185	380	355	328	70		340	317	294	70		300	280	259	80		100	
BLV 线																	
2.5	20	18	17	15	15	18	16	15	15	15	15	14	12	15	15	15	15
4	27	25	23	15	15	24	22	20	15	15	22	20	19	15	20	15	15
6	35	32	30	15	20	32	29	27	15	20	28	26	24	20	25	15	20
10	49	45	42	20	25	44	41	38	20	25	38	35	32	25	25	20	20
16	63	58	54	25	25	56	52	48	25	32	50	46	43	25	32	25	25
25	80	74	69	25	32	70	65	60	32	32	65	60	50	32	40	25	32
35	100	93	86	32	40	90	84	77	32	40	80	74	69	32		32	40
50	125	116	108	32		110	102	95	40		100	93	86	50		32	50
70	155	144	134	50		143	133	123	50		127	118	109	50		40	
95	190	177	164	50		170	158	147	50		152	142	131	70		50	
120	220	205	190	50		195	182	168	50		172	160	148	70		70	
150	250	233	216	70		225	210	194	70		200	187	173	70		70	
185	285	266	246	70		255	238	220	70		230	215	198	80		80	
														80			
																100	

附表 6-5　塑料绝缘导线穿塑料管时的持续允许载流量

额定截面/mm²	2 根单芯线 环境温度/℃			管径/mm	3 根单芯线 环境温度/℃			管径/mm	4～5 根单芯线 环境温度/℃			4 根穿管径/mm	5 根穿管径/mm
	25	30	35	PC	25	30	35	PC	25	30	35	PC	PC
BV 线													
1.0	12	11	10	15	11	10	9	15	10	9	8	15	15
1.5	16	14	13	15	15	14	12	15	13	12	11	15	20
2.5	24	22	20	15	21	19	18	15	19	17	16	20	25
4	31	28	26	20	28	26	24	20	25	23	21	20	25
6	41	36	35	20	36	33	31	20	32	29	27	25	32
10	56	52	48	25	49	45	42	25	44	41	38	32	32
16	72	67	62	32	65	60	56	32	57	53	49	32	40
25	95	88	82	32	85	79	73	40	75	70	64	40	50
35	120	112	103	40	105	98	90	40	93	86	80	50	65
50	150	140	129	50	132	123	114	50	117	109	101	63	65
70	185	172	160	50	167	156	144	50	148	138	128	63	75
95	230	215	198	63	205	191	177	63	185	172	160	75	75
120	270	252	233	63	240	224	207	63	215	201	185	75	80
150	305	285	263	75	275	257	237	75	250	233	216	75	90
185	355	331	307	75	310	289	268	75	280	260	242	90	100
BLV 线													
2.5	18	16	15	15	16	14	13	15	14	13	12	20	25
4	24	22	20	20	22	20	19	20	19	17	16	20	25
6	31	28	26	20	27	25	23	20	25	23	21	25	32
10	42	39	36	25	38	35	32	25	33	30	28	32	32
16	55	51	47	32	49	45	42	32	44	41	38	32	40
25	73	68	63	32	65	60	56	40	57	53	49	40	50
35	90	84	77	40	80	74	69	40	70	65	60	50	65
50	114	106	98	50	102	95	88	50	90	84	77	63	65
70	145	135	125	50	130	121	112	50	115	107	99	63	75
95	175	163	151	63	158	147	136	63	140	130	121	75	75
120	200	187	173	63	180	168	155	63	160	149	138	75	80
150	230	215	198	75	207	193	179	75	185	172	160	75	90
185	265	247	229	75	235	219	203	75	212	198	183	90	100

附表 6-6　聚氯乙烯绝缘及护套电力电缆的允许载流量

额定电压/kV	1				6			
最高允许温度/℃	+65							
敷设方式	15℃地中直埋		25℃空气中敷设		15℃地中直埋		25℃空气中敷设	
芯数×截面/mm²	铝	铜	铝	铜	铝	铜	铝	铜
3×2.5	25	32	16	20				
3×4	33	42	22	28				
3×6	42	54	29	37				
3×10	57	73	40	51	54	69	42	54
3×16	75	97	53	68	71	91	56	72
3×25	99	127	72	92	92	119	74	95
3×35	120	155	87	112	116	149	90	116
3×50	147	189	108	139	143	184	112	144
3×70	181	233	135	174	171	220	136	175
3×95	215	277	165	212	208	268	167	215
3×120	244	314	191	246	238	307	194	250
3×150	280	261	225	290	272	350	224	288
3×180	316	407	257	331	308	397	257	331
3×240	361	465	306	394	353	455	301	388

附表 6-7　聚乙烯绝缘及护套电力电缆的允许载流量

额定电压/kV	1(3~4 芯)				10(3 芯)			
最高允许温度/℃	+90							
敷设方式	15℃地中直埋		25℃空气中敷设		15℃地中直埋		25℃空气中敷设	
芯数×截面/mm²	铝	铜	铝	铜	铝	铜	铝	铜
3×16	99	128	77	105	102	131	94	121
3×25	128	167	105	140	130	168	123	158
3×35	150	200	125	170	155	200	147	190
3×50	183	239	155	205	188	241	180	231
3×70	222	299	195	260	224	289	218	280
3×95	266	350	235	320	266	341	361	335
3×120	305	400	280	370	302	386	303	388
3×150	344	450	320	430	342	437	347	445
3×180	389	511	370	490	382	490	394	504
3×240	455	588	440	580	440	559	461	587

附表7 导线机械强度最小截面

附表 7-1 架空裸导线的最小截面

线路类别		导线最小截面/mm²		
		铝及铝合金绞线	钢芯铝绞线	铜绞线
35kV 及以上线路		35	35	35
3~10kV 线路	居民区	35	25	25
	非居民区	25	16	16
低压线路	一般	16	16	16
	与道路交叉跨越	16	16	16

附表 7-2 绝缘导线的最小截面

线路类别			芯线最小截面/mm²		
			铜芯软线	铜线	铝线
照明用灯头引下线		室内	0.5	1.0	2.5
		室外	1.0	1.0	2.5
移动式设备线路		生活用	0.75		
		生产用	1.0		
敷设在绝缘支持件上的绝缘导线（L 为支持点间距）	室内	$L \leqslant 2m$		1.0	2.5
	室外	$L \leqslant 2m$		1.5	2.5
		$2m < L \leqslant 6m$		2.5	4
		$6m < L \leqslant 15m$		4	6
		$15m < L \leqslant 25m$		6	10
穿管敷设的绝缘导线			1.0	1.0	2.5
沿墙明敷的塑料护套线				1.0	2.5
板孔穿线敷设的绝缘导线				1.0(0.75)	2.5
PE 线和 PEN 线	有机械保护时			1.5	2.5
	无机械保护时	多芯线		2.5	4
		单芯干线		10	16

部分习题参考答案

2-11 取 $K_{\Sigma p}=0.9, K_{\Sigma q}=0.92, P_{30}=39.2\text{kW}, Q_{30}=68.2\text{kvar}, S_{30}=78.7\text{kV}\cdot\text{A}, I_{30}=119.5\text{A}$

2-12 短路计算结果如下表所示。

短路计算点	三相短路电流/kA					三相短路容量/MV·A
	$I_k^{(3)}$	$I''^{(3)}$	$I_\infty^{(3)}$	$i_{sh}^{(3)}$	$I_{sh}^{(3)}$	$S_k^{(3)}$
$k-1$ 点	3.74	3.74	3.74	9.54	5.65	68.0
$k-2$ 点	38.8	38.8	38.8	71.4	42.3	26.9

2-13 室外选 LGJ-35,室内选 BLV-500-(3×70)SC50。

6-11 避雷针保护半径为 16.1m,大于 15m,所以能保护该建筑物。

参 考 文 献

[1] 许珉,杨宛辉,孙丰奇.发电厂电气主系统[M].北京:机械工业出版社,2007.
[2] 刘燕.供配电技术[M].西安:西安电子科技大学出版社,2007.
[3] 熊幸明.电工电子实训教程[M].北京:清华大学出版社,2007.
[4] 靖大为.城市供电技术[M].天津:天津大学出版社,2009.
[5] 江文,许慧中.供配电技术[M].北京:机械工业出版社,2009.
[6] 谷永清.电力系统继电保护[M].北京:中国电力出版社,2005.
[7] 袁维义.电工技能实训[M].北京:电子工业出版社,2003.
[8] 刘介才.供配电技术[M].北京:机械工业出版社,2006.
[9] 电气安装工程施工图册[M].北京:中国电力出版社,2004.